普通高等院校电气信息类专业系列教材

电 器 学

主 编　姜　姗　周　浩　魏　颖
副主编　孙　昕　孙　妍　贾　婷　张文静

U0312357

北京理工大学出版社
BEIJING INSTITUTE OF TECHNOLOGY PRESS

内 容 简 介

本书是电器理论学习的专业基础书籍，全书共分 6 章：第 1 章绪论，介绍电器学发展情况；第 2 章电器的发热与电动力，介绍其应用方面的计算；第 3 章电接触与电弧理论，分别介绍了直流电弧和交流电弧；第 4 章电磁系统的理论与特性，分别介绍了磁路计算、磁导计算和磁场能量等；第 5 章低压电器，介绍了主令电器、熔断器、断路器、接触器和起动器；第 6 章高压电器，介绍了高压断路器的基本功能、分类、性能以及真空断路器，SF_6 断路器等。

本书为高等院校电气工程及自动化专业的教材，也可供从事高、低压电器设计、制造和运行方面工作的工程技术人员参考。

图书在版编目（CIP）数据

电器学／姜姗，周浩，魏颖主编. —北京：北京理工大学出版社，2021.5（2021.6 重印）

ISBN 978-7-5682-9833-9

I. ①电… II. ①姜… ②周… ③魏… III. ①电器学-高等学校-教材 IV. ①TM501

中国版本图书馆 CIP 数据核字（2021）第 090264 号

出版发行／北京理工大学出版社有限责任公司

社　　址／北京市海淀区中关村南大街 5 号

邮　　编／100081

电　　话／（010）68914775（总编室）

　　　　　（010）82562903（教材售后服务热线）

　　　　　（010）68948351（其他图书服务热线）

网　　址／http：//www.bitpress.com.cn

经　　销／全国各地新华书店

印　　刷／河北盛世彩捷印刷有限公司

开　　本／787 毫米×1092 毫米　1/16

印　　张／15

字　　数／306 千字　　　　　　　　　　　　　　责任编辑／李　薇

版　　次／2021 年 5 月第 1 版　2021 年 6 月第 2 次印刷　责任校对／刘亚男

定　　价／42.00 元　　　　　　　　　　　　　　责任印制／李志强

图书出现印装质量问题，请拨打售后服务热线，本社负责调换

前　言

　　电器元件及设备作为电力系统和供、配电系统不可或缺的重要组成部分，广泛应用于工业、农业、国防、交通及人民生产生活等众多领域。随着我国国民经济的发展，各领域对电器产品的需求量不断增高，对其技术及经济指标的要求也不断提高。本书能够适应电器产品不断增长的趋势，满足广大从事电器研究、设计及应用的工程技术人员的需求，特别是高等院校电气专业及其他相关专业培养的面向 21 世纪应用型电气专业人才的需求。

　　本书系统地介绍了低压电器与高压电器涉及的基本理论和工程分析与计算方法，主要内容包括电器发热的分析与计算、电器电动力的分析与计算、气体击穿及电弧理论、电器绝缘技术、开关电器的电弧及其熄灭原理、电接触理论、电磁系统的理论与特性、低压电器和高压断路器等。

　　本书引用了国内外同行在电器理论、智能电器和智能电网等研究领域的许多学术成果，谨向他们表示深深的谢意和崇高的敬意。

　　由于作者水平有限，书中难免存在不妥之处，敬请读者批评指正。

编　者

2021 年 2 月

目 录

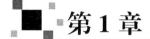

第1章
绪 论

1.1 电器的用途与分类

电器的用途非常广泛。无论是工业、农业和交通运输业，还是科研、军事领域，都需要大量的各种各样的电器，用以对电力系统作通断、转换、调节、控制和保护；对电能实行分配；对电动机作过载、失压、欠压、断相和短路保护；对电信号或非电信号实行放大、变换和传递，以达到自动检测和控制的目的。如在短路或严重过载时利用熔断作用而切断电路的保护电器的熔断器，利用电流热效应原理进行动作的一种保护电器、在电路中主要用于过载保护的热继电器及反映电路中电压变化的电压继电器等。电器的品种规格较多，分类方法也很多，具体如下。

(1)按职能区分，有开关电器(如刀开关、隔离开关、高低压断路器等)、保护电器(熔断器、避雷器、保护继电器等)、控制电器(接触器、控制继电器、电磁铁等)和调节器(起动器、变阻器、电压调节器等)。

(2)按电压高低区分，有高压电器(高压断路器、电抗器、互感器等)、低压电器(低压断路器、接触器、熔断器、刀开关等)。

(3)按结构工艺区分，有自动电磁元件(各种继电器、传感器、逻辑元件等)、成套电器(高低压开关柜、自动化成套装置等)。

(4)按元件与系统的关系区分，有配电电器(高低压断路器、隔离开关与刀开关、熔断器等)、控制电器(接触器、继电器、起动器等)和弱电器(微型继电器、逻辑元件等)。

(5)按操作方式区分，有手动电器(刀开关、隔离开关、主令电器等)和自动电器(高/低压断路器、接触器等)。

(6)按使用场所和工作条件区分，有一般工业用电器、矿用及化工用防爆电器、船用电器、航空及航天用电器和牵引电器等。

此外，还有与电子器件相结合的智能化和机电一体化电器。

1.2 电器在电力系统中的作用

为实现电能的生产、传输、分配和应用，需要大量的各种各样的高低压电器元件。据统计，每增加 1 000 kW 的发电能力，就需要 10 000 台高压断路器、数倍于此数的其他高压电器，以及数以百万计的各种低压电器与之配套。为说明电器在电力系统或控制系统中的作用，下面介绍典型的电网线路，如图 1-1 所示。

图 1-1(a) 是高压电网示意图。发电机 G_1 和 G_2 发出的电能经断路器 QF、电流互感器 TA 和隔离开关 QS 输送到 10 kV 的母线上。此母线经隔离开关和熔断器 FU 连接电压互感器 TV，并经隔离开关、断路器和电抗器连接近处的电能传输线路。此外，10 kV 母线还经隔离开关、断路器及电流互感器连接升压变压器 TU，后者又经断路器及其两端的隔离开关连接到 220 kV 的母线上。与此母线连接的有：与熔断器串联着的电压互感器，通向电能传输线路的断路器和接在这些线路中的电流互感器。所有这些线路均通过隔离开关连接到 220 kV 母线上。另外，10 kV 及 220 kV 的母线还经隔离开关连接避雷器。

断路器的作用是在电力系统的正常工作条件下和故障条件下，分别接通与开断电路。熔断器的作用是对线路及其中的设备提供过载和短路保护。隔离开关的作用是在母线与其他高压电器之间建立必要的绝缘间隙，以保障维修时的人身安全。避雷器的作用是为高压线路提供过压保护。电抗器的作用是限制短路电流，以减轻断路器等的工作，并在出现短路故障时使母线电压能维持一定的水平。电压和电流互感器将高压侧的电压和电流变换为与它们成正比的低电压和小电流，便于安全测量，并为继电保护装置和自动控制线路提供信号。

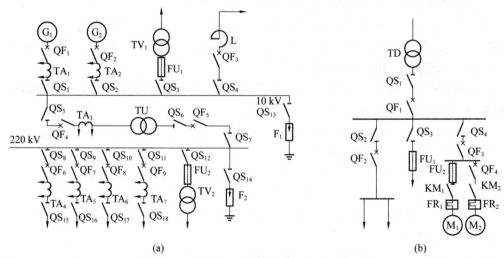

(a)   (b)

图 1-1 电网线路示意

(a)高压电网；(b)低压电网

图 1-1(b) 是低压电网线路示意图。高压电网输送来的电能经降压变压器 TD 转换为低压后，通过刀开关 QS 和低压断路器 QF 送到中央配电盘母线上。这段线路称为主电路，电能由此或经刀开关和断路器连接动力配电盘的母线，或经刀开关和熔断器 FU 直接连接负载。两级母线之间的线路称为分支线路，连接负载的线路称为馈电线路。一条馈电线路经熔断器 FU$_2$、接触器 KM$_1$ 和热继电器 FR$_1$ 连接负载 M$_1$，另一条馈电线路经断路器 QF$_4$、接触器 KM$_2$ 和继电器 FR$_2$ 连接负载 M$_2$。断路器是一种多功能的保护电器，当线路出现过载、短路、失压或欠压故障时，能自动切断故障线路。刀开关用于维修线路时隔离电源，以保证维修时非故障线路的安全运行。接触器用于正常工作条件下频繁地接通或分断线路，但不能分断短路电流。熔断器主要起过载及短路保护作用，热继电器主要用于电动机的过载保护。

低压线路中还要使用其他种类的电器，如各种控制继电器、主令电器、起动器及调节器等。

1.3 电器的主要参数和正常工作条件

根据工作电压的不同，电力系统有高压与低压之分。额定电压为 3 kV 及以上的系统称为高压电力系统，而额定电压为交流 1 200 V 及以下和直流 1 500 V 及以下的系统称为低压电力系统。不同的电力系统对工作于其中的电器有不同的要求，这些要求又决定了电器的主要参数。在此，仅就一些共性的要求加以介绍。

1. 对电器的要求及表征这些要求的参数

电力系统对高低压电器的共性要求如下。

(1) 安全可靠的绝缘。电器应能长期耐受最高工作电压和短时耐受相应的大气过电压和操作过电压。在这些电压的作用下，电器的触头断口间、相间以及导电回路对地之间均不应发生闪络或击穿。表征电器绝缘性能的参数有额定电压、最高工作电压、工频试验电压和冲击试验电压等。

(2) 必要的载流能力。电器的载流件应允许长期通以额定电流、而其各部分的温升不超过标准规定的极限值；同时还应允许短时通过故障电流，既不因其热效应使温度超过标准规定的极限值，又不因其电动力效应使之遭到机械损伤。表征电器载流能力的参数有额定电流、热稳定电流和动稳定电流等。

(3) 较高的通断能力。除隔离开关外，一般的开关电器均应能可靠地接通和 (或) 分断额定电流及一定倍数的过载电流。其中，断路器还应能可靠地接通和分断短路电流，有的还要求能满足重合闸的要求。经过这些操作后，触头和其他零部件均不应损坏，并能可靠地保持在接通或分断的位置上，且不发生熔焊及误动作等。表征电器通断能力的参数有接通电流、分断电流和通断电流(或容量等)。

(4)良好的机械性能。电器的运动部件的特性必须符合要求，其同相触头的各断口以及异相触头的断口在分合时应满足同期性的要求。此外，整个电器的零部件经规定次数的机械操作后应不损坏，且无须更换，即有一定的机械寿命。

(5)必要的电寿命。开关电器的触头在规定的条件下应能承受规定次数的通断循环而无须修理或更换零件，即具有一定的电寿命。

(6)完善的保护功能。凡保护电器以及具备某些保护功能的电器，必须能准确地检测出故障状况，及时地作出判断并可靠地切除故障。至于本身不具备保护功能但具有切断故障电路能力的电器，在从保护继电器获得信号后，亦应能及时而可靠地切除故障。同时，为了充分利用各种电气设备的过载能力、缩小故障范围及保障供电的连续性，各类电器的保护功能还应能相互协调配合、实行有选择性地分断。

2. 电器的正常工作条件

电器的正常工作条件如下。

(1)周围环境温度。当温度过低时，作为电介质和润滑剂的各种油的黏度将上升，影响电器的正常动作和某些电气性能。当温度过高时，电器的载流能力降低，也会导致密封胶渗漏等。因此，对电器的周围环境温度必须在标准中加以限定。例如，高压电器的使用环境温度：户外型为$-30 \sim 40$ ℃，户内型为$-5 \sim 40$ ℃；低压电器的使用环境温度为$-5 \sim 40$ ℃，而且日平均不超过35 ℃。若实际使用环境温度超过此范围，就必须按照标准或技术文件的规定采取相应措施，如减小负载电流和提高耐压试验电压等。

(2)海拔高度。高海拔地区大气压低，电器的散热能力和耐压水平都降低。但随着海拔高度的升高，环境温度也会降低一些，故海拔高度主要影响耐压水平及灭弧能力。根据我国的地形和工业布局的情况，高压电器使用环境的海拔高度为1 000 m，低压电器为2 000 m。如果实际运行地点的海拔高度超过上述规定值，则应适当提高耐压试验电压及降低容量。

(3)相对湿度。相对湿度高会导致电器产品中的金属零件锈蚀、绝缘件受潮和涂覆层脱落，其后果是使电器绝缘水平降低和妨碍电器的正常动作。因此，标准中对电器工作环境的相对湿度作了限制，而且在超出限制范围时应采取相应的工艺措施。

(4)其他条件。影响电器工作的其他条件还有污染等级、振动、介质中是否含易燃易爆气体和是否有风霜雨雪天气等。

在选择和使用各种电器时，只有了解其正常的工作条件，才能保证其安全可靠地运行。

1.4 电器学的主要理论范畴

从前面的介绍可知,电器的工作原理多种多样,要掌握电器的结构原理及设计计算,需要广泛的知识和相应的理论基础。电器的理论基础是十分宽广的,但作为一个学科,电器学的理论范畴主要有以下 5 个方面。

1. 电器的发热理论

电器的发热理论的主要内容:电器的发热与冷却过程及热时间常数的概念;利用牛顿公式计算电器表面稳定温升;不同工作制下电器的热计算;电器的热稳定性等。

2. 电器的电动力理论

电器的电动力理论的主要内容:电动力的基本计算方法;单相正弦交流下电动力的计算;三相正弦交流下的电动力的计算;电器的电动稳定性等。

3. 电器的电弧理论

电器的电弧理论的主要内容:气体放电的物理过程;交直流电弧的特性和熄灭原理;基本的灭弧方法和装置等。

4. 电器的电接触理论

电器的电接触理论的主要内容:接触电阻、温升、振动、熔焊与侵蚀等重要现象的机理和计算问题;常用电接触材料等。

5. 电磁系统理论

电磁系统理论的主要内容:电磁系统计算的基本理论;气隙磁导的计算;交直流磁路的计算;电磁铁的特性及其与反力特性配合;电磁铁的设计方法等。

电器的基本理论还在不断充实、更新和发展之中。

1.5 电器的现状及发展

电器的发展是和电的广泛使用分不开的。强电领域和弱电领域都离不开电器。在强电领域,电器的控制对象可分为电网系统和电力拖动系统两大方面。

随着电网系统和电力拖动系统的不断发展，人们对电器提出了新的要求，既而推动了电器结构性能的改进和新品种的问世，而性能优良的新型电器元件反过来推动了系统的发展。因此系统和电器元件间存在着相互促进、相辅相成的关系。

正如从手动电器进入自动电器一样，从有触点电器发展到无触点电器也是电器发展的必然趋势。近年来，低压电器在发展过程中出现了有触点与无触点结合的混合式电器，如混合式接触器和起动器。仔细分析无触点电器和有触点电器的优缺点，会发现无触点电器的固有弱点恰好是有触点电器的固有优点，有触点电器执行机能强而感测机能弱，而无触点电器则与之相反。在同一执行机能中，有触点电器的主要矛盾是通断过程的电弧和磨损，而无触点电器的主要矛盾往往是管子压降和发热。如果通断的过程由晶闸管无弧实现，而闭合、断开状态由触头来担当，就避免了晶闸管长期通电的发热问题，也解决了有触点电器的电弧问题。这种混合式接触器国外已有产品问世，国内也已经研制成功。

在电力网领域中，电器的发生和发展的演变过程相似。

在电器应用初期，低压电力网广泛使用刀开关和熔断器。刀开关在正常情况下起切换电路和隔离电路的作用，而熔断器则在故障情况下对过载和短路起保护作用。熔断器结构简单，但是只能一次操作；刀开关一般只能手动操作，不适宜远程操作，而且执行机能也弱，不能满足网络的要求。于是发展了执行机能和感测机能都较强的自动空气断路器。

20世纪50年代，随着低压电力网容量的扩大，短路电流从 10^4 A 数量级增大到 10^5 A 数量级。巨大的短路电流不仅使开关本身通断困难，还使串联在电网内的电工设备因热稳定和动稳定不足而受损。为了保证供电的可靠性，提高断流容量，低压电力网对配电电器提出了限流要求，并随之研制出了限流熔断器和限流自动空气断路器。近年来，新的框架断路器和塑壳断路器不断推出，根据整个系统的需要，应同时考虑高指标、经济适用、缩小体积的要求，尽可能减小壳架规格，便于进行标准化设计。新开发的断路器均可带通信接口，可使系统达到最佳的配合，提高电网的安全性和可靠性。

进入21世纪以后，低压电器在技术上和功能上都有了很大的发展，各种继电器、接触器和断路器已经普遍采用了电子和智能控制。随着现代化设计技术、微机技术、微电子技术、计算机网络和数字通信技术的飞速发展，以及人工智能技术在低压电器中的应用，智能电器已经从简单的采用微机控制取代传统的继电控制功能的单一封闭装置，发展到具有完整的理论体系和多学科交叉的电器智能化系统。

对于高压电力网，由于电力系统对输变电的质量和可靠性要求提高，人们对高压设备的性能要求也越来越高。另外，由于基础理论、材料技术、生产设备和加工工艺的不断进步，高压开关设备的技术水平也有了长足的进步，并在许多方面突破了以往传统开关电器的概念，与几十年前相比，无论是在产品种类、结构形式、介质，还是在综合技术水平上都有很大差别。中华人民共和国成立之初，我国电压等级最高为 220 kV，2009年1月，我国自主研发、设计和建设的首条 1 000 kV 特高压输电线路(晋东南—南阳—荆门)正式投运，成为世界上技术水平最高的电网之一。特高压工程的建设，也带动了电器行业整体水平的提高。目前，高压电器正向着高压大容量、自能化、小型化、组合化、智能化和高可靠性方向发展。

随着电力系统工作电压的提高和输电容量的增加，出现了很多理论问题和技术问题。对短路而言，从经济性和可靠性的角度出发，都需要发展单元断口容量大、电压高的断路器。可见，对断路器的要求很高，多年来围绕高压断路器的许多问题，如灭弧方式、灭弧室结构、灭弧介质、开断性能及绝缘性能和操动机构等做了大量工作。高压断路器的结构演变主要就是灭弧原理与灭弧装置的变革，它经历了从多油灭弧到少油灭弧；从大压力压缩空气吹弧到负压力真空灭弧；从一般的空气、油气到SF_6负电性气体灭弧等过程。不仅如此，自能式灭弧也是高压断路器的一个特点。自能式灭弧室就是最大限度地利用电弧自身的能量，使灭弧室建立起气吹熄弧所必需的压力，因而不需要操动机构提供很大的压缩功，自能式SF_6断路器的操作功可降低为压气式的20%。由于自能式断路器的操作功大大减小，可以采用低操作功的操纵机构(如弹簧操纵机构)，这样，断路器的机械可靠性大大提高。另外，高压电器从户外式、户内式单独结构发展到SF_6全封闭组合式结构，组合化后的进一步发展，一是在一次设备方面，如采用自能式断路器、设计新型隔离开关和接地开关等；二是在二次检测、控制设备和元件方面提高技术含量。电力设备是电网中非常重要的组成部分，为了满足智能电网和电力设备自身性能提高的需要，发展数字化电力设备已经成为趋势。这些都是高压电器技术发展的重要特点。

总而言之，由于电网系统和电力拖动系统的推动，电器产品和电器技术发展十分迅速。可以说，电器技术理论和电器产品结构正处于不断更新和全面提高的阶段。传统的有触点电器在结构原理、最佳结构设计和应用新材料、新工艺方面不断创新和完善，真空电器、半导体电器和其他新型器件，如微电子技术和电器结合的机电一体化电器或智能化电器也在发展中，单件电器向着组合化、成套化发展。分析电器发展史，展望今后的方向，对电器工业和电器科学技术的推进无疑是有益的。

习题1

1. 电器的定义是什么？

2. 电器的用途有哪些？

3. 电器的分类方式有哪些？

4. 电器的主要参数和正常工作条件有哪些？

5. 电器学的理论范畴包括什么？

6. 电器的现状是怎样的？电器未来有什么前景？

第 2 章

电器的发热与电动力

2.1 概 述

电器在工作时，电流通过导体并在导体中产生能量损耗。如果电器工作于交流线路，则由于交变电磁场作用，还会在铁磁体内产生涡流和磁滞损耗，并在绝缘体内产生介质损耗。所有这些损耗几乎全部转变为热能，一部分散失到周围介质中，一部分加热电器，使电器的温度升高。电器本身温度与周围环境温度之差称为电器的温升。我国国家标准规定，最高环境温度为 400 ℃。

如果电器的温升超过极限允许温升，将产生如下危害。

（1）影响电器的机械性能。当金属材料的温度达到一定数值时，其机械强度会显著下降，如图 2-1 所示。材料的机械强度开始明显降低的温度称为软化温度，它不仅与材料有关，也与加热时间关。例如，裸铜导体在长期加热时的软化温度为 100～200 ℃，但当其处于短期加热的情况下时，它的软化温度会提高到 300 ℃ 左右。电器中裸导体的极限允许温度应小于材料的软化温度。

（2）引起接触电阻剧烈增加，甚至发生熔焊。温度升高会加剧电器中电接触表面与其周围大气中某些气体之间的化学反应，使接触表面生成氧化膜及其他膜层，从而增大接触电阻，并进一步使接触表面的温度再次升高，形成恶性循环，最终导致接触表面发生熔焊。例如，当铜触头温度在 70 ℃ 以上时，接触电阻迅速增大。

（3）导致绝缘材料的绝缘性能下降。当绝缘材料发热超过一定温度时，其介电强度将急剧下降，导致绝缘材料的绝缘性能下降，使材料逐渐变脆老化，甚至损坏。电器发热计算的目的主要是保证电器的温升不超过极限允许温升，这对于缩小电器的体积，节约原材料，降低成本，延长电器寿命等方面都具有指导意义。

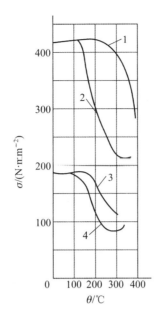

1—加热时间为10 s时的铜材；2—长期加热时的铜材；3—加热时间为10 s时的铝材；4—长期加热时的铝材。

图2-1　导体材料机械强度与温度的关系

2.2　电器的极限允许温升

2.2.1　极限允许温升的表达形式

极限允许温升的表达式为

极限允许温升=极限允许温度-起始温度(周围环境温度)

为了保证电器在工作年限内可靠工作，必须限制各种材料的发热温度，使其不超过一定的数值，这个温度就称为极限允许温度。

2.2.2　制订电器零部件极限允许温升的原则

制订电器零部件极限允许温升的原则如下：

(1)材料的机械强度及绝缘能力不受损害；

(2)电接触性能可靠。

从目前看，由于耐热能力高的绝缘材料不断出现，电器的极限允许温度较以前有所提升，但电接触的氧化又成为关键问题。我国标准将电气绝缘材料按耐热程度分为7级，其长期工作下的极限允许温度如表2-1所示。

表2-1 电气绝缘材料的耐热分级

耐热等级	极限允许温度/℃	相当于该耐热等级的绝缘材料简述
Y	90	未浸渍过的棉纱、丝和纸等材料或组合物所组成的绝缘结构
A	105	浸渍过的或浸在液体电介质中的棉纱、丝和纸等材料或组合物所组成的绝缘结构
E	120	合成的有机薄膜、合成的有机磁漆等材料或其组合物所组成的绝缘结构
B	130	以合适的树脂黏合或浸渍、涂覆后的云母、玻璃纤维、石棉等,以及其他无机材料,合适的有机材料或其组合物所组成的绝缘结构
F	155	以合适的树脂黏合或浸渍、涂覆后的云母、玻璃纤维、石棉等,以及其他无机材料,合适的有机材料等
H	180	用硅有机树脂黏合的云母、玻璃纤维、石棉等材料
C	>180	以合适的树脂(如热稳定性特别优良的硅有机树脂)黏合或浸渍、涂覆后的云母、玻璃纤维、石棉等,以及未经浸渍处理的云母、陶瓷、石英等材料或其组合物所组成的绝缘结构(C级绝缘材料的极限允许温度应根据不同的物理、机械、化学和电气性能确定之)

2.3 电器的热源

电器的热源主要来自3个方面。

(1)电流通过导体产生的电阻损耗。电阻可能的来源:导体的金属电阻、触点连接处的接触电阻、触头开断线路时出现的电弧电阻。

(2)交流电器铁磁体内产生的涡流、磁滞损耗。

(3)交流电器绝缘体内产生的介质损耗。

至于机械摩擦等产生的热能,与前3种热源相比是较小的,常常可以不予考虑。

2.3.1 电阻损耗

电流通过导体所产生的能量损耗称为电阻损耗(或称焦耳损耗),其表达式为

$$P = K_f I^2 R \tag{2-1}$$

式中:K_f——附加损耗系数。

K_f是考虑交变电流趋肤效应和邻近效应对电阻的影响而引入的系数,即当导体中通过交变电流时,因趋肤效应和邻近效应而产生的附加损耗。附加损耗系数K_f为趋肤系数K_j和邻近系数K_l之积,即$K_f = K_j K_l$,当导体中通过直流电时$K_f = 1$。

趋肤效应是导体中通过交变电流时电流趋于表面的现象。图2-2所示为交变电流通过导体产生趋肤效应使导体内部电流分布不均匀的情况。阴影线所代表的导体截面中，导体内部(A部分)相连的磁通为 Φ_1 和 Φ_2，导体外部(B部分)相连的磁通仅为 Φ_2。交变磁通在导体内感生反电动势，阻止原电流的流通，因中心部分反电动势比外表部分大，导致导体中心电流密度比外表部分小。

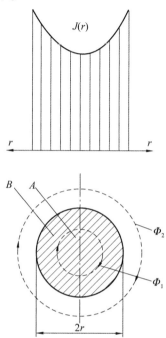

图2-2 趋肤效应影响下导体内部电流密度的分布

趋肤效应可以用电磁波在导体内渗入的深度 b 来表示，即

$$b = \sqrt{\frac{\rho}{2\pi f \mu}} \tag{2-2}$$

式中：ρ ——导体材料的电阻率($\Omega \cdot m$)；

μ ——导体材料的磁导率(H/m)；

f ——电流频率(Hz)。

趋肤系数 K_j 的计算公式为

$$K_j = \frac{A}{L}\sqrt{\frac{2\pi f \mu}{\rho}} = \frac{A}{L} \cdot \frac{1}{b} \tag{2-3}$$

式中：A ——导体的截面积(m^2)；

L ——导体的周长(m)。

邻近效应是两相邻载流导体间磁场的相互作用使两导体内产生电流分布不均匀的现象。如果通过两相邻导体的电流方向相反，如图2-3(a)所示，则因一导体在另一导体相邻侧产生的磁场比非相邻侧产生的小，相邻侧感生的反电动势比非相邻侧小，故相邻侧的电流密度比非相邻侧的大；如果两相邻导体的电流方向相同，则相邻侧电流密度比非相邻侧小，如图 2-3（b）所示。

邻近效应系数 k_1 与电流的频率、导线间距和截面形状及尺寸、电流的方向及相位等因素有关，其值可以从相关的书籍及手册中查得。在一般情况下，邻近效应系数值也大于 1。但也有例外，如较薄的矩形母线宽边相对时，邻近效应部分地补偿了趋肤效应的影响，故 k_1 值略小于 1。

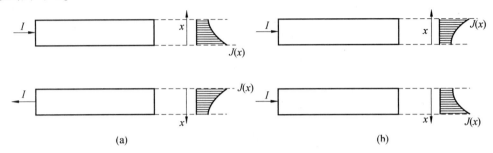

图 2-3　邻近效应影响下导体中的电流密度分布

（a）两电流异向；（b）两电流同向

若导体的电阻为

$$R = \rho \frac{l}{A}$$

导体的电流为

$$I = J \cdot A$$

式中：J ——导体的电流密度（A/m²）；

　　　A ——导体的截面积（m²）；

　　　l ——导体的长度（m）。

则电阻损耗为

$$P = K_f I^2 R = K_f I^2 R = K_f J^2 A^2 \cdot \rho \frac{1}{A} \cdot \frac{m}{\gamma A}$$

即

$$P = \frac{K_f J^2 m \rho}{\gamma} \tag{2-4}$$

式中：γ ——材料的密度（kg/m³）；

　　　m ——材料的质量（kg）。

电阻率 ρ 是温度 θ 的函数，其表达式为

$$\rho = \rho_0 (1 + \alpha\theta + \beta\theta^2 + \cdots) \tag{2-5}$$

或

$$\rho = \rho_{20} [1 + \alpha(\theta - 20) + \beta(\theta - 20)^2 + \cdots]$$

式中：ρ_0、ρ_{20} ——0 ℃、200 ℃时的电阻率（Ω·m）；

　　　α、β ——电阻温度系数。

当 $\theta \le 100\ ℃$ 时，θ 的高次项可以忽略，则上式可简化为

$$\rho = \rho_0(1 + \alpha\theta) \tag{2-6}$$

或

$$\rho = \rho_{20}[1 + \alpha(\theta - 20)]$$

2.3.2　铁磁损耗

非载流铁磁质零部件在交变电磁场作用下产生的损耗，称为铁磁损耗，即铁耗 P_{Fe}。它包括磁滞损耗 P_c 和涡流损耗 P_w，即

$$P_{Fe} = P_c + P_w \tag{2-7}$$

当交变电流从铁磁零件中通过时，载流导体产生的交变磁通通过铁磁零件形成闭合回路，会在铁磁零件中产生相当大的涡流，这是因为铁的磁导率很高，而磁通变化速度又快，因而产生相应的电动势和涡流损耗。同时磁通的方向和数值变化使铁磁材料反复磁化，产生磁滞损耗，涡流损耗与磁滞损耗导致包围载流导体的铁磁零件发热。

涡流损耗计算公式为

$$P_w = \sigma_w\left(\frac{f}{100}B_m\right)^2\gamma V \tag{2-8}$$

磁滞损耗计算公式为

$$P_c = \begin{cases} \sigma_c\left(\dfrac{f}{100}B_m\right)^{1.6}\gamma V & (B_m \le 1) \\ \sigma_c\left(\dfrac{f}{100}B_m\right)^2\gamma V & (B_m > 1) \end{cases} \tag{2-9}$$

式中：σ_w ——涡流损耗系数，其值与铁磁零件的品种规格有关，一般由实验来确定；

σ_c ——磁滞损耗系数；

f ——电源频率（Hz）；

B_m ——铁磁零件中磁感应强度的幅值（T）；

γ ——铁磁零件密度（kg/m³）；

V ——铁磁零件的体积（m³）。

从式（2-7）～（2-9）可知，铁磁损耗与铁磁零件中的磁感应强度大小有关，减小铁磁损耗的途径就是减小铁磁零件中的磁通，或者干脆不用铁磁零件。减小铁磁损耗的常用措施有以下两种。

（1）改用非磁性材料，如无磁钢、无磁性铸铁、黄铜等。

（2）采用非磁性间隙，若在磁通的路径中出现非磁性间隙，则磁阻加大，铁磁零件内磁通减小，因此损耗减小。例如，在交流电机中为减小涡流损耗，常将铁芯用许多铁磁导体薄片（如硅钢片）叠成，这些薄片表面涂有绝缘漆或绝缘的氧化物。当磁通穿过薄片的截面时，涡流被限制在沿各片中的一些狭小回路，这些回路中电动势较小，而电阻较大，所以可以显著减小涡流。

2.3.3 介质损耗

绝缘材料中的介质损耗与电场强度及频率有关，电场强度越大和频率越高，则介质损耗也越大。因此，低压电器中介质损耗较小，可忽略不计，但在高压电器中这种损耗一般应该考虑。例如，电容套管常因介质损耗发热而击穿。

交变电场中的介质损耗的计算公式为

$$P = 2\pi f C U^2 \tan \delta \tag{2-10}$$

式中：f——电场交变频率（Hz）；

C——介质的电容（F）；

U——外加电压（V）；

δ——介质损耗角（°）；

$\tan \delta$——介质损耗角正切值。

$\tan \delta$ 又称介质损耗因数，是绝缘材料的重要特性之一，$\tan \delta$ 大，则介质损耗也大。理论上 $\tan \delta$ 的计算公式为

$$\tan \delta = \frac{R_i}{X_c} = R_i \omega C \tag{2-11}$$

式中：R_i——绝缘电阻（Ω）；

X_c——容抗（Ω）。

容抗 X_c 的计算公式为

$$X_c = \frac{1}{\omega C}$$

由于 $\tan \delta$ 与温度、材料、工艺等许多因素有关，因此，计算 $\tan \delta$ 常采用的经验公式为

$$\tan \delta = 1.8 \times 10^4 b e^{a(\theta - \theta_m)} \tag{2-12}$$

式中：a、b——系数，如表 2-2 所示的绝缘材料的介质损耗；

θ——介质温度（℃）；

θ_m——对应于介质损耗最小的温度，一般为 $20 \sim 50$ ℃。

高频及高压技术所用绝缘材料的 $\tan \delta$ 的取值范围是 $10^{-4} \sim 10^{-3}$。

在 50 Hz 下各种绝缘材料的介质损耗如表 2-2 所示。

表 2-2　在 50 Hz 下各种绝缘材料的介质损耗

材料	介电常数	ε	系数		单位损耗 $P/(10^{-2}\ \mathrm{W \cdot m^{-3}})$	
			$a \times 10^2$	$b \times 10^6$	40^	9or
层压纸胶木的管和圆柱	5.0	40	3.4	2.8	7	38
浸在油中的纸	4.5	40	2.9	0.7	1.6	6.8
浸在电缆胶中的纸	3.7	40	3.1	0.7	1.3	6.1
浸在油中的电容器纸	3.5	40	2.4	0.1	0.17	0.56

材料	介电常数	ε	系数		单位损耗 $P/(10^{-2}$ W·m$^{-3})$	
			$a\times10^2$	$b\times10^6$	40^	9or
浸在电解质中的电容器纸	5.2	15	1.6	0.14	0.47	1.2
干燥和纯净的变压器油	2.4	20	1.0	0.67	1	1.6
潮湿和不洁的变压器油	2.1	20	5.2	9	80	350
云母薄片	2.4	40	4.6	1.5	1.8	18
浸在油中的电工纸板	5.0	40	2.4	4.3	10.8	35
瓷	5.5	20	1.3	0.9	3.2	6.5

2.4 电器的散热

电器中损耗的能量转换为热能后，有一部分以热传导、对流和热辐射 3 种方式散失到周围的介质中。

2.4.1 热传导

热能从物体的一部分向另一部分，或从物体向与之接触的另一物体传递的现象称为热传导，它是借分子热运动而实现的。参与金属热传导过程的是自由电子，它明显地加速了此过程。热传导是固态物质传热的主要方式，温差的存在是热交换的充要条件。

两等温线的 $\Delta\theta$ 与等温线间距 Δn 之比的极限称为温度梯度，即

$$\lim_{\Delta n\to 0}\left(\frac{\Delta\theta}{\Delta n}\right) = \frac{\partial\theta}{\partial n} = \mathbf{grad}\ \theta \tag{2-13}$$

在单位时间内通过垂直于热流方向单位面积的热量称为热流密度，即

$$q = \frac{Q}{At} \tag{2-14}$$

式中：Q——热量；

A——面积；

t——时间。

热传导的基本定律——傅里叶定律，确定了热流密度与温度梯度之间的关系，即

$$q = -\lambda\,\mathbf{grad}\ \theta \tag{2-15}$$

热量是向温度降低的方向扩散，而温度梯度则是指向温度升高的方向，故式(2-15)右边有负号。比例系数 λ 称为热导率或导热系数，其单位为 W/(m·K)。它相当于沿热流方向单位长度上的温差为 1 K 时在单位时间内通过单位面积的热量。各种物质有不同热

导率，且为其物理性质所决定。一般来说，热导率为

$$\lambda = \lambda_0 l + (\beta_\lambda \theta) \tag{2-16}$$

式中：λ_0——发热体温度为 0 ℃时的热导率；

　　　l——发热体的长度；

　　　θ——发热体的温度；

　　　β_λ——热传导温度系数。

热导率值范围较大，银为 425、铜为 390、铝为 210、黄铜为 85、某些气体为 0.006，它们的单位均为 W/(m·K)。这是由不同物质有不同的热传导过程所决定的。金属的 β_λ 值为 1，液体的 λ 值在 0.07 ~ 0.7 之间，除水和甘油外，其 β_λ 值亦为负值。气体的 λ 值在 0.006 ~ 0.6 之间，其 β_λ 值为正值。

2.4.2　对流

借液体或气体粒子的移动传输热能的现象称为对流。然而，对流总是与热传导并存。对流转移热量的过程与介质本身的转移互相联系，故只有在粒子能方便地移动的流体中才存在对流现象。影响对流的因素很多，其中包括粒子运动的本质和状态、介质的物理性质以及发热体的几何参数和状态。

载流体表面的散热大多以自由对流，即由热粒子与冷粒子的密度差引起的流体运动完成的。由于同发热体接触，空气被加热，其密度也减小了。两种粒子的密度差产生上升力，使热粒子上升，冷粒子则补充到热粒子的位置上。

液体运动有层流与紊流之分，当进行层流运动时，粒子与通道壁平行地运动；当进行紊流运动时，粒子则无序且杂乱无章地运动。然而，并非整层流体均做紊流运动，近通道壁处总有一薄层流体因其黏滞性而保留层流性质，此薄层内的热量靠热传导传递。边界层流厚度取决于流速，并因流速之增大而减小。

散热能力主要取决于边界层，因为此处温度变化最大。热量传递过程随流体性质而异，直接影响此过程的因素有热导率、比热容、密度和黏滞系数等。边界层的对流散热如图 2-4 所示。

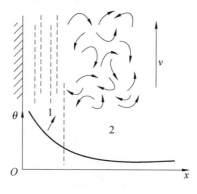

1—层流区；2—紊流区。

图 2-4　边界层的对流散热

对流形式的热交换的计算公式为

$$dQ = K_c(\theta - \theta_0)Adt \tag{2-17}$$

式中：dQ ——在 dt 时间内以对流方式散出的热量；

　　　θ、θ_0 ——发热体和周围介质的温度；

　　　A ——散热面的面积；

　　　K_c ——对流散热系数。

对流散热过程很复杂，影响它的因素又多，故 K_c 值一般以实验的方式确定，也可以利用经验公式计算。

2.4.3 热辐射

以电磁波转移热量的现象称为热辐射。它具有二重性，即将热能转换为辐射能，再将辐射能转换为热能。热辐射能穿越真空传输能量。

热辐射的基本定律是斯特藩–玻耳兹曼定律，即

$$j = \varepsilon\sigma T^4 \tag{2-18}$$

式中：j —— 物体的辐射度；

　　　ε —— 物体的辐射系数；

　　　σ —— 斯特藩 – 玻耳兹曼常数；

　　　T —— 物体的热力学温度。

由于热辐射能量是与辐射面热力学温度 $\sqrt{T^4}$ 成比例，而电器零部件的极限温度才数百 K，故热辐射的散热效果甚微。同时，电弧温度可达成千上万 K，故其热辐射不容忽视。

2.5 电器表面稳定温升计算——牛顿公式

发热体虽然同时以热传导、对流、热辐射 3 种方式散热，然而在实际应用中，常把这 3 种形式放在一起进行考虑，这就是工程上常用的牛顿热计算公式，即

$$P = K_T A\tau \tag{2-19}$$

式中：P ——总散热功率（W）；

　　　A ——有效散热面积（m^2）；

　　　τ ——发热体的温升（K），$\tau = \theta - \theta_0$，θ 和 θ_0 分别是发热体和周围介质的温度；

　　　K_T ——综合散热系数 $[W/(m^2 \cdot K)]$。

物体的散热是一个极其复杂的过程，影响散热的因素很多。K_T 包含了所有的散热形

式，它在数值上相当于每 1 m² 发热面与周围介质的温差为 1 K 时，向周围介质散出的功率，故其单位为 W/(m²·K)。因各种具体条件如介质的密度、热导率、比热容、温升、发热体的几何参数和表面状态等对 K_T 数值的影响很大，而 K_T 的实验数据往往又是在特定条件下得到的，这就要求在选用时必须慎重对待。另外，对于有效散热面的选取，也必须根据具体对象，对散热情况进行分析后确定。工程中常用查表的方式对 K_T 值进行选择，如表 2-3 所示。

表 2-3　综合散热系数值

散热表面及其状况	$K_T/[W·(m²·K)^{-1}]$	备注
直径为 1~6 cm 的水平圆筒或圆棒	9~13	直径小者取大的系数值
窄边竖立的纯铜质扁平母线	6~9	—
涂覆有绝缘漆的铸铁软件或钢件表面	10~14	—
浸没在油箱内的瓷质圆柱体	50~150	—
以纸绝缘的线圈	10~12.5 25~36	置于油中
叠片束	10~12.5 70~90	置于油中
垂直放置的丝状或带状康铜绕制的螺旋状电阻	20	考虑导线全部表面时的 K_T 值
垂直放置的烧釉电阻	20	只考虑外表面
绕在有槽瓷柱上的镍铬丝或康铜丝电阻	23	不考虑槽时圆柱体外表面的数值
丝状或带状康铜绕制的成形电阻	10~14	以导线的全部表面作为散热面
螺旋状铸铁电阻	10~13	以螺旋的全部表面作为散热面
具有平板箱体的油浸变阻器	15~18	以箱体外侧表面作为散热面

计算散热时还采用下列经验公式求综合散热系数。

对于矩形截面母线，其综合散热系数为

$$K_T = 9.2[1 + 0.009(\theta - \theta_0)] \tag{2-20}$$

对于圆截面导线，其综合散热系数为

$$K_T = 10K_1[1 + K_2 \times 10^{-2}(\theta - \theta_0)] \tag{2-21}$$

式中：θ、θ_0——发热体和周围介质的温度(K)；

K_1、K_2——系数，其值见表 2-4。

表 2-4　K_1 和 K_2 的值

圆导线直径/mm	10	40	80	200
K_1	1.24	1.11	1.08	1.02
K_2	1.14	0.88	0.75	0.68

对于电磁机构中的线圈，当散热面积 $A = (1 \sim 100) \times 10^{-4}$ m² 时，其综合散热系数为

$$K_{\mathrm{T}} = \frac{46 \sqrt{1 + 0.05(\theta - \theta_0)}}{\sqrt[3]{A \times 10^4}} \qquad (2-22)$$

而当 $A = 0.01 \sim 0.05$ m² 时，其综合散热系数为

$$K_{\mathrm{T}} = \frac{23 \sqrt{1 + 0.05(\theta - \theta_0)}}{\sqrt[3]{A \times 10^4}} \qquad (2-23)$$

【例 2-1】 镍铬丝绕于瓷质圆柱上。其散热面积为 $A = 200 \times 10^{-4}$ m²，当通过电流 0.5 A 时，温升为 60 K。若电阻为 100 Ω，求综合散热系数 K_{T} 为多少？

【解】 由题知 $A = 200 \times 10^{-4}$ m²，$\tau = 60$ K，得

$$P = I^2R = 0.5^2 \times 100 = 25 \text{ W}$$

$$K_{\mathrm{T}} = \frac{P}{A\tau} = \frac{25}{200 \times 10^{-4} \times 60} = 20.8 \text{ W/(m}^2 \cdot \text{K)}$$

2.6　不同工作制下电器的热计算

从电器发热分析与计算的角度出发，根据电器通电工作时间的长短，工程上将其划分为 3 种工作制：长期工作制、短时工作制和反复短时工作制。

2.6.1　长期工作制

1. 定义

当电器在一次通电工作时间内其温升已经达到其稳定温升时，称该电器工作于长期工作制。工程上，如果电器的一次通电时间大于其 4 倍热时间常数，则认为该电器工作于长期工作制。

2. 发热计算

1）发热过程

根据能量守恒定律，当电器在通电 dt 时间内产生能量损耗时，该损耗能量的一部分

将通过一定的散热方式散失到其周围介质中，而另一部分则将加热电器并使其温度升高，即

$$P \, \mathrm{d}t = K_\mathrm{T} A \tau \mathrm{d}t + cm\mathrm{d}\tau \tag{2-24}$$

式中：P——电器的损耗功率；

A——电器的综合散热面积；

c、m——电器的比热容和质量。

微分方程左侧为电器在 $\mathrm{d}t$ 时间内所产生的总发热量，而方程右侧第一项为电器在 $\mathrm{d}t$ 时间内的总散热量，第二项为在 $\mathrm{d}t$ 时间内电器温度升高 $\mathrm{d}\tau$ 时所吸收的热量。利用合适的数学方法求解该微分方程，即可求得电器的温升 τ。在电器通电时间内，如果电器的发热功率 P、综合散热系数 K_T、比热容 c 和质量 m 等参数均为常数，则微分方程为一阶常系数微分方程，经整理可得

$$\frac{cm}{K_\mathrm{T} A} \frac{\mathrm{d}\tau}{\mathrm{d}t} + \tau = \frac{P}{K_\mathrm{T} A}$$

或

$$T \frac{\mathrm{d}\tau}{\mathrm{d}t} + \tau = \tau_\mathrm{w} \tag{2-25}$$

式中：T——电器的热时间常数；

τ_w——电器的稳定温升。

$$T = \frac{cm}{K_\mathrm{T} A}$$

$$\tau_\mathrm{w} = \frac{P}{K_\mathrm{T} A}$$

微分方程式(2-25)的齐次微分方程通解为

$$\tau = C\mathrm{e}^{-\frac{t}{T}}$$

式中：C——积分常数。

微分方程式(2-25)的非齐次微分方程特解为 $\tau = \tau_\mathrm{w}$，由此可得式(2-25)的通解为

$$\tau = C\mathrm{e}^{-\frac{t}{T}} + \tau_\mathrm{w} \tag{2-26}$$

如果电器通电初始时刻电器已具有温升 τ_0，即 $\tau(0) = \tau_0$，则式(2-25)的解为

$$\tau(t) = \tau_\mathrm{w}(1 - \mathrm{e}^{-\frac{t}{T}}) + \tau_0 \mathrm{e}^{-\frac{t}{T}} \tag{2-27}$$

式中：τ_0——电器开始通电时的温升，称为起始温升。

由式(2-26)可知，当电器通电时间无限长之后，电器的温升为

$$\tau = \tau_\mathrm{w}$$

根据电器稳定温升的定义可知，τ_w 为电器的稳定温升。

如果电器通电初始时刻其的温度与周围环境温度相等，则其温升为 0，$\tau(0) = 0$，则式(2-28)的解为

$$\tau(t) = \tau_w (1 - e^{-\frac{t}{T}}) \tag{2-28}$$

由式(2-26)和式(2-27)可知，电器通电以后，其温升将随时间按指数规律增长。

利用上述公式还可以推得，当电器通电时间达到电器的4倍热时间常数时，电器的温升 $\tau(4T) = 0.98\tau_w$，实际上已接近其稳定温升。因此，如果电器的通电时间大于或等于4倍的电器热时间常数，则工程上认为该电器处于长期工作制。由此可见，电器的热时间常数 T 是影响电器发热过程的重要因素。热时间常数 T 越大，电器达到其稳定温升所需的通电时间也就越长。

此外，由上述公式还可以看出，当电器发热变化时，电器温升并不能随之瞬时改变，而是随着时间的增长最终达到与电器发热功率相对应的稳定温升。换句话说，电器的发热具有惯性，即所谓的热惯性。而代表电器热惯性大小的主要参量就是电器的热时间常数 T，它是研究电器动态热过程的重要物理量。

工程上，可以通过实验及作图法来确定电器的热时间常数 T。假设电器通电开始时刻的温升为0，在电器的发热功率保持不变的条件下，测取不同时刻电器的温升，并以此描绘出电器的发热曲线。根据前面的公式可以推得，电器的热时间常数 $T = \dfrac{\tau_w}{\left.\dfrac{\mathrm{d}\tau}{\mathrm{d}t}\right|_{t=0}}$。因此，利用作图法确定电器的热时间常数 T 的方法是：由发热曲线的起始点作一切线，它与稳定温升 τ_w 水平的交点即为热时间常数 T。

在工程应用中，有时电器发热时的通电时间与其热时间常数相比很短。例如当发生短路故障时，由于短路电流所引起电器发热的损耗功率非常大，但是通电时间通常很短（因为电路必须安装完善的继电保护措施，使得短路故障点能够在很短的时间内从系统中被切除）。由于电器的散热需要一定的时间，所以，在此时间内电器的热损耗能量几乎全部被电器吸收，并使其温度升高。此时，可以认为电器处于绝热状态，即电器通过散热所能散发出的能量为0。处于绝热状态下的电器热平衡关系变为

$$P\mathrm{d}t = cm\mathrm{d}\tau \tag{2-29}$$

式(2-29)积分后，并考虑到初始时刻温升为0，则其特解为

$$\tau = \frac{P}{cm}t \tag{2-30}$$

式(2-30)表明，电器在绝热情况下其温升随时间线性升高。此外，该式也可以证明，在绝热条件下，当电器的温升 τ 达到其稳定温升 τ_w 所需的时间恰好等于电器的热时间常数 T。

2）冷却过程

当电器切断电源或引起电器发热的热源消失时，电器的温升必然逐渐下降，此时电器的热平衡方程式为

$$K_T A \tau \mathrm{d}t + cm\mathrm{d}\tau = 0 \tag{2-31}$$

如果电器降温初始时刻的温升为其稳定温升 τ_w，则式(2-31)的特解为

$$\tau = \tau_w e^{-\frac{t}{T}} \qquad (2-32)$$

根据上述电器发热和冷却过程的理论可知，当电器的通电时间超过其4倍的热时间常数 T 时，电器的热过程已基本达到稳定状态，其温升趋于常数。因此，在电器发热计算时，只要是通电的时间超过电器热时间常数 T 的4倍，即可按长期工作制考虑。

值得注意的是，根据式(2-27)和式(2-28)可知，当 $t \to \infty$ 时，有

$$\tau = \tau_w = P/(K_T A)$$

故长期工作制下的电器发热计算公式与牛顿热计算公式完全一致。

2.6.2 短时工作制

1. 定义

如果电器的通电时间小于其4倍热时间常数 T，而断电时间大于其4倍热时间常数 T，则称该电器工作于短时工作制。由此可见，如果电器的发热功率保持不变，则短时工作制下电器可能达到的最高温升将低于该电器长期工作制下的最高温升，即给定发热功率下的电器稳定温升。

2. 发热计算

1）发热过程

事实上，在通电时间 t 内，电器在短时工作制时的热平衡方程式与其在长期工作制时的热平衡方程式完全相同，因此，短时工作制时电器的发热温升可以利用式(2-27)计算，因为根据短时工作制的定义，电器发热初始时刻的起始温升为零。

由于短时工作制下电器的通电时间小于4倍电器的热时间常数，因此，该工作制下电器的最高温升必然低于相同发热功率时长期工作制下电器的最高温升（稳定温升）。在通常情况下，电器设计是以电器在其长期工作制下的最高温升为设计依据的，换句话说，电器的最高允许温升是指其在长期工作制下所允许的温升。对特定电器而言，在使用环境（或散热条件）确定的条件下，长期工作制下电器所允许的最高发热功率 P_c 是一定的。如果电器发热功率保持不变，则该电器工作于短时工作制时其可能达到的最高温升将低于该电器的允许温升。基于上述原因，工程上为了充分发挥电器的工作能力，在满足温升条件下，完全可以加大电器的发热功率（以下定义为 P_d），即对同一电器而言，在短时工作制下要想保证电器工作的可靠性，就必须满足

$$\tau_d = \tau_{wd}(1 - e^{-t/T}) = \tau_{wc} \qquad (2-33)$$

式中：τ_d ——对应于短时通电时间 t 末的温升；

$\quad\quad \tau_{wd}$ ——对应于发热功率 P_d 的电器稳定温升；

$\quad\quad \tau_{wc}$ ——对应于发热功率 P_c 的电器稳定温升。

为了描述当电器工作于短时工作制时其所能允许提高发热功率程度的大小，工程上常

利用功率过载系数 P_p 来描述，即

$$P_p = \frac{P_d}{P_c} = \frac{\tau_{wd}}{\tau_{wc}} = \frac{1}{1 - e^{-t/T}} \qquad (2-34)$$

此外，还可以利用电流过载系数 P_i 加以描述，即

$$P_i = \frac{I_d}{I_c} = \sqrt{P_p} \qquad (2-35)$$

如果电器通电的时间比 T 小得多，将 $e^{\frac{t}{T}}$ 用级数展开，忽略高次项后可得

$$P_p = \frac{T}{t} \qquad (2-36)$$

$$P_i = \sqrt{\frac{T}{t}} \qquad (2-37)$$

式(2-37)说明，短时工作制下电器的过载能力与其热时间常数 T 成正比，与工作时间 t 成反比。

2)冷却过程

短时工作制下电器的冷却过程及其计算与长期工作制下完全一致。

2.6.3 反复短时工作制

1. 定义

当电器在通电和断电交替循环的情况下工作时，称该电器工作于反复短时工作制，电器通电和断电的时间均小于 $4T$。

2. 发热计算

设电器在一个工作周期内的通电时间为 t_1，断电时间为 t_2，工作周期为 t_p。根据电器反复短时工作制的定义可知，电器在第 k 个工作周期内所能达到的温升 τ'_k（对应于通电时间为 t_1 末）将低于相同发热功率下工作于长期工作制时的最高温升（稳定温升），而在其断电时间为 t_2 末的温升却大于 0。换句话说，除了第一个工作周期外，电器在每个工作周期开始时刻的起始温升均大于 0，而且下一工作周期的起始温升将高于前一工作周期的起始温升。因此，工作于反复短时工作制下的电器可能达到的温升将随着工作时间的增长而逐步升高，直至趋于某一稳定温升。

综上所述，在电器发热期间，电器的温升利用式(2-33)计算，而电器冷却过程的温升计算可以采用式(2-33)，只不过需要考虑每个工作周期电器起始温升的变化规律。

设电器反复短时工作的功率为 P_f。

1)工作周期 1

电器发热过程的温升为

$$\tau'_1 = \tau_{wf}(1 - e^{-t/T}), \qquad 0 \leqslant t \leqslant t_1$$

式中：τ_{wf} ——发热功率；

P_f ——对应的电器稳定温升。

通电时间 t_1 末时，电器的最高温升为

$$\tau'_1 = \tau_{wf}(1 - e^{-t_1/T})$$

电器冷却过程的温升为

$$\tau = \tau'_1 e^{-(t-t_1)/T}, \qquad t_1 \leqslant t \leqslant t_1 + t_2 = t_p$$

在该周期的断电时间 t_2 末时，电器的温升将降至

$$\tau''_1 = \tau'_1 e^{-t_2/T} = \tau_{wf}(1 - e^{-t_1/T}) e^{-t_2/T}$$

2）工作周期2

电器发热过程的温升为

$$\tau = \tau_{wf}[1 - e^{-(t-t_p)/T}] + \tau''_1 e^{-(t-t_p)/T}, \qquad t_p \leqslant t \leqslant t_p + t_1$$

通电时间 t_1 末时，电器的最高温升为

$$\tau'_2 = \tau_{wf}(1 - e^{-t_1/T}) + \tau_{wf}(1 - e^{-t_1/T}) e^{-t_2/T} e^{-t_1/T} = \tau_{wf}(1 - e^{-t_1/T})(1 + e^{-t_p/T})$$

电器冷却过程的温升为

$$\tau = \tau'_2 e^{-(t-t_p-t_1)/T}, \qquad t_p + t_1 \leqslant t \leqslant t_p + t_1 + t_2 = 2t_p$$

在该周期的断电时间 t_2 末时，电器的温升将降至

$$\tau''_2 = \tau' e^{-t_2/T} = \tau_{wf}(1 - e^{-t_1/T})(1 + e^{-t_p/T}) e^{-t_2/T}$$

3）工作周期 k

以此类推，对第 k 个周期，通电时间 t_1 末时，电器的最高温升达到 τ'_k，即

$$\tau'_k = \tau_{wf}(1 - e^{-t_1/T})\left[1 + e^{-\frac{t_p}{T}} + e^{-\frac{2t_p}{T}} + \cdots + e^{-(k-1)t_p/T}\right]$$

整理可得

$$\tau'_k = \tau_{wf}(1 - e^{-t_1/T})\frac{1 - e^{-kt_p/T}}{1 - e^{-t_p/T}}$$

断电时间 t_2 末时，电器温升为

$$\tau''_k = \tau'_k e^{-t_2/T}$$

令第 k 个周期的温升 τ'_k 与长期工作的功率 P_c 所对应的稳定温升 τ_{wc} 相等，则可推得电器在反复短时工作制时的功率过载系数为

$$P_p = \frac{P_f}{P_c} = \frac{\tau_{wf}}{\tau_{wc}} = \frac{\tau_{wf}}{\tau'_k} = \frac{1}{1 - e^{-t_1/T}}\frac{1 - e^{-kt_p/T}}{1 - e^{-t_p/T}} \qquad (2-38)$$

当 $t_p \ll T$，且 $k \to \infty$ 时，将式（2-38）中指数函数展开成级数，并忽略高次项，得

$$P_p = \frac{t_p}{t_1} \qquad (2-39)$$

$$P_i = \sqrt{\frac{t_p}{t_1}} \qquad (2-40)$$

在电器标准中通常利用通电持续率 TD% 来描述反复短时工作制电器工作的繁重程度，即

$$\text{TD}\% = \frac{t_1}{t_P} \tag{2-41}$$

显然，TD% 值越大，工作周期内电器的通电时间就越长，其工作就越繁重。在极限情况下，如果 TD% = 100%，则该电器工作于长期工作制。如果 $t_p \ll T$，则功率过载系数和电流过载系数与通电持续率的关系为

$$P_p = \frac{1}{\text{TD}\%} \tag{2-42}$$

$$P_i = \sqrt{\frac{1}{\text{TD}\%}} \tag{2-43}$$

2.7 短路时的发热过程和热稳定性

电路中的短路状态虽历时甚短，一般仅十分之几秒至数秒，但却可能酿成严重灾害。由于短路电流存在时间 $t_{sc} \ll T$，故其产生的热量尚来不及散往周围介质，因此短路过程是全部热量均用以使载流体升温的绝热过程。若短路时间 $t_{sc} \leqslant 0.05T$，则

$$\tau = \tau_{sc} t_{sc}/T \tag{2-44}$$

式中：τ_{sc}——长期通以短路电流 I_{sc} 时的稳态温升。

τ_{sc} 按牛顿公式为

$$\tau_{sc} = I_{sc}^2 R/(K_T A) \tag{2-45}$$

短路电流沿载流体截面作均匀分布，且其体积元 $\text{d}A\text{d}l$ 内的发热过程遵循方程 $P\text{d}t = cm\text{d}\theta$，即

$$(j_{sc}\text{d}A)^2 \rho \text{d}l\text{d}t/\text{d}A = c\gamma \text{d}l\text{d}A\theta$$

经整理后再进行积分，得

$$\int_0^{t_{sc}} j_{sc}^2 \text{d}t = \int_{\theta_0}^{\theta_{sc}} \frac{c\gamma}{\rho}\text{d}\theta = [A_{sc}] - [A_0] \tag{2-46}$$

式中：j_{sc}——短路时的电流密度；

c、γ、ρ——载流体材料的比热容、密度和电阻率；

A_0、A_{sc}——载流体的始、末截面积；

θ_0、θ_{sc}——短路过程始、末的载流体温度。

若已知 c、γ、ρ 和 θ 间的关系，而起始温度 θ_0 又已给定，则函数 $[A_0]$ 和 $[A_{sc}]$ 均可求

得，且可用曲线表示。它可用于进行下列计算。

（1）根据已知的短路电流、起始温度和短路持续时间，校核已知截面积的载流体的最高温度是否超过规定的允许温度。

（2）根据已知的短路电流、起始温度、短路持续时间和材料的允许温度，确定载流体应有的截面积。

以（1）中的方法对图2-5中的曲线进行计算的步骤如下。

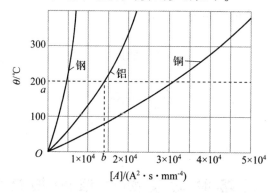

图2-5　确定[A]的值

（1）在纵轴上对应于载流体起始温度 θ_0 的一点 a 作水平线，与曲线相交，再从交点作垂线交横轴于点 b，从而得[A_0]值；

（2）计算[A_{sc}]值，即

$$[A_{sc}] = [A_0] + \int_0^{t_{sc}} j_{sc}^2 \, dt = [A_0] + \left(\frac{I_\infty}{A}\right)^2 t_{sc} \tag{2-47}$$

式中：I_∞——短路电流稳态值（有效值）（A）；

　　　A——载流体横截面积（mm^2）。

当 $t_{sc} \leq 1\,s$ 时，取（$t_{sc} + 0.05$）为 t_{sc} 的值。

（3）在横轴上对应[A_{sc}]的点作垂线与相应材料的曲线相交，再自交点作水平线交纵轴即得 θ_{sc} 值。

在现实中是以热稳定电流衡量电器的热稳定性。热稳定电流是指在规定的使用条件和性能下，开关电器在接通状态于规定的短暂时间内所能承载的电流。电器的热稳定性以热稳定电流的平方值与短路持续时间之积表示。习惯上以短路持续时间为1、5、10 s时的热稳定电流 I_1、I_5、I_{10} 表示电器的热稳定性。按热效应相等的原则，3种电流的关系为

$$I_1^2 \times 1 = I_5^2 \times 5 = I_{10}^2 \times 10$$

即

$$I_1 = \sqrt{5} I_5 = \sqrt{10} I_{10}$$

$$I_5 = \sqrt{2} I_{10} \tag{2-48}$$

【例2-2】车间变电站低压侧的短路电流 $I_\infty = 21.4\,kA$。母线为铝质，其截面积 $A =$

（60×6）mm²。短路保护动作时间为 0.6 s，断路器分断时间为 0.1 s。若母线正常工作时的温度 $\theta_0 = 55\ ℃$，试校核其热稳定性合格与否。

【解】对于图 2-5 中铝的曲线，当 $\theta_0 = 55\ ℃$ 时，有 $[A_0] = 0.45 \times 10^4\ A^2 \cdot s \cdot mm^{-4}$，短路过程结束时有

$$A_{sc} = A_0 + \left(\frac{I_\infty}{A}\right)^2 \cdot (t_{sc} + 0.05) =$$

$$\left[0.45 \times 10^4 + \left(\frac{21.4 \times 10^3}{60 \times 6}\right)^2 \times (0.6 + 0.1 + 0.05)\right] = 0.75 \times 10^4\ A^2 \cdot s \cdot mm^{-4}$$

由图 2-5 中铝的曲线查得 $\theta_{sc} = 100\ ℃$。它比允许温度 200 ℃ 低，故母线的热稳定性为合格。

2.8　电器中的电动力

有的电动力不大，不致损坏电器，但当出现短路故障时，情况就很严重了。短路电流下，电动力异常大。此外，载流件、电弧和铁磁材料制件之间也有电动力在作用。在正常电器的载流件（如触头、母线、绕组线匝和电连接板等）彼此间均有作用力的情况下，电流值通常为正常工作电流的 10～100 倍，在大电网中可达 100 000 A。因此，短路时的电动力异常大，在其作用下，载流件和与之连接的结构件、绝缘件，如支持瓷瓶、引入套管和跨接线等，均可能发生形变或损坏，而且载流元件在短路时的严重发热还将加重电动力的破坏作用。必须指出，电动力亦能从电气方面损坏电器，如巨大的电动斥力会使触头因接触压力减小太多而过热导致熔焊，使电器无法继续正常运行，严重时甚至使动、静触头相斥，产生强电弧烧毁触头和电器。

不过电动力也有可利用的一面，如它能将电弧拉长及驱入灭弧室以增强灭弧效果外，限流式断路器就是利用电动斥力使动、静触头迅速分离，从而只需分断较预期电流小得多的电流即可。

电动力一般有 2 种计算方法：一种方法是将它看作一载流体的磁场对另一载流体的作用，且以毕奥-萨伐尔定律和安培力公式进行计算；另一种方法是根据载流系统的能量平衡关系求电动力。

2.9 载流导体间的相互作用

当载有电流 i_1 的导体元 $\mathrm{d}l_1$ 处于磁感应强度为 $\boldsymbol{B}$ 的磁场内时，如图2-6(a)所示，按安培力公式，作用于它的电动力为

$$\mathrm{d}\boldsymbol{F} = i_1\mathrm{d}\boldsymbol{l}_1 \times \boldsymbol{B} \tag{2-49}$$

$$\mathrm{d}F = i_1\mathrm{d}l_1\boldsymbol{B}\sin\beta \tag{2-50}$$

式中：$\boldsymbol{B}$——磁感应强度；

$\mathrm{d}\boldsymbol{l}_1$——取向与 i_1 一致的导体元矢量；

β——$\mathrm{d}\boldsymbol{l}_1$ 与 $\boldsymbol{B}$ 之间的夹角。

为计算载流体间的相互作用力，必须应用毕奥-萨伐尔定律求电流元 $i_2\mathrm{d}l_2$ 在导体元 $\mathrm{d}l_1$ 上点 M 处产生的磁感应强度，即

$$\mathrm{d}\boldsymbol{B} = \frac{\mu_0}{4\pi}i_2\frac{\mathrm{d}\boldsymbol{l}_2 \times \boldsymbol{r}_0}{r^2} \tag{2-51}$$

或

$$\mathrm{d}B = \frac{\mu_0}{4\pi}i_2\mathrm{d}l_2\frac{\sin\alpha}{r^2} \tag{2-52}$$

式中：r—— 导体元 $\mathrm{d}l_2$ 至点 M 的距离；

$\boldsymbol{r}_0$——单位矢量；

$\mathrm{d}\boldsymbol{l}_2$—— 沿 i_2 方向取向的导体元矢量；

α——$\mathrm{d}\boldsymbol{l}_2$ 与 $\boldsymbol{r}_0$ 间的夹角；

μ_0——真空磁导率，$\mu_0 = 4\pi \times 10^{-7}\ \mathrm{H/m}$，在工程计算中，除铁磁材料外其他材料的磁导率均取为 μ_0。

当导体截面的周长远小于两导体的间距时，可认为电流集中于导体的轴线上。于是，整个载流导体 h 在点 M 处产生的磁感应强度为

$$B = \frac{\mu_0}{4\pi}\int_0^{l_2}\frac{i_2\mathrm{d}l_2\sin\alpha}{r^2} \tag{2-53}$$

积分得两载流导体间的相互作用的电动力为

$$F = \frac{\mu_0}{4\pi}i_1i_2\int_0^{l_1}\sin\beta\mathrm{d}l_1\int_0^{l_2}\frac{\sin\alpha}{r^2}\mathrm{d}l_2 = \frac{\mu_0}{4\pi}i_1i_2K_c \tag{2-54}$$

式中：K_c——仅涉及导体几何参数的积分量，称为回路系数。

当两导体处于同一平面内时，$\beta = \pi/2$，$\sin\beta = 1$，故回路系数为

$$K_c = \int_0^{l_1} \int_0^{l_2} \frac{\sin \alpha \, \mathrm{d}l_1 \mathrm{d}l_2}{r^2} \tag{2-55}$$

这样，载流系统中各导体间相互作用的电动力的计算便归结为回路系数的计算。

2.9.1 平行载流导体间的电动力

如图2-6(a)所示，有2根无限长直平行载流导体，其截面周长远小于间距 a。显然，电流元 $i_2 \mathrm{d}l_2$ 在导体元 $\mathrm{d}l$ 处产生的磁感应强度为

$$\mathrm{d}B = \frac{\mu_0}{4\pi} i_2 \mathrm{d}l_2 \frac{\sin \alpha}{r^2} \tag{2-56}$$

由图可知，$r = a/\sin \alpha$，$l_2 = a \cot \alpha$，故 $\mathrm{d}l_2 = -(a/\sin^2\alpha)\mathrm{d}\alpha$ 因此，整个载流导体中的电流 i_2 在导体 I 中产生的磁感应强度为

$$B = -\frac{\mu_0}{4\pi} \frac{i_2}{a} \int_{\alpha_2}^{\alpha_1} \sin \alpha \mathrm{d}\alpha = \frac{\mu_0}{4\pi} \frac{i_2}{a} (\cos \alpha_1 - \cos \alpha_2) \tag{2-57}$$

平行载流导体间的电动力如图2-6所示。

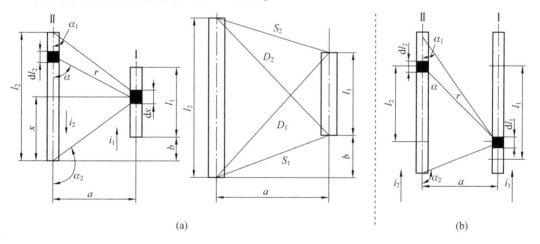

图2-6 平行载流导体间的电动力

(a)平行无限长直载流导体系统；(b)平行有限长直载流导体系统

当导体为无限长时，$\alpha_1 = 0$、$\alpha_2 = \pi$，则

$$B = \frac{\mu_0}{2\pi} \cdot \frac{i_2}{a}$$

故作用于导体 I 中线段 l_1 上的电动力为

$$F = \frac{\mu_0}{2\pi} i_1 i_2 \frac{1}{a} \int_0^{l_1} \mathrm{d}l_1 = \frac{\mu_0}{4\pi} \cdot \frac{2l_1}{a} i_1 i_2 = \frac{\mu_0}{4\pi} i_1 i_2 K_c \tag{2-58}$$

可见无限长直平行导体的回路系数为

$$K_c = 2l_1/a \tag{2-59}$$

若载流导体为有限长，则

$$\cos \alpha_1 = \frac{l_2 - x}{\sqrt{(l_2 - x)^2 + a^2}}, \qquad \cos \alpha_2 = -\frac{x}{\sqrt{x^2 + a^2}} \tag{2-60}$$

综上可得，载流导体间相互作用的电动力为

$$F = \frac{\mu_0}{4\pi} \cdot \frac{i_1 i_2}{a} \int_0^{b+l_1} \left(\frac{l_2 - x}{\sqrt{(l_1 + b)^2 + a^2}} + \frac{x}{\sqrt{x^2 + a^2}} \right) dx$$

$$= \frac{\mu_0}{4\pi} i_1 i_2 \frac{1}{a} \left[\sqrt{(l_1 + b)^2 + a^2} + \sqrt{(l_2 - b)^2 + a^2} - \sqrt{(l_2 - l_1 - b)^2 + a^2} - \sqrt{a^2 + b^2} \right] \tag{2-61}$$

由图 2-6(b)可知，上式大括号内的四项依次为 D_1、D_2、S_2 和 S_1，前两者为导体 I、II 所构成的四边形的对角线，后两者为其腰。因此，回路系数为

$$K_c = [(D_1 + D_2) - (S_1 - S_2)]/a \tag{2-62}$$

在特殊场合，当 $l_1 = l_2 = l$ 时($b = 0$)，有

$$K_c = 2(\sqrt{l^2 + a^2} - a)/a \tag{2-63}$$

2.9.2　载流导体相互垂直时的电动力

设载流导体如图 2-7(a)所示，其半径为 r_0，通过电流 i，且竖直导体为无限长。在水平导体 I 上取一导体元 dx，电流元 idl_2 在 dx 处产生的磁感应强度为

$$dB = \frac{\mu_0}{4\pi} \cdot \frac{i}{x} \sin \alpha d\alpha \tag{2-64}$$

故载流导体 II 在 dx 处产生的磁感应强度为

$$B = -\frac{\mu_0 i}{4\pi x} \int_{\pi/2}^0 \sin \alpha d\alpha = \frac{\mu_0 i}{4\pi x} \tag{2-65}$$

而作用于导体 I 的线段 $l = l_1 - r_0$ 上的电动力为

$$F = \frac{\mu_0}{4\pi} i^2 \int_{r_0}^{l_1} \frac{dx}{x} = \frac{\mu_0}{4\pi} i^2 \ln \frac{l_1}{r_0} \tag{2-66}$$

作用在 dx 上的电动力产生的关于点 O 的转矩的大小为

$$dT = x dF = \frac{\mu_0}{4\pi} i^2 dx \tag{2-67}$$

故整个导体 I 所受电动力关于点 O 的转矩的大小为

$$T = \frac{\mu_0}{4\pi} i^2 \int_{r_0}^{l_1} dx = \frac{\mu_0}{4\pi} i^2 (l_1 - r_0) = \frac{\mu_0}{4\pi} i^2 m_c \tag{2-68}$$

式中：m_c——关于点 O 的转矩的回路系数。

由式(2-66)和式(2-67)可知，回路系数为

$$K_c = \ln \frac{l_1}{r_0} + \frac{1}{4}, \qquad m_c = l_1 - r_0 \tag{2-69}$$

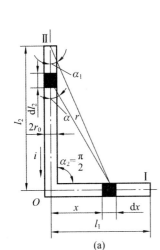 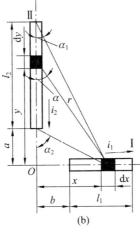 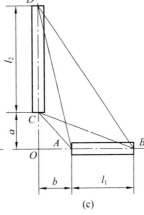

图 2-7 载流导体相互垂直时的电动力

若竖直导体亦为有限长，则电流元 idl_2 在导体元 dx 处产生的磁感应强度为

$$dB = -\frac{\mu_0 i}{4\pi x}\sin\alpha d\alpha$$

故载流导体 II 在 dx 处产生的磁感应强度为

$$B = -\frac{\mu_0 i}{4\pi x}\int_{\pi/2}^{\alpha_1}\sin\alpha d\alpha = \frac{\mu_0 i}{4\pi x}\cos\alpha_1 \tag{2-70}$$

由于 $\cos\alpha_1 = l_2/\sqrt{l_1^2 + x^2}$，故作用在导体 I 上的电动力为

$$F = \int_{r_0}^{l_1}\frac{\mu_0 i^2}{4\pi x}\cdot\frac{l_2}{\sqrt{l_2^2 + x^2}}dx = \frac{\mu_0}{4\pi}i^2\ln\left[\frac{l_1}{r_0}\cdot\frac{(l_2 + \sqrt{r_0^2 + l_2^2})}{(l_2 + \sqrt{l_1^2 + l_2^2})}\right] \tag{2-71}$$

因此，回路系数为

$$K_c = \ln\left[\frac{l_1}{r_0}\cdot\frac{(l_2 + \sqrt{r_0^2 + l_2^2})}{l_2 + \sqrt{l_1^2 + l_2^2}}\right] + \frac{1}{4} \tag{2-72}$$

若导体位置如图 2-7（c）所示，则载流导体 II 在导体元 dx 处产生的磁感应强度为

$$B = \frac{\mu_0 i}{4\pi x}(\cos\alpha_1 - \cos\alpha_2)$$

由于 $\cos\alpha_1 = l_2/\sqrt{(l_2 + a)^2 + x^2}$，$\cos\alpha_2 = a/\sqrt{x^2 + a^2}$，故作用在导体 I 上的电动力为

$$F = \frac{\mu_0}{4\pi}i_1 i_2\int_b^{l_1+b}\left(\frac{l_2 + a}{x\sqrt{(l_2 + a)^2 + x^2}} - \frac{a}{x\sqrt{x^2 + a^2}}\right)dx$$

$$= \frac{\mu_0}{4\pi}i_1 i_2\ln\left[\frac{a + b}{l_2 + a + \sqrt{(l_1 + b)^2 + (l_2 + a)^2}}\times\frac{l_2 + a + \sqrt{(l_2 + a)^2 + b^2}}{a + \sqrt{a^2 + b^2}}\right]$$

$$\tag{2-73}$$

综上可得，回路系数为

$$K_c = \ln \frac{(BC + OC)(AD + OD)}{(AC + OC)(BD + OD)} \qquad (2\text{-}74)$$

当导体为其他形式的布置时，其回路系数 K_c、m_c 的计算公式可查阅相关文献。

2.9.3　载流导体与铁磁件之间的电动力

载流导体总是力图向铁磁件靠拢。根据电磁场理论，铁磁件可代之以位于载流导体对称位置上的另一等电流载流导体。这样，载流导体与铁磁件间的相互作用力便可看作两载流导体间的相互作用力，而沿用上述方法进行计算。

1. 导体几何参数对电动力的影响

关于电动力的计算，一般认为导体为圆截面的，或者其截面的周长与导体间距相比可以忽略不计。若圆截面导体通以直流电流，其直径大小仍不致影响电动力，但当它通过交变电流时，邻近效应的影响已不容忽视。工程上大截面导体以矩形截面居多，而其中的电流分布对电动力的影响也较明显。对这种影响通常是在电动力计算公式中设一修正系数——形状系数 K_h。于是，电动力计算公式为

$$F = \frac{\mu_0}{4\pi} i_1 i_2 K_c K_h \qquad (2\text{-}75)$$

当导体截面的周长远小于导体间距，即 $(a - b)/(b + h) > 2$ 时，基本上可不计导体几何参数的影响，而取 $K_h = 1$。其中 a、b、h 分别为导体的长、宽、高。

2. 电动力沿导线的分布

为确定载流导体内的机械应力及其紧固件和支持件的机械负荷，不仅需要知道导体所受的电动力，还要知道它的分布。

当载流导体处于同一平面内时，不论它们平行与否，电动力分布情况均易求得。以最基础的系统为例(如图2-7所示)，其计算步骤如下。

(1)将导体Ⅰ分割为若干段(如3段)。

(2)计算导体Ⅱ中电流 i_2 在导体Ⅰ各段边界点上产生的磁感应强度，即

$$B = \frac{\mu_0 i_2}{4\pi a} \left[\frac{l_2 - y}{\sqrt{(l_2 - y)^2 + a^2}} + \frac{y}{\sqrt{y^2 + a^2}} \right]$$

(3)计算边界点所在处单位长度上受到的电动力，即

$$f = \frac{\mathrm{d}F}{\mathrm{d}x} = i_1 B \qquad (2\text{-}76)$$

(4)绘制 f 的分布曲线。

有了电动力的分布曲线，即可通过求面积的方法(图解积分法)确定导体上的总机械负荷。至于等效电动力的作用点，应当是在过此图形的重心的垂线上。

2.10　能量平衡法计算电动力

以安培力公式计算复杂回路中导体所受电动力殊为不便，有时甚至不可能。这时，可以使用基于磁场能量（简称磁能）变化的能量平衡法。若忽略载流系统的静电能量，并认为载流系统在电动力作用下发生形变或位移时各回路电流保持不变，则根据虚位移原理，广义电动力的计算公式为

$$F_b = \frac{\partial W_M}{\partial b} \tag{2-77}$$

式中：W_M——磁能；

　　　b——广义坐标。

式（2-77）的意义：当导体移动时，所做的机械功等于回路磁能的变化；偏微分形式是为了说明磁能变化只需要考虑力图改变待求电动力的坐标的变化。例如，欲求使载流线圈断裂的力，广义坐标应取线圈半径；而欲求载流线圈间相互作用的电动力，广义坐标则应取线圈之间的距离。

磁能对磁链的导数 $dW_M/d\psi = i/2$。仅有一回路时，电动力为

$$F = \frac{i}{2} \cdot \frac{d\phi}{db} \tag{2-78}$$

但 $\psi = N\phi = Li$（ϕ 为穿过线圈各匝的平均磁通，N 为线圈的匝数，L 为该线圈的电感），故电动力为

$$F = \frac{1}{2} i^2 \frac{dL}{db} \tag{2-79}$$

导线半径为 r、平均半径为 R 的圆形线圈。当 $R \geqslant 4r$ 时，线圈电感 $L = \mu_0 R[\ln(8R/r) - 0.75]$，故作用于线圈的电动力为

$$F = \frac{1}{2} i^2 \frac{dL}{dR} = \frac{\mu_0}{2} i^2 \left(\ln \frac{8R}{r} - 0.75 \right) \tag{2-80}$$

出现于单位长度线圈上且沿半径取向的电动力为 $f = F/(2\pi R)$，而作用于线圈使之断裂电动力即 f 在 1/4 圆周上的水平分量之总和为

$$F_b = \int_0^{\pi/2} Rf\cos\varphi = \frac{\mu_0}{4\pi} i^2 \left(\ln \frac{8R}{r} - 0.75 \right) \tag{2-81}$$

如果有两圆形线圈，彼此间的距离为 h，且 h 与两线圈的半径 R_1、R_2 相比，又接近于 R_1，则其间的互感为

$$M = \mu_0 R_1 \left(\ln \frac{8R_1}{\sqrt{h^2 + c^2}} - 2 \right)$$

式中：$c = R_2 - R_1$。

于是，两线圈间相互作用的电动力为

$$F_\text{h} = i_1 i_2 \frac{\mathrm{d}M}{\mathrm{d}h} = - \mu_0 i_1 i_2 \frac{R_1 h}{h^2 + c^2} \tag{2-82}$$

随着距离 h 增大，互感 M 将减小。此电动力与 c 有关，且在 $c = 0$ 时有最大值为

$$F_{\text{h}_{max}} = \frac{\mu_0 i_1 i_2 R_1}{h}$$

电动力的方向：当两线圈产生的磁通同向时，它们互相吸引；反之则互相排斥。除上述电动力外，作用于线圈的还有其本身电流产生的固有径向力，以及另一线圈产生的轴向磁场与该电流产生的电动力。$M = f(R_1 、 R_2)$ 为已知，可求得

$$F_{R_1} = i_1 i_2 \frac{\partial M}{\partial R_1}, \qquad F_{R_2} = i_1 i_2 \frac{\partial M}{\partial R_2}$$

2.11 交流稳态电流下的电动力

2.11.1 单相交流下的电动力

在计算导体间电动力的公式中，令

$$C = \frac{\mu_0}{4\pi} K_\text{h} K_\text{c}$$

则电动力为

$$F = C i_1 i_2 \tag{2-83}$$

设导体系统中通有相位相同的单位正弦交流电，在稳态情况下，电流随时间变化为

$$i = I_\text{m} \sin(\omega t) = \sqrt{2} I \sin(\omega t)$$

式中：I_m ——电流的幅值；

$\quad\ I$ ——电流有效值；

$\quad\ \omega$ ——电流的角频率；

$\quad\ t$ ——时间。

此时，导体所受的电动力为

$$F = C I_\text{m}^2 \sin^2(\omega t) = C I_\text{m}^2 \left[\frac{1 - \cos(2\omega t)}{2} \right] = C \frac{I_\text{m}^2}{2} - C \frac{I_\text{m}^2 \cos(2\omega t)}{2}$$

$$= CI^2 - CI^2\cos(2\omega t) = F_- + F_\sim \tag{2-84}$$

式中：F_-——交流电动力的恒定分量，又称为平均力，$F_- = CI^2$；

　　　$F_\sim$——交流电动力的交变分量，$F_\sim = -CI^2\cos(2\omega t)$，其幅值等于平均力，而角频率为电流角频率的 2 倍。

式(2-84)表明，单向稳态交流系统中的电动力由恒定分量 F_- 和交变分量 $F_\sim$ 构成。该电动力和电流随时间变化的曲线如图 2-8 所示。

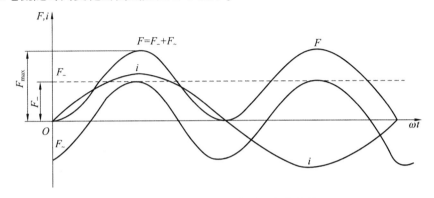

图 2-8　单相稳态交流电动力变化曲线

当电流随时间作正弦变化时，导体间的电动力也随时间作脉冲变化，脉冲频率是电流频率的 2 倍，但电动力作用方向不变，导体间的电动力都是斥力或都是吸力。当电流最大时，电动力也最大，电动力最大值 $F_{max} = CI_m^2 = 2CI^2 = 2F_-$；当电流为 0 时，电动力最小，即 $F_{min} = 0$。

为了便于比较各种情况下最大电动力的大小，以单相交流最大电动力为基准尺度，有 $2CI^2 = F_0$，以建立其他情况下电动力大小的概念。

2.11.2　三相交流下的电动力

设有三相导线 A、B、C 在同一平面内直列布置，导体间的距离为 a，如图 2-9 所示。三相导体中分别流过的三相正弦对称稳态电流力为

$$\left.\begin{array}{l} i_A = \sqrt{2}\,I\sin(\omega t) \\ i_B = \sqrt{2}\,I\sin(\omega t - 120°) \\ i_C = \sqrt{2}\,I\sin(\omega t - 240°) \end{array}\right\} \tag{2-85}$$

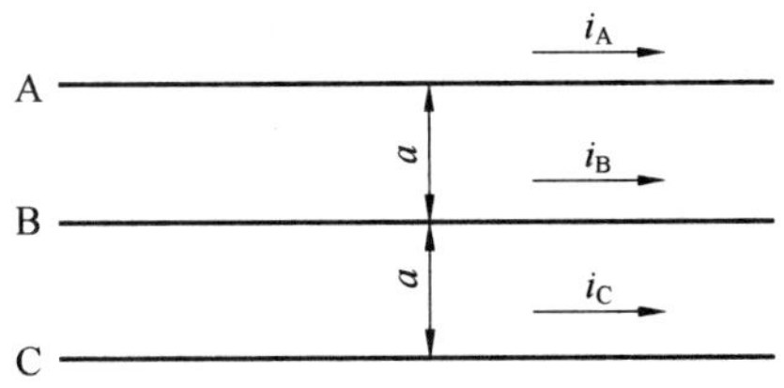

图 2-9　三相导体为直列布置

下面分析各相导体所受的电动力。

1. 作用在 A 相导体上的电动力

根据图 2-9 所规定 i_A、i_B、i_C 的方向，如果某瞬间 i_A 与 i_B（i_C）流过导体的方向相同，则 A 相导体与 B 相（C 相）导体产生吸力。现规定 A 相导体与 B 相（C 相）导体之间的吸力方向为正方向，则作用在 A 相导体上的电动力，可以认为是 B 相和 C 相导体单独作用的叠加，即 $F_A = F_{AB} + F_{AC}$，此时 F_{AB}、F_{AC} 为正值。则由电动力公式(2-83)得

$$F_A = C_1 i_A i_B + C_2 i_A i_C = 2I^2 \sin(\omega t)\left[C_1\sin(\omega t - 120°) + C_2\sin(\omega t - 240°)\right]$$

式中：

$$C_1 = \frac{\mu_0}{4\pi}(K_h)_{AB}(K_h), \qquad C_2 = \frac{\mu_0}{4\pi}(K_h)_{AC}(K_c)$$

其中 $(K_h)_{AB}$ 和 $(K_h)_{AC}$ 分别为 A、B 相和 A、C 相导体间的回路因数，K_c 为截面因数。

由于导体截面相同，只是 A、C 相的距离为 A、B 相距离的 2 倍，故 $C_2 = \frac{1}{2}C_1$。由此可得

$$F_A = 2I^2 \sin(\omega t)\left[C_1\sin(\omega t - 120°) + \frac{C_1}{2}\sin(\omega t - 240°)\right] \qquad (2-86)$$

变换可得

$$F_A = 2C_1 I^2\left[\frac{3}{8}\cos(2\omega t) - \frac{\sqrt{3}}{8}\sin(2\omega t) - \frac{3}{8}\right] \qquad (2-87)$$

要求最大电动力，所以令 F_A 的导数为 0 可以找出最大电动力时的 ωt 值。
令

$$\frac{dF_A}{d(\omega t)} = \frac{d\left[\frac{3}{8}\cos(2\omega t) - \frac{\sqrt{3}}{8}\sin(2\omega t) - \frac{3}{8}\right]}{d(\omega t)} = 0$$

解得

$$\tan(2\omega t) = -\frac{1}{\sqrt{3}}$$

则 $\omega t = n\pi + 75°$（$n = 0，1，2，\cdots$）或 $\omega t = n\pi + 165°$（$n = 0，1，2，\cdots$），将 $\omega t = n\pi + 75°$ 代入 F_A 中，则

$$F_A = -0.808F_0 \qquad (2-88)$$

表示 A 相导体受最大电动斥力为 $0.808F_0$，$F_0 = CI^2$。

将 $\omega t = n\pi + 165°$ 代入 F_A 中，则

$$F_A = 0.058F_0 \qquad (2-89)$$

表示 A 相导体受最大电动吸力为 $0.058F_0$。

如图 2-10 所示，作用在 A 相导体上的电动力是变化的。当 $\omega t = n\pi + 75°$ 时，导体受

最大电动斥力为 $0.808F_0$；当 $\omega t = n\pi + 165°$ 时，导体受最大电动吸力为 $0.058F_0$，斥力的最大值远大于吸力最大值。

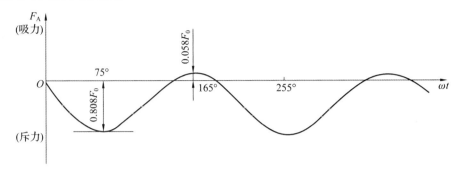

图 2-10　作用在 A 相导体上的电动力

2. 作用在 B 相导体上的电动力

作用在 B 相导体上的电动力，可以认为是 A 相和 C 相导体单独作用的叠加。现假定 B 相导体受 A 相导体作用电动吸力的方向为 F_B 正方向，则

$$F_B = F_{BA} - F_{BC} = C_1 i_A i_B - C_3 i_B i_C \tag{2-90}$$

式中：

$$C_1 = \frac{\mu_0}{4\pi}(K_h)_{AB}(K_c), \qquad C_3 = \frac{\mu_0}{4\pi}(K_h)_{BC}(K_c)。$$

由于 A 相和 C 相导体截面相等，且 A、B 相与 B、C 相距离相等，故 $C_1 = C_3$，则

$$F_B = 2C_1 I^2 \sin(\omega t - 120°)[\sin(\omega t) - \sin(\omega t - 240°)] \tag{2-91}$$

求 B 相所受的最大电动力的过程如下。

令

$$\frac{\mathrm{d}F_B}{\mathrm{d}(\omega t)} = 0$$

解得

$$\tan(2\omega t) = -\frac{1}{\sqrt{3}}$$

故有 $\omega t = n\pi + 75°(n = 0, 1, 2, \cdots)$ 或 $\omega t = n\pi + 165°(n = 0, 1, 2, \cdots)$。

将 $\omega t = n\pi + 75°$ 代入式(2-91)中，得

$$F_B = -0.866F_0 \tag{2-92}$$

将 $\omega t = n\pi + 165°$ 代入式(2-91)，得

$$F_B = 0.866F_0 \tag{2-93}$$

由式(2-92)和式(2-93)可知，B 相导体的吸力最大值和斥力最大值相等，工频每过一周期，B 相导体向 A 相导体、C 相导体方向各摆动 2 次，如图 2-11 所示。

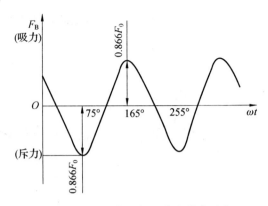

图 2-11 作用在 B 相导体上的电动力

由式(2-89)和式(2-93)可知，B 相导体受到的最大电动力是 A 相导体的最大电动力的 $\dfrac{0.866F_0}{0.808F_0} = 1.07$ 倍。

3. 作用于 C 相导体的电动力

C 相导体与 A 相导体完全对称，故 C 相导体受到的最大电动吸力和斥力与 A 相完全相同，只是最大斥力和吸力达到的时间有所不同。作用在 C 相导体上的电动力如图 2-12 所示。

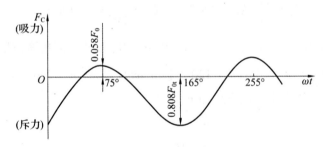

图 2-12 作用在 C 相导体上的电动力

根据以上分析，可以得到以下结论。

当 $\omega t = n\pi + 75°$ 时，A 相导体受到最大电动斥力，C 相导体受到最大电动吸力；当 $\omega t = n\pi + 165°$ 时，A 相导体受到最大电动吸力，C 相导体受到最大电动斥力。A、C 相导体受到的最大电动吸力和斥力不相等，最大吸力为 $0.058F_0$，最大斥力为 $0.808F_0$。

B 相导体受到的最大电动吸力和斥力相等，分别发生在 $\omega t = n\pi + 75°$ 和 $\omega t = n\pi + 165°$，B 相导体受到的最大电动力为 A、C 相导体受到最大电动力的 1.07 倍。因此，验算机械强度只要对 B 相验算即可。

无论是 B 相导体还是 A、C 相导体所受到的电动力都是交变的，其交变频率为电源频率的 2 倍，电动力的大小及方向均随时间变化。

为了避免三相直列布置的导体受力不均，有时将三相导体作等边三角形布置，如

图 2-13 所示。根据同样的分析方法，可得 A 相导体受到的电动力为

$$F_A = \pm \sqrt{F_x{}^2 + F_y{}^2} = \pm \frac{\sqrt{3}}{2} F_0 \sin(\omega t) \tag{2-94}$$

式中：F_x 和 F_y 为 x 方向和 y 方向的分力。

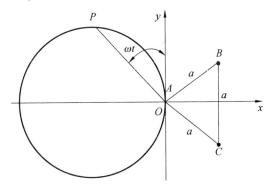

图 2-13　三相导体作等边三角形布置

式(2-94)表明，A 相导体受到的电动力其大小和方向随时间而变，可用 $\overrightarrow{OP}$ 表示，$\overrightarrow{OP}$ 的端点随时间沿圆周移动。

B 相和 C 相导体受到的电动力与 A 相完全相同，只是时间和空间上相位不同而已。

2.12　短路电流下的电动力

当电力系统发生短路时，流过导体的短路电流将产生一个可能危害导体机械强度的巨大电动力。

2.12.1　单相系统短路时的电动力

当电力系统发生短路时，暂态短路电流中含有非周期分量(暂态分量)和周期分量(t 稳态分量)，如图 2-14 所示。非周期分量与短路电流发生瞬间对电压的相位角有关。根据对短路的过渡过程的分析，得到短路电流的一般表达式为

$$\begin{aligned}
i &= \sqrt{2}\,I\left[\sin(\omega t + \varphi - \phi) - \sin(\varphi - \phi)\,e^{-\frac{R}{L}t}\right] \\
&= i''(\text{周期分量，即稳态分量}) + i'(\text{非周期分量，即暂态分量})
\end{aligned} \tag{2-95}$$

式中：I——短路电流周期分量的有效值；

　　　　φ——短路瞬间电压的相位角；

ϕ ——电流滞后于电压的相位角；

R ——线路电阻；

L ——线路电感；

$\dfrac{R}{L}$ ——短路电流非周期分量的衰减系数。

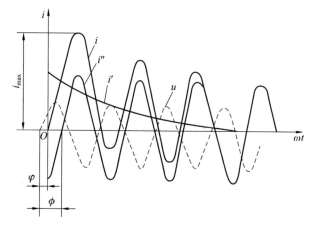

图 2-14 单相短路时短路电流的波形

令 $i_1 = i_2 = i$，则交流单相短路时的暂态电动力为

$$F = CI^2 = 2CI^2 \left[\sin(\omega t + \varphi - \phi) - \sin(\varphi - \phi)\, e^{-\frac{R}{L}t}\right]^2 \tag{2-96}$$

要计算最大电动力，就应该用最大短路电流，即当 $\left[\sin(\omega t + \varphi - \phi) - \sin(\varphi - \phi)\, e^{-\frac{R}{L}t}\right]^2$ 最大时，i 最大，F 也最大。

当 $\varphi = \phi - \dfrac{\pi}{2}$ 时，i' 最大，i 也最大，此时 $i = \sqrt{2}I(-\cos \omega t + e^{-\frac{R}{L}t})$

当 $\omega t = \pi$ 时，即 $t = \dfrac{\pi}{\omega} = 0.01\ \text{s}$，$i$ 达最大，相应的电动力为最大，即

$$F = 2CI^2(1 + e^{-\frac{R}{L}t})^2 \tag{2-97}$$

在电力系统中，电阻 R 的值一般比较小，衰减系数 $\dfrac{R}{L}$ 的平均值约为 22.311 s^{-1}，此时最大的电动力为

$$F_{\max} = 2CI^2 \times 3.24 = 3.24 F_0 \tag{2-98}$$

式(2-98)表明单相暂态交流下的最大电动力是单相稳态交流下最大电动力的 3.24 倍。在极限情况下，若 $R = 0$，则 $F_{\max} = 4F_0$。

单相短路电流和电动力随时间的变化曲线如图 2-15 所示，单相短路电流是交变的，它所产生的电动力也随时间变化，但电动力的作用方向不变。

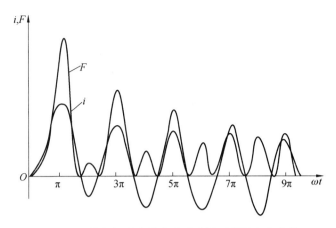

图 2-15 单相短路电流和电动力随时间的变化曲线

2. 12. 2 三相系统短路时的电动力

现仍以并列处于同一平面内的平行三相导体为例。三相系统发生对称短路时的电流为

$$\left.\begin{array}{l} i_A = \sqrt{2}I\left[\sin(\omega t + \varphi - \phi) - \sin(\varphi - \phi)\,\mathrm{e}^{-\frac{R}{L}t}\right] \\ i_B = \sqrt{2}I\left[\sin(\omega t + \varphi - \phi - 120°) - \sin(\varphi - \phi - 120°)\,\mathrm{e}^{-\frac{R}{L}t}\right] \\ i_C = \sqrt{2}I\left[\sin(\omega t + \varphi - \phi - 240°) - \sin(\varphi - \phi - 240°)\,\mathrm{e}^{-\frac{R}{L}t}\right] \end{array}\right\} \tag{2-99}$$

对于直列布置的三相导体，作用在 A、B、C 相导体上的电动力分别为

$$\left.\begin{array}{l} F_A = C_1 i_A i_B + C_2 i_A i_C \\ F_B = C_1 i_A i_B - C_3 i_B i_C \\ F_C = C_2 i_C i_A + C_3 i_B i_C \end{array}\right\} \tag{2-100}$$

因三相导体直列对称布置，故根据前面的分析结果，得

$$C_1 = C_3, \qquad C_2 = \frac{1}{2}C_1 \tag{2-101}$$

将式(2-99)和式(2-101)代入式(2-100)中，即可求得三相交流系统发生对称短路时各相导体的电动力 F_A、F_B、F_C 的表达式。

若 $\dfrac{R}{L} = 22.311\ \mathrm{s}^{-1}$，当 $\varphi = \phi - 105°$，$\omega t = \pi$ 时，A、C 相导体受到的最大电动斥力为 $-2.65F_0$；B 相导体受到的最大吸力和斥力值相同，达到最大值的时刻不同，其值为 $\pm 2.8F_0$，发生在 $\varphi = \phi - 45°$，$\omega t = \pi$ 时。

从以上分析中可得以下结论。

(1)A 相导体和 C 相导体受到的最大电动力为斥力，其值为 $2.65F_0$。

(2)B 相导体受到的最大电动吸力和斥力相同，其值为 $2.8F_0$，但达到最大值的时刻不同。

(3)B 相导体所受的最大电动力大于 A、C 相导体所受的最大电动力。

(4)无论是中间相还是边缘相,其受力都是交变的。

对于等边三角形布置的三相导体,如令短路电流的衰减系数 $\dfrac{R}{L} = 0$,则 A 相导体最大电动力发生在 $\varphi = \phi - 90°$ 时,其变化规律为

$$F_A = \pm 2\sqrt{3}\, F_0 \sin^3 \frac{\omega t}{2} \tag{2-102}$$

B 相、C 相导体与 A 相导体受力相同,只是时间、空间相位不同。

【例 2-3】某配电设备中三相母线直列布置,长度为 2.5 m,二排中心距 0.35 m,设短路冲击电流为 40 kA(峰值),求中间相最大电动力。

【解】

$$k_c = \frac{2L}{a} = \frac{2 \times 2.5}{0.35} = 14.29$$

取 $k_f = 1$,可计算 F_m 为

$$F_m = 2.8 F_0 = 2.8 \times 2 C I^2 = 2.8 \times 2 \times \frac{\mu_0}{4\pi} k_f k_c \cdot I^2$$

$$= 2.8 \times 2 \times \frac{4\pi}{4\pi} \times 10^{-7} \times 14.29 \times 1 \times \left(\frac{40}{\sqrt{2}} \times 10^3 \right)^2 \text{ N}$$

$$\approx 6\,399.99 \text{ N}$$

2.13 电器的电动稳定性

电器的电动稳定性是指电器能短时耐受短路电流的作用,且不致产生永久性形变或遭到机械损伤的能力。在短路电流产生的巨大电动力作用下,载流导体以及与工作刚性连接的绝缘件和结构件均可能发生形变乃至损坏,故电动稳定性也是考核电器性能的重要指标之一。

当导体通过交变电流时,电动力的量值和方向都会随时间变化。众所周知,材料的强度不仅受力的影响、也受其方向、作用时间和增长速度的影响。但导体、绝缘件和结构件等在动态情况下的行为相当复杂,故电动稳定性照例仅在静态条件下按最大电动力来校核。

电器的动稳定性一般可直接以其零部件的机械应力不超过容许值时的电流(幅值)I_m 表示,或以该电流与额定电流 I_n 之比表示,即

$$K_i = \frac{I_m}{I_n} \tag{2-103}$$

发生短路后第一个周期的冲击电流的有效值用 I_{i_1} 表示。

对于单相设备或系统，电动力按短路冲击电流计算，短路冲击电流为

$$i_i = K_i I_m^{(1)} \tag{2-104}$$

式中：$I_m^{(1)}$ ——单相短路电流对称分量的幅值。

若短路点很接近发电机，则应取短路时的超瞬变电流(幅值)作为计算电流 I_m。

对于三相设备或系统，计算电动力时依据的电流为

$$i_i = K_i I_m^{(3)} \tag{2-105}$$

式中：$I_m^{(3)}$ ——三相短路电流对称分量的幅值。

计算三相系统的电动力时，应注意当三相导体平行时，中间相电动力最大。导体材料的应力必须小于下列数值：铜为 $13.7 \times 10^7 \ \mathrm{N \cdot m^{-2}}$；铝为 $6.86 \times 10^7 \ \mathrm{N \cdot m^{-2}}$。

电器或系统的大电流回路往往为若干导体并联构成的导体束。这时，电动力包含邻相或相邻电路间的电动力和同相并联导体间的电动力。同相并联导体的间距常取为导体的厚度，故其间的电动力可能较邻相间的大得多。

若令相邻电路或邻相导体间的电动力产生的应力为 σ_1，而同相并联导体间的电动力产生的应力为 σ_2，则导体中的总应力为

$$\sigma = \sigma_1 + \sigma_2 \tag{2-106}$$

以汇流排为例，若视母线为多跨梁，则应力为

$$\sigma_1 = \frac{M_1}{W} = 0.1 \frac{f_1 l_1^2}{W} \tag{2-107}$$

式中：M_1——弯矩；

$\quad W$ ——关于弯曲轴线的断面系数；

$\quad f_1$ ——作用于单位长度母线上的邻相间或相邻导体间的电动力；

$\quad l_1$ ——绝缘子间的跨距。

如果同相并联导体作刚性连接，那么应力为

$$\sigma_2 = \frac{M_2}{W} = \frac{1}{12} \cdot \frac{f_2 l_2^2}{W} \tag{2-108}$$

式中：f_2——导体束单位长度母线上相互作用的电动力；

$\quad l_2$ ——绝缘垫块间的距离。

由于导体束中母线间的距离与母线截面周边尺寸为可比，故计算电动力时应引入形状系数 K_f。

作用于绝缘子上的力为

$$F = f_1 l_1 \tag{2-109}$$

故选择绝缘子时应使冲击电流产生的电动力小于制造厂规定的最小破坏力的60%。至于形状复杂的绝缘件(如瓷衬套等)，容许机械应力还与厚度有关。此外，还应注意到绝缘子的抗拉强度比其抗压强度小很多。

【例2-4】有一闸刀以空心硬紫铜管制造的三相隔离开关。铜管外直径 $D = 40$ mm、内直径 $d = 36$ mm、长度 $l = 1\,000$ mm。相间距离 $a = 600$ mm，硬紫铜的抗拉强度 $[\sigma] = 250 \times 10^6$ Pa。若通过闸刀的极限电流为 $I_m^{(3)} = 50$ kA，试校核开关的电动稳定性。

【解】如前所述，中间相闸刀承受的电动力为最大。此电动力为

$$F_{\max_{sc}}^{(3)} = 2.8CI_m^2 = 2.8 \times \frac{\mu_0}{4\pi} \times K_c I_m^2$$

$$= 2.8 \times \frac{4\pi \times 10^{-7}}{4\pi} \times \frac{2 \times 1\,000}{600} \times \left[\sqrt{1 + \left(\frac{600}{1\,000}\right)^2} - \frac{600}{1\,000} \right] \times (50 \times 10^3)^2 \text{ N}$$

$$= 1\,320 \text{ N}$$

视闸刀为两端固定的横梁，闸刀断面内的最大应力为

$$\sigma = \frac{F_{\max_{sc}}^{(3)} l}{12W} = \frac{1\,320 \times 1\,000 \times 10^{-3}}{12 \times \frac{\pi}{32}\left[\frac{(40 \times 10^{-3})^4 - (36 \times 10^{-3})^4}{40 \times 10^{-3}}\right]} \text{ Pa}$$

$$= 50.9 \times 10^6 \text{ Pa}$$

因此，开关的电动稳定性是合格的。

习题2

1. 电器中有哪些热源？各有何特点？

2. 散热方式有几种？各有何特点？

3. 截面积为 100×10 mm^2 的矩形铜母线每 1 cm 长度内的功率损耗为 2.5 W，其外层包有 1 mm 厚的绝缘层（$\lambda = 1.14$ W·m^{-1}·K^{-1}），试对其进行发热计算。若将它以窄边为底置于静止空气中（$\theta_0 = 35$ ℃），试求其长期允许工作电流。

4. 一直流电压线圈绕在套于铁芯柱上的金属衬套上，其额定电压 $U_n = 36$ V。线圈的外直径 $D_1 = 40$ mm、内直径 $D_2 = 20$ mm、高度 $h = 60$ mm、匝数 $N = 5\,500$。绕组线直径 $d = 0.33$ mm。设线圈外表面的综合散热系数 $K_T = 12$ W·(m^2·K)$^{-1}$，试求线圈的平均温升。

5. 一车间变电站低压侧短路电流 $I_\infty = 31.4$ kA，所用铝母线截面积 $A = 60 \times 6$ mm^2。母线短路保护动作时间和断路器分断时间共计 1 s。若母线正常工作时的温度 $\theta_0 = 55$ ℃，试校核其热稳定性。若将母线更换为铜质，试求其能满足热稳定性要求的最小截面积。

6. 载流导体间为什么相互间有电动力作用？

7. 当计算载流导体间的电动力时，为什么要引入回路系数和形状系数？

8. 交变电流下的电动力有何特点？

9. 三相短路时，各相导线所受电动力是否相同？

10. 一载流体长 1 m，其中通有电流 $I = 20$ kA，若此导体平行于相距 50 mm 的一无限大钢板，试求作用于导体上的电动力。

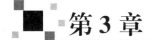

第3章

电接触与电弧理论

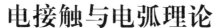

3.1　概　述

在载流导体及电器的导电回路中，两个导电零件通过机械方式互相接触，以实现导电的现象称为电接触。电接触常常是信号或电能传递的主要障碍。

1. 电接触分类

电系统和电器元件中的电接触有多种多样的结构类型，一般分为3类。

(1)固定接触：两接触元件在工作时间内接触在一起，不做相对运动，也不相互分离。例如，母线的螺栓连接或铆接(又称为永久接触)，仪表中的塞子、插头(又称为半永久接触)等。

(2)滚动和滑动接触：两接触元件能做相对滚动或滑动，但不互相分离。例如，断路器的滚轮触头，电机的滑环与电刷等。

(3)可分合接触：两接触元件可以随时分离或闭合。这种可分合接触元件通常称为触头或触点，一切利用触头实现电路的接通和断开的电器中都可以看到这种接触类型。

2. 触头状态

电接触的工作状态是接触元件处于闭合状态。在可分合接触中，除了触头处于闭合状态外，还有触头闭合过程、触头处于断开状态和触头开断过程3种工作状态。触头在4种工作状态下的任务及要求如下。

(1)触头处于闭合状态。触头处于闭合状态时的主要任务是保证能通过规定的电流，且触头的温升不超过允许值，主要问题是触头的发热及其热稳定性和电动稳定性，触头的发热是由接触电阻引起的，故应设法减小接触电阻；电动稳定性是由触头的收缩电动斥力引起的，故应减小触头的收缩电动斥力，且保证有足够大的触头压力。

（2）触头闭合过程。触头闭合过程就是从动、静触头刚开始接触到触头完全闭合的过程。由于触头在闭合过程中会因碰撞而产生机械振动，因此这个过程的主要问题是减小机械振动，从而减小触头的磨损，避免触头熔焊。

（3）触头处于断开状态。当触头处于断开状态时，必须有足够的开距，以保证可靠地熄灭电弧和开断电路。

（4）触头开断过程。触头的开断过程是触头最繁重的工作过程，一般可分3个阶段。第一阶段是从触头完全闭合到触头开始分开为止；第二阶段是触头开始分开以后的一段时间；第三阶段是电路完全切断的过程。由于当触头在开断电路时，一般会在触头间产生电弧，因此这个过程的主要任务是熄灭电弧，减小由电弧而产生的触头电磨损。

3. 触头的接触形式

触头的接触形式分为点接触、线接触和面接触3种，如图3-1所示。触头对电路电流的接通，是通过其接触面来实现的，所以接触形式对触头工作性能起着重要作用。在设计电器时对触头的接触形式应有合理的选择。

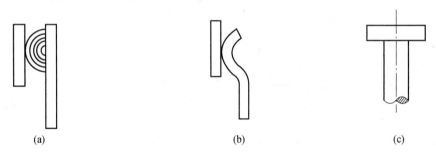

图3-1　触头的接触形式
（a）点接触；（b）线接触；（c）面接触

对于点、线、面3种接触形式，它们各自的特点和适用场合如下。

（1）点接触。点接触是指2个导体只在一点或者很小的面积上发生接触的触头，如球面对球面、球面对平面、交叉圆棒等。触头间是"点"与"点"的接触。在同样的触头压力下，它的压强大，可得到较小的接触电阻。但其散热条件差，且机械强度较低，不适于大电流，多用于10 A以下的场合。

（2）线接触。线接触是指两个导体沿着线或较窄的面积发生的接触，如圆柱对圆柱、圆柱对平面。在同一压力条件下，线接触的接触电阻比点接触和面接触低。其原因在于面接触的接触点虽多，但压强小；点接触的压强度虽高，但接触点少，因此它们的接触电阻都比线接触情况大。另外，线接触容易使触头间滑动和滚动，有利改善触头的工作条件。同时，线接触触头的制造、调整、装配均比较方便，因而得到广泛采用，常用于几十安至几百安电流的中等容量的电器中。

(3)面接触。面接触是指两个导体有较广的接触面积，如平面对平面。其接触面积和触头压力均较大。由于面接触触头在开闭过程中接触面间无相对滑移，不能清除导电性差的表面膜，所以这种接触形式一般用于大电流，且接触压力大的场合。

4. 触头的参数

触头一般采用触头弹簧压紧的形式来实现电接触。触头的参数主要有触头的结构尺寸、开距、超程、初压力、终压力等。

(1)触头的结构尺寸。触头的结构尺寸主要根据触头工作时的发热条件加以确定，同时要考虑到其机械强度与工作寿命等因素。

(2)触头的开距。触头的开距是指当触头处于断开位置时，动、静触头之间的最小距离。开距是触头的一个主要参数，其大小与开断电流、线路电压、线路参数和灭弧装置等有关。它不仅要保证在开断电流时能可靠地熄弧，而且还应使触头间具有足够的绝缘能力，使其在电源出现不正常的过电压时不致击穿。

(3)触头的超程。触头的超程是指动、静触头完全闭合后，如果将静触头移开，动触头在触头弹簧的作用下继续前移的距离。触头的超程是用来保证触头在允许磨损的范围内仍能可靠地接触。

(4)触头的初压力。触头压力由触头弹簧所产生，触头弹簧有一预压缩，使得动触头在刚与静触头接触时就有压力，称为触头的初压力。触头的初压力可以降低触头闭合过程中的机械振动。

(5)触头的终压力。动、静触头闭合终了时，触头间的接触压力称为触头的终压力。它是由触头弹簧最终压缩量所决定的，它使触头闭合时的实际接触面积增加，使闭合状态时的接触电阻小而稳定。

5. 触头工作的要求

为了保证电接触长时间稳定而可靠地工作，必须做到：

(1)电接触在长期通过额定电流时，温升不超过国家标准规定的数值，而且温升长期保持稳定；

(2)电接触在短时通过短路电流或脉冲电流时，接触处不发生熔焊或松弛；

(3)可分、合接触在开断过程中，触头材料损失应尽量小；

(4)可分、合接触在闭合过程中，接触处不应发生不能断开的熔焊，且触头表面不应有严重损伤或变形。

根据上述基本要求，电接触理论主要研究接触电阻、温升、熔焊和磨损等重要现象的机理和计算问题。

3.2 开关电器开断电路时电弧的产生过程

当开关电器触头在大气中开断直流电路时,如果被开断的电流和电路开断后加在触头间隙上的电压超过表3-1所示的最小起弧电流和最小起弧电压,则触头间隙中便会产生电弧放电(以下简称电弧)现象。当开断交流电路时,如果电路参数满足表3-2所示的最小起弧电流和最小起弧电压,触头间隙中也会产生电弧。如果被分断电路中电源的功率太小或负载阻抗太大,则开断此电路时触头间隙中会产生火化放电现象。由此可见,除弱电领域外,开关电器在大多数应用场合中开断电路时,触头间隙中必然会产生电弧。换句话说,电弧是开关电器开断电路时所产生的一种物理现象,其对开关电器的性能及使用寿命有很大的影响。

开关电器不仅在开断电路时可能产生电弧,在触头闭合过程中,如果相关条件得到满足,如动触头发生所谓的"弹跳"现象,被接通电路的电路参数满足起弧条件,同样也会在触头间隙中产生电弧。

开关电器开断电路时,电弧产生的过程如下。

设触头闭合时电路中的电流大于表3-1或表3-2所示的最小起弧电流。当动触头在操动机构的推动下开始做分开运动时,随着时间的推移,动触头与静触头间的压力及接触面积将逐渐减小,导致触头实际接触处的电流密度逐渐增大,进而造成该触头区域的触头材料(通常是耐弧导电金属材料或合金材料)被强烈加热。在触头分开瞬间,接触处的金属先是熔化,形成液态金属桥。当液态金属桥被拉断后,一部分金属变成气态进入触头间隙中。在此期间,由于触头表面已被剧烈加热,所以炽热的触头金属表面将产生电子的热发射;同时,动、静触头刚分开时距离还很小,触头间隙中的电场强度非常高,因此阴极表面将产生强烈的场致发射。

表3-1 大气中开断直流电路时部分触头材料的最小起弧电流和最小起弧电压

触头材料	最小起弧电流/A	最小起弧电压/V	触头材料	最小起弧电流/A	最小起弧电压/V
银(Ag)	0.3 ~ 0.4	12	钨(W)	1.1	15
铜(Cu)	0.1	11	碳(C)	0.02	20
镍(Ni)	0.45	15	铝(Al)	0.38	15
铬(Cr)	0.1	11	铁(Fe)	0.45	14
锌(Zn)	0.1	10.5	钼(Mo)	0.75	17

表3-2　大气中开断交流电路时部分触头材料的最小起弧电流

触头材料	起弧电流幅值/A			
	有效电压为 25 V	有效电压为 50 V	有效电压为 110 V	有效电压为 220 V
银(Ag)	1.7	1.0	0.6	0.25
铜(Cu)	—	1.3	0.9	0.5
锌(Zn)	0.5	0.5	0.5	0.5
铁(Fe)	1.5	1.5	1.0	0.5
钨(W)	12.5	4	1.8	1.4
碳(C)	—	5	0.7	0.1

由场致发射和热发射所产生的大量电子从阴极表面进入弧隙中，在电场的作用下，又会通过电场电离使弧隙中产生更多的电子和正离子。电子进入阳极与正电荷复合放出能量并加热阳极表面。正离子奔向阴极，一方面在阴极附近产生高的电场并撞击阴极，从而产生二次电子；另一方面又会在阴极附近区域与电子发生复合并释放能量(光子)，加热阴极以维持电子的热发射。另外，一部分正离子和电子也会在弧隙空间复合，并发出光辐射或使得气体粒子的热运动得以加强，这又有利于气体分子的电离或激励。其结果将导致弧隙中气体温度迅速升高，当电弧温度达到 4 000 K 后，已存在于弧隙中的金属蒸气首先被热电离(金属的电离能低)。当电弧温度达到 8 000 K 后，弧隙中的气体分子将发生强烈的热电离。随着动触头的运动，触头间隙不断增大，再加之弧隙带电粒子的增多和金属蒸气的存在，使弧隙间的电压以及电场强度降低，导致电场电离减弱。而弧隙温度已足够高，在电离过程中，热电离起主导作用。如果弧隙中产生剧烈的热电离，则弧隙中气体分子将不可逆转地被加热并被电离过程不断加强，从而导致弧隙中带电粒子数越来越多，弧隙电导率越来越大，弧隙两端的电压越来越小，直至电弧进入稳定燃烧阶段。

3.3　电弧的基本物理特性

事实上，电弧是气体放电的一种特殊形式，本节重点分析大气条件下电弧的基本物理特性，包括电弧压降、电弧温度、电弧直径、电弧弧根及斑点、电弧能量等。

实际上，电弧的这些宏观基本特性可以利用相关的电气参数(如弧隙电压降、电弧电流、弧隙电导或电阻等)和电弧的热特性(如电弧的发热与散热等)加以描述。因此，弧隙中电弧的燃烧过程是电的过程和热的过程的综合体现。尽管从传导电流角度出发可以将电弧间隙看成是具有一定电导或电阻的导体，但该导体的电导或电阻呈现非线性特征，通常情况下还很难得出相关参数的定量分析，或者是在特定的假设条件下得出的结论，其应用范围必然受到限制。

3.3.1 电弧近极区和弧柱区的特性

当弧隙中产生电弧时，由弧隙中带电粒子的定向流动所形成的电流被定义为电弧电流 I_h，该电弧电流也等于被分断电路的电流。而弧隙间的电压降被定义为电弧压降 U_h，电弧压降 U_h 沿弧长并非均匀分布，换句话说，弧隙中的电位梯度(电场强度)不尽相同，如图 3-2 所示。根据弧隙中电弧压降以及电场强度的变化规律可以分成 3 个区域，即靠近阴极的近阴极区、靠近阳极的近阳极区和弧柱区。近阴极区和近阳极区又被称为近极区。

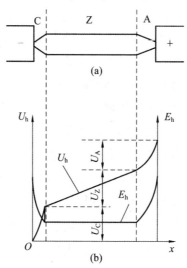

图 3-2 电弧压降及电场分布

(a)弧隙中产生电弧；(b)电弧特性

1. 近阴极区

电弧近阴极区长度很小，约等于电子的平均自由行程($<10^{-4}$ cm)。如前所述，当发生强烈电离(如电弧放电)时，由于带电粒子质量的差异，造成它们在电场作用下被加速快慢不尽相同，从而造成在阴极附近积聚大量正离子(正空间电荷)的情况，正是由于该正空间电荷区的存在，导致阴极附近的电场强度急剧增高，并形成阴极压 U_C。近阴极区电场强度很高(平均达 10^3 V/cm)，这对加速正离子向阴极运动，轰击阴极表面以产生电子二次发射以及形成场致发射起着十分重要的作用。根据气体放电理论，对电弧的产生和发展起着决定性作用的带电粒子是电子及正离子的生成速度，而维持电弧放电所必需的电子绝大多数是在电弧的近阴极区产生的，或者是由阴极本身发射的，因此，电弧近阴极区特性对电弧的产生和发展具有重要意义。

阴极过程可能是由热电子发射或场致发射(冷发射)所主要决定的，这需要根据阴极表面温度的高低来确定。对熔点低的金属材料所制成的阴极而言，阴极温度不能达到足以产生热发射的温度,所以该类触头的阴极过程主要是由场致发射过程所决定的。而对阴极材料为难熔金属(如钨)的电极(触头)而言,由于阴极可以被加热至很高的温度,故当电弧炙热燃烧时,其阴极过程主要是由热电子发射过程所决定的。

事实上,阴极过程主要是由近阴极区内电离过程所决定的,当电弧燃烧时,近阴极区内充满气体以及从阴极表面所蒸发出的金属蒸气。因此,近阴极区的电离过程主要由气体的电离过程以及阴极金属材料蒸气的电离过程所决定。由此可知,阴极金属蒸气及弧隙间气体的电离电位将直接影响阴极压降。通常情况下,阴极压降界于阴极材料蒸气的电离电位和弧隙间气体的电离电位之间,而且对特定的阴极材料及弧隙间气体而言,其阴极压降近似为一常数。表3-3所示为一些阴极材料在空气或真空中的阴极压降。

表3-3　不同阴极材料在气体介质中的阴极压降

阴极材料	气体介质	电流密度/($A \cdot m^{-2}$)	阴极压降/V
铜(Cu)	空气	1～20	8～9
铁(Fe)	空气	10～300	8～12
碳(C)	空气	2～20	9～11
汞(Hg)	真空	1～1 000	7～10
钠(Na)	真空	5	4～5

2. 近阳极区

位于阳极附近的近阳极区的长度约为近阴极区的几倍。尽管电弧近阳极区也存在一定的阳极压降,但近阳极区与近阴极区相比存在着本质上的差别。与阴极能够发射电子相比,阳极的主要作用是接受电子流以保持电流的连续性。因此,与阴极相比,阳极在许多方面对电弧的影响较小,客观上对阳极的相关研究较少。

阳极在高温状态下也会向弧隙中发射电子(热发射),但却不能发射正离子,特别是阳极接受来自弧柱区的电子流。所以,近阳极区内聚集着大量的电子,形成密度极高的电子层(负空间电荷区),造成该区域的电位产生较大的改变,即形成阳极压降 U_A。压降的大小与阳极材料有关,通常情况下与阴极压降相近,由于近阳极区的长度要远大于近阴极区的长度,所以,近阳极区的电场强度远低于近阴极区的电场强度。

3. 弧柱区

介于近阴极区和近阳极区之间的电弧区被定义为弧柱区,在自由状态下,弧柱近似为圆柱形。当电弧燃烧时,弧柱中始终进行着强烈的电离及消电离过程,而且基本上是热电离过程,由此可以确定弧柱区的温度很高,通常温度在6 000 K以上。由于弧柱区的电离度极高,因此弧柱具有良好的导电性。电弧电流越大,电离过程越强烈,弧柱的温度就越高,弧柱的电导就越高。所以,对在大气中自由燃烧的电弧而言,其弧柱具有负的伏安特性,即电流增大时,弧柱压降将降低。

在弧柱区的电离气体中，正负带电粒子数动态趋于平衡，故弧柱区的电离气体属于等离子体。不同于近阴极区和近阳极区，弧柱区不存在空间电荷，所以弧柱区的特性类似金属电阻，弧柱区的电场强度 E 沿弧长可以看作常数。E 的大小与电极材料、电流大小、气体介质种类、气压以及介质对电弧的作用强烈程度有关。表3-4列出了不同条件下弧柱区电场强度 E 的大致数值。

表3-4 不同条件下弧柱区电场强度 E 的大致数值

试验条件	电弧电流 I/A	弧柱区电场强度 E/$(V \cdot m^{-1})$
在空气中自由燃弧	200	800
在横吹磁场中息弧	200	4 000
在每厘米有两块隔板的灭弧栅中	200	5 000
在缝宽为 1 mm 的窄缝灭弧室中	200	85 000
在缝宽为 0.5 mm 的窄缝灭弧室中	200	10 000
在变压器油中自由燃弧	<1 000	12 000 ~ 20 000
在变压器油中自由燃弧	>1 000	9 000 ~ 12 000

根据弧柱区的电场强度 E 及弧柱长度 L'，确定弧柱的电压降(简称弧柱压降)，即

$$U_Z = EL'$$

在通常情况下，电弧间隙的长度远大于近阴极区与近阳极区长度之和，弧柱长度可近似等于弧隙长度，因此，弧柱压降为

$$U_Z = EL' \approx EL \tag{3-1}$$

弧柱区的电阻为

$$R_Z = \frac{U_Z}{I_h} \tag{3-2}$$

式中：I_h——电弧电流。

4. 电弧电压及电弧电阻

综上所述，电弧的电压降(简称电弧电压) U_h 为

$$U_h = U_C + U_A + U_Z = U_0 + EL \tag{3-3}$$

式中：U_0——近极压降，$U_0 = U_C + U_A$；

U_c——阴极压降；

U_a——阳极压降。

由此可确定电弧电阻为

$$R_h = \frac{U_h}{I_h}$$

由式(3-3)可知，电弧电压与电弧近极压降和弧柱压降有关。根据近极压降和弧柱压降在电弧电压中所占比例的不同，可以将电弧分为短弧和长弧。

（1）短弧：弧隙长度很小，弧柱压降可以忽略不计，电弧电压几乎与电流无关。

（2）长弧：弧隙长度很长，$U_z \gg U_0$，电弧电压基本取决于弧柱压降，因此，电弧电压与弧柱区电场强度 E 成正比。

3.3.2　电弧温度及其热惯性

事实上，电弧温度是关系到电弧能否保持燃烧或趋于熄灭的重要参数，对开关电器而言，大气中燃烧的电弧的温度通常在 6 000 ~ 20 000 K 范围内，而电弧趋于熄灭时的温度为 3 000 ~ 4 000 K。在如此高的温度作用下，工程上常用的触头（或电极）材料都将被气化。

电弧温度的高低主要取决于电弧中电能的消耗（转换为热能）过程以及电弧的散热过程，因此，影响电弧温度的主要因素包括电弧电流触头材料、尺寸、形状、布置方式以及周围介质对电弧的影响等。严格地讲，电弧温度是一个分布参数，图 3-3 为碳电极间燃烧的、电弧电流为 200 A 时电弧的温度分布。由此可见，电弧最高温度区位于邻近阴极的弧柱区，显然这里应是电能转化为热能最强烈区域。由于受到触头（或电极）材料沸点的限制，近阴板区和近阳极区的温度均低于弧柱区的温度。

实质上，电弧的温度主要取决于弧柱区中各种粒子的温度，包括电子、离子以及气体分子等粒子的温度。在气体放电的形成阶段，电子、离子和气体分子的温度不尽相同，其中电子的温度最高，因为电子是气体放电过程的最重要的带电粒子，电子极易从电场中获得足够的能量，在与气体分子相碰撞的过程中，气体分子运动加速温度升高。虽然离子也会在电场中被加速，但由于其体积和质量较大，其在电弧温度的升高方面所起的作用不大。如果气体间隙达到电弧放电阶段，则弧柱中各种粒子的温度几乎相等。

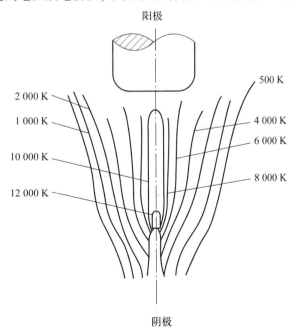

图 3-3　电流 200 A 时碳电极电弧的温度分布

值得注意的是，电弧具有一定的热惯性，这是因为构成电弧的气体具有一定的热容量，其温度的升高或降低，必须供给或从中散发出一定的热量，而热量的供给或散发均需要一定的时间。因此，电弧温度的升高和降低要滞后于电弧电流的增大与减小，电弧的这种热惯性对电弧(特别是交流电弧)的熄灭过程有着极其重要的影响。

电弧温度的测量是比较困难的，一般用光学等间接方法来实现，理论上也可以通过数值仿真技术来测量。

3.3.3 弧柱的直径

当电弧燃烧时，其弧柱呈圆柱体外形，在通常情况下，在大气中燃烧的电弧具有较明显的边界，因此可以通过电弧弧柱区的亮度来估计电弧弧柱的直径。

电弧的直径也是电弧的重要特征参数，它决定了电弧的电流密度，进而影响到电弧的发热过程。因此，电弧直径大小也是电弧中的发热过程(消耗电能)与散热过程的动态平衡的结果。事实上，电弧的直径的大小与电弧电流、触头材料、气体介质种类、气压以及气体介质对电弧的作用等因素有关。在通常情况下，当电弧电流增大时，弧隙间气体的电离过程更加激烈，电弧温度也将越高，电弧弧柱直径将越大。与此同时，电弧的散热也将随之增大。当电流趋于稳定时，电弧的发热与散热趋于平衡，导致电弧弧柱直径达到一个新的数值。需要注意的是，由于电弧具有热惯性，所以电弧弧柱直径的变化滞后于电弧电流的变化。

如上所述，弧柱实际上是由高温等离子体所构成，不仅弧柱的直径可以改变，而且其外形也随着电弧的状态及其周围介质的影响而发生变化。例如，当大气中垂直安置的电极间产生电弧时，由于对流的作用，热气流上升，弧柱上部变粗，结果弧柱呈倒圆锥形。当电弧弧柱受到外界作用力时(如利用气流吹弧)，电弧的形状及弧柱直径都会发生改变，这为电弧的熄灭提供了方向。

3.3.4 电弧的弧根和斑点及其运动

开关电器中的电弧是在动、静触头之间燃烧的，电弧弧柱紧贴触头(或称电极)表面的部分被称为电弧的弧根，而弧根在电极表面上形成的圆形明亮点被称为斑点，在阴极表面所形成的斑点称为阴极斑点，在阳极表面的被称为阳极斑点。阴极斑点是维持电弧存在所必需的电子发源地，其电流密度极高，在大气中自由燃烧时可达 10^5 A/cm²，而当电弧的弧根在电极表面快速运动时甚至高达 10^7 A/cm²，远高于电弧弧柱的电流密度，因此电弧弧根的直径要小于弧柱直径，从电弧外形上看，电弧弧柱接近阴极区域，呈现收缩现象。在弧柱接近阳极区域也同样呈现收缩的形状。

由于阴极斑点的电流密度极高，导致弧根处温度快速上升，以至于阴极材料被迅速气化，形成进入弧隙的金属蒸气；与此同时，阴极斑点还会产生热发射、场致发射和二次发射等强烈电离过程，向弧隙提供大量电子。其结果导致电弧的燃烧，而由此所造成的另一副作用是使得阴极表面金属材料被逐渐烧损，形成凹坑，从而影响触头的使用寿命。

阳极斑点是电子进入阳极的主要入口，其面积一般情况下大于阴极斑点，故阳极斑点的电流密度相对较小。然而阳极斑点的温度一般不低于阴极斑点温度，大部分触头材料的阳极斑点温度都超过其沸点温度，因此阳极斑点处的气化率较高，阳极表面处存在较高的蒸气压力，这对大电流金属蒸气(真空)电弧的燃烧或熄灭过程具有非常重要的影响。

对工程上常用的触头材料而言，触头表面阴极和阳极斑点温度通常不低于触头材料的沸点，基于这一事实可以更加合理地选择触头材料。如果采用沸点较低的触头材料，则燃弧时弧隙中的金属蒸气压力及蒸气量较高，但在开断交流电的情况下，电流过零后的阴极(电流过零前为阳极)的温度也较低，故此时新的阴极发射电子的能力也就相对较低；反之，如果选用沸点较高的触头材料，则情况相反，虽然电流过零前弧隙中的金属蒸气量较低，但电流过零后新的阴极表面温度相对较高，其电子的热发射能力被加强。对长弧或真空电弧而言，电流过零时弧隙中的金属蒸气量具有十分重要的影响；而电流过零后，新阴极发射电子能力的高低对短弧的熄灭意义重大。

需要指出的是，在开关电器中，通常希望电弧及其弧根和斑点能够在触头表面快速运动，因为电弧及其弧根和斑点运动的快慢将直接关系到触头表面的烧损程度，其运动速度越快，在触头表面某处的停留时间也就越短，对该处触头表面的热作用也就越小，对触头材料的烧损就越低。因此，在许多开关电器灭弧系统中采用相应的吹弧措施，其中包括施加磁场或气流等措施来实现吹弧的目的，以保证电弧的弧根不在触头表面某点长时间滞留。

3.3.5　电弧的等离子体喷流

在某些条件下，特别是在电弧电流很大和阴极和阳极斑点运动缓慢的情况下，利用高速摄影可以观测到从阴极和阳极斑点处流出的粒子束，该粒子束被称为等离子体喷流。发生在阴极处的喷流即为阴极喷流，阳极处的为阳极喷流。有 3 种产生等离子体喷流的方式，具体如下。

1. 等离子体粒子的直接碰撞所引起的喷流

由于电极表面高温的作用，电极材料蒸发并且以一定的运动速度撞击电弧收缩区的等离子体，这些被蒸发的金属蒸气在该区域内会受到电子和离子的碰撞而被强烈地加热、膨胀。由于受到电极表面和弧柱放电通道的限制，膨胀的等离子体流的方向将垂直于电极表面，于是产生了等离子体喷流。

2. 电场对空间电荷区带电粒子的作用而产生的喷流

在空间电荷区，电子或离子在电场的作用下被加速而获得动能(动量)，并将其动能传送给收缩区的等离子体。在等离子体的准中性区域并不存在这种喷流。

3. 磁场对等离子体中带电粒子的作用所产生的喷流

设弧柱截面为圆形截面，其半径为 r_h，弧柱的轴向长度为 l，电弧电流 I_h 均匀分布。在距弧柱中心 r 处取一厚度为 Δr 的薄圆筒，则流过该薄圆筒内部的电流为

$$I_r = \frac{I_h}{r_h^2} r^2 \tag{3-4}$$

薄圆筒处的磁感应强度为

$$B_r = \frac{\mu_0 I_r}{2\pi r} = \frac{\mu_0 I_h r}{2\pi r_h^2} \tag{3-5}$$

流过薄圆筒的电流为

$$\Delta I_r = \frac{I_h}{\pi r_h^2} 2\pi r \Delta r = \frac{2I_h r}{r_h^2} \Delta r \tag{3-6}$$

考虑到磁感应强度垂直于电流线，则作用于薄圆筒上的电动力为

$$\Delta F = B_r l \Delta I_r = \frac{\mu_0 I_h^2 l r^2}{\pi r_h^4} \Delta r \tag{3-7}$$

其方向是由圆筒壁指向中心。由此可得作用于薄圆筒上的压强（或称为收缩压力）为

$$\Delta p = \frac{\Delta F}{2\pi r l} = \frac{\mu_0 I_h^2 r}{2\pi^2 r_h^4} \Delta r \tag{3-8}$$

或

$$\frac{\Delta p}{\Delta r} = \frac{\mu_0 I_h^2 r}{2\pi^2 r_h^4} \tag{3-9}$$

如果薄圆筒的厚度 $\Delta r \to 0$，则可推导得出作用于距弧柱中心为 r 处的压强关于弧柱半径的导数为

$$\frac{\mathrm{d}p}{\mathrm{d}r} = \lim_{\Delta r \to 0} \frac{\Delta p}{\Delta r} = \frac{\mu_0 I_h^2 r}{2\pi^2 r_h^4} \tag{3-10}$$

或

$$\mathrm{d}p = \frac{\mu_0 I_h^2 r}{2\pi^2 r_h^4} \mathrm{d}r \tag{3-11}$$

设弧柱边界处的压强为0，则通过对式（3-11）求积分，可得

$$p(r) = \frac{I_h^2}{\pi r_h^2} \left(\frac{r^2}{r_h^2} - 1 \right) \times 10^{-7} \tag{3-12}$$

弧柱中心的收缩压力最高，其绝对值为

$$p(0) = \frac{I_h^2}{\pi r_h^2} \times 10^{-7} \tag{3-13}$$

由式（3-13）可知，作用于弧柱上的收缩压力与弧柱电流的平方成正比，而与弧柱半径的平方成反比。当电弧电流一定时，弧柱半径越小，作用于弧柱中心的压力就越大。处

于自由燃烧状态的电弧,由于存在弧根的收缩现象,通常弧根处的半径最小,所以该处的收缩压力最大。在此收缩压力的作用下,弧根中心部分的等离子体将沿弧柱轴线向压力较低的弧柱中部流动,由此便形成了等离子体喷流。这种喷流现象不仅存在于弧根处,还存在于电弧的任何收缩部位,如灭弧室中可能采用的各种外界因素所导致的电弧收缩等。

3.3.6 电弧的能量平衡

从发热的角度分析,可以将电弧看作一个纯电阻性的发热元件,其所消耗的电功率可以表示为

$$P_h = I_h U_h = I_h(U_0 + U_z) \tag{3-14}$$

式(3-14)表明,电弧所消耗的功率(简称损耗功率)P_h 是近阴极、近阳极和弧柱区域所消耗功率之和。电弧的功率损耗除了通过散热方式传递给周围介质外,还将导致电弧温度的升高。

在短弧的情况下,由于电极间距离很近,电极的温度又远低于弧柱的温度,因此由电弧功率损耗转变而成的热量主要是先传给电极,然后再由电极传给其他零部件和散向周围介质;在长弧的情况下,由电极传导的热量相对较少,绝大部分热量是通过弧柱直接散向周围介质。因此,可以认为近极区功率损耗 $I_h U_0$ 主要是电极散发出去的,而弧柱区的功率损耗 $I_h U_z$ 则主要是通过弧柱散发的。

弧柱向周围介质散热的方式有传导、对流和辐射。弧柱总的散热功率 P_s 可以写成

$$P_s = P_{cd} + P_{dl} + P_{fs} \tag{3-15}$$

式中:P_{cd} ——传导散热功率;

P_{dl} ——对流散热功率;

P_{fs} ——辐射散热功率。

需要指出的是,当电弧电流一定时,电弧具有自动调节其弧柱温度与直径的功能。电弧这种自动调节功能可以利用能量平衡原理加以解释。

设电弧电流 I_h 为一固定值。在电弧产生初期,弧柱温度较低,直径较小。在此期间,一方面,电弧电阻 R_h 数值较大,从而使电弧电压 $U_h = I_h R_h$ 也相对较高,因而电弧消耗的功率 $I_h U_h$ 较大;另一方面,此时由于弧柱直径及温度较小,电弧的散热功率 P_s 较少,以至于电弧消耗的功率 $P_h = I_h U_h$ 将大于散热功率 P_s,从而导致弧柱温度的升高和直径的扩大。随着弧柱温度的提高和直径的扩大,R_h 将下降,P_h 将减少,而 P_s 将逐渐增大。这一过程一直进行到 $P_h = P_s$ 为止。此时弧柱的温度和直径便稳定在一固定的数值上,这表明电弧进入到稳定燃烧状态。由于电弧电流的大小(由外电路参数所决定)不同,进入稳定燃烧状态的弧柱温度和直径也不尽相同,因而相应的电弧电阻也不同。当电弧在大气条件下自由燃烧时,电弧电流越大,稳定燃弧时的弧柱温度就越高,弧柱直径越大,电弧电阻越低,因而电弧压降越小。当然,电弧消耗的功率也相应增高。

上述这种电弧能自动调节其弧柱温度和直径以达到消耗的功率和散热功率平衡的现

象，不仅在电弧产生的过程中如此，当电弧电流改变时以及当其周围介质对弧柱冷却作用的强烈程度改变时也是如此。然而，由于弧柱温度和直径的变化都意味着弧柱所含热能的变化，而热能的吸收或散发都需要经历一定的时间（电弧的热惯性）。所以，上述的弧柱温度和直径的自动调节作用不能瞬时完成，而是要滞后于电弧电流的变化或散热情况的变化。

综上所述，可以将导致电弧温度升高或降低的能量增量用电弧的动态能量平衡方程加以描述，即

$$\frac{\mathrm{d}W_Q}{\mathrm{d}t} = P_h - P_s \tag{3-16}$$

式中：W_Q——电弧所含的热能。

如果 $P_h > P_s$，则 W_Q 将逐渐增加，电弧温度增高，弧柱直径不断扩大，即电弧燃烧更加剧烈；如果 $P_h < P_s$，则 W_Q 将逐渐减少，电弧温度降低，弧柱直径不断缩小，即电弧逐渐熄灭；如果 $P_h = P_s$，则 W_Q 保持不变，此时电弧温度和直径将保持不变，即电弧处于稳定燃烧状态。

所以，式(3-16)是判断电弧能量增减的依据，利用该能量平衡公式，可以定性分析任意时刻电弧发展的趋势，即是趋向更炽烈燃烧，还是趋于稳定燃烧，或是趋于熄灭。

3.4 直流电弧的基本物理特性

如果开关电器所开断的电流为直流电流，则触头间所产生的电弧为直流电弧。本节重点介绍直流电弧所具有的特性以及熄灭直流电弧时可能产生的过电压及其限制措施。

3.4.1 直流电弧的静态伏安特性

设有如图 3-4(a)所示的直流电弧特性测试电路，其中电源电压为 U。当动、静触头 1 和 2 分开后，将在触头之间产生电弧，通过调整可变电阻 R 可以改变实验电路电流（电弧电流）I_h。

在实验过程中，如果保持触头开距不变，则认为电弧的长度（以下简称弧长）l_1 保持不变。调节可变电阻使其达到某一电流值 I_h，并保持该电流不变，直至电弧稳定燃烧，即电弧的发热和散热达到平衡后，再测取触头间（弧隙）两端的电压 U_h。通过改变电阻 R，改变电弧电流，由此便可以测得电弧电压 U_h 与电弧电流 I_h 的关系曲线，如图 3-4(b)所示。由于 I_h 和 U_h 是在电弧稳定燃烧时所测量的，因此这一关系曲线被称为直流电弧的伏安特性。

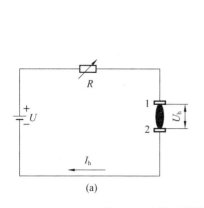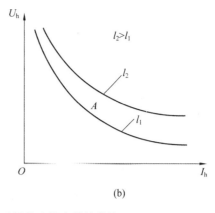

图3-4　直流电弧特性测试电路及静态伏安特性曲线

(a)测试电路；(b)静态伏安特性

由图3-4(b)可知，直流电弧静态伏安特性具有和一般金属导体不同的特性，当电弧电流I_h增大时，电弧电压U_h将减小，即直流电弧具有负的伏安特性。直流电弧的这种负的伏安特性的显著特点是电弧电阻R_h将随着电弧电流I_h的增大而减小。

直流电弧静态伏安特性呈如此形状的原因在于，当电弧I_h增大时，输入电弧的功率$I_h U_h$将增加，于是弧柱的温度将升高，电弧直径将增大，导致电弧电阻R_h值下降。

如果将触头开距增大，则触头开断电路时电弧的弧长将增长至l_2 ($l_2 > l_1$)，重复上述实验过程，便可以获得该弧长下直流电弧的静态伏安特性，如图3-4(b)中曲线l_2所示。由此可知，当弧隙增长时，直流电弧的静态伏安特性将被升高，即同样电弧电流条件下，电弧越长，电弧电压也越高。

直流电弧的静态伏安特性除了与电弧电流和电弧长度有关外，还与其他许多因素有关，如电极材料、气体介质种类、压力和介质相对于电弧的运动速度等。为了分析方便，通常可以采用经验公式来描述直流电弧的静态伏安特性，即

$$U_h = U_0 + \frac{cl}{I_h^n} \tag{3-17}$$

式中：U_0——近极压降；

　　　U_h——直流电弧弧隙端电压；

　　　l——电弧长度；

　　　c、n——常数，视具体情况而定。

3.4.2　直流电弧的动态伏安特性

直流电弧的静态伏安特性是在电弧达到其稳定燃烧状态下得到的。在实验过程中，当随时间以某一速度变化时，在电弧尚未达到其稳定燃烧状态时便测量电弧电压U_h，由此所得的伏安特性被称为直流电弧动态伏安特性，如图3-5中的曲线513所示，图中曲线614为直流电弧的静态伏安特性，显然，在同样电弧电流的条件下，直流电弧的动态伏安

特性不同于静态伏安特性。

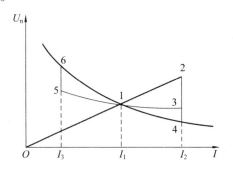

图 3-5 直流电弧的动态伏安特性

设电弧已经处于稳定燃烧状态，此时电弧电流为 I_1，即位于其静态伏安特性曲线 614 的点 1 上。此时通过改变电路的参数(如改变与电弧串联的电阻)，使电弧电流 I_h 以某一较快的速度由 I_1 增大到 I_2，则此时电弧电压 U_h 将不是沿着曲线 614 下降，而是沿着较高的曲线 13 变化，最终趋于新的稳定燃烧点 4。

如果电弧电流 I_h 从 I_1 瞬时地增大到 I_2(即 $dI_h/dt \to \pm\infty$)，则电弧电压 U_h 将沿着直线 12 变化，并最终稳定于点 4。

如果电弧电流 I_h 以某一较快的速度从 I_1 减小到 I_3，则此时 U_h 将沿着曲线 15 变化，并最终趋向新的稳定点 6。

如果电弧电流 I_h 从 I_1 瞬时地减小到 0，则当忽略近极压降时，U_h 将沿着直线 $1O$ 趋向于 0。

直流电弧的动态伏安特性之所以会不同于静态伏安特性，是因为弧柱温度和直径具有热惯性。当电弧电流 I_h 快速增大时，由于电弧热惯性的存在，导致电弧温度及直径的改变相对有些滞后，电弧电阻 R_h 的减小相对于静态伏安特性也有些缓慢，其综合结果是电弧电压 U_h 虽然也将减小，但其变化速度相对较低，以致电弧电压 U_h 大于同样电弧电流下静态伏安特性的电弧电压数值；同理，当电弧电流 I_h 减小时，由于电弧热惯性的存在，电弧温度及直径的降低及减小也相对滞后，电弧电阻 R_h 增加相对缓慢，导致电弧电压 U_h 以相对较低的升高速度，即沿着低于电弧静态伏安特性曲线 16 的动态伏安特性线 15 变化。

当电弧电流的变化速度无限快(即 $dI_h/dt \to \pm\infty$)时，在电弧电流 I_h 变化期间，弧柱的温度、直径将保持不变，电弧电阻 R_h 也将保持不变，所以此时的电弧电压 U_h 沿着直线 $O12$ 变化。此时的电弧电阻将呈现出一般金属电阻所具有的正伏安特性。

综上所述，在电弧的弧长及电弧散热条件等外界因素不变的情况下，直流电弧的静态伏安特性只有一条，而其动态伏安特性却随着电弧电流 I_h 变化速度的不同，可能有无数条。特别是当电弧电流随时间变化的速度也在变化时(如在交流情况下)，电弧的动态伏安特性将会表现为更复杂的特性曲线。

3.4.3　直流电弧的能量和燃弧时间

对直流开关电器而言，开断电路时电弧的燃烧时间以及在此期间内输入电弧的能量将直接影响直流电弧熄灭的难易程度。显然，电弧燃烧时间越长，输入电弧的能量越高，直流电弧的熄灭就越困难。

设有如图 3-6 所示的直流电路，其中 U 为电源电压，L 和 R 分别为电路中的电感和电阻，C 为折算到弧隙两端的线路电容。通常 C 的数值很小，当电弧电压变化不很快时其影响可以忽略不计。

当动静触头 1、2 分开时，在触头之间将产生电弧。此时，电路的电压平衡方程式为

$$U = L \frac{\mathrm{d}I_\mathrm{h}}{\mathrm{d}t} + RI_\mathrm{h} + U_\mathrm{h} \tag{3-18}$$

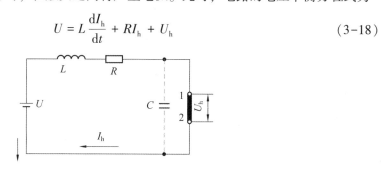

图 3-6　触头分开后、电弧燃烧时的直流电路

1. 燃弧时间 t_h

从开关电器触头分开产生电弧起到电弧熄灭为止的时间被称为电弧的燃弧时间。由开断直流电弧时电路的电压平衡方程式可得

$$\mathrm{d}t = L \frac{\mathrm{d}I_\mathrm{h}}{U - RI_\mathrm{h} - U_\mathrm{h}} \tag{3-19}$$

由此可得燃弧时间为

$$t_\mathrm{h} = \int_0^{t_\mathrm{h}} \mathrm{d}t = L \int_{I_0}^0 \frac{\mathrm{d}I_\mathrm{h}}{U - RI_\mathrm{h} - U_\mathrm{h}} = L \int_0^{I_0} \frac{\mathrm{d}I_\mathrm{h}}{U_\mathrm{h} - (U - RI_\mathrm{h})} \tag{3-20}$$

式中：I_0——电弧产生时刻的电弧电流。

由此可见，电弧的燃弧时间 t_h 与电路参数、电源电压、开断时刻电流以及电弧电压有关。特别是当电路的电感增大时，将使得电弧的燃弧时间增长。

2. 电弧能量 W_h

当电弧燃烧时，输入电弧的能量为

$$W_\mathrm{h} = \int_0^{t_\mathrm{h}} U_\mathrm{h} I_\mathrm{h} \mathrm{d}t \tag{3-21}$$

推导出电弧电压 U_h，并将其代入式(3-21)中，可得

$$W_h = \int_0^{t_h} \left(U - RI_h - L \frac{dI_h}{dt} \right) I_h dt$$

$$= \int_0^{t_h} (UI_h - RI_h^2) dt - \int_{I_0}^0 LI_h dI_h \qquad (3-22)$$

$$= \int_0^{t_h} UI_h dt - \int_0^{t_h} RI_h^2 dt + \frac{1}{2} LI_0^2$$

式(3-22)等号右侧第一项为燃弧期间电源所提供的能量,第二项为此期间电阻 R 消耗的能量,第三项为电感所储存的能量。由此可知,电路中的电感越大,电感中所储存的能量就越高,直流电弧的熄灭就越困难,因为储存于电感中的能量必须在电弧熄灭过程中通过电弧释放,否则,电路中将出现有害的过电压。

3.4.4 直流电弧熄灭时的过电压

1. 过电压

在通常情况下,电路中不可避免地存在一定的电感,当直流电弧的灭弧措施过于强烈时,可能导致电弧的燃弧时间过短,此时电弧电流从某一数值下降到 0 的速度过快(即电流随时间的变化率过快)。如果电路中没有释放电感储能的通道,则将会在电感元件中产生很高的自感电势,它连同电源电压一起施加于弧隙两端以及与之相连的线路和电气设备上,该合成电压可能比电源电压高出几倍甚至十几倍,故通常称之为过电压。

由式(3-18)可得开断直流电弧时施加于弧隙两端的过电压,即

$$U_g = U - RI_h - L \frac{dI_h}{dt} \qquad (3-23)$$

在通常情况下,当电弧趋于熄灭时电流的变化率最快,因此当 $I_h \to 0$ 时,线路中的过电压 U_g 最高,即

$$U_{gmax} = U - L \frac{dI_h}{dt} \Big|_{I_h \to 0} \qquad (3-24)$$

2. 截流过电压

当灭弧措施过于强烈时,会造成弧隙中的消电离作用过分强烈,甚至可能导致电弧电流减小到某一数值时电弧电流被强行截断,这一现象被称为电流的截流现象。由式(3-23)和式(3-24)可知,当出现截流时,电流的变化率极高,可能造成有害的过电压。

设图 3-7 所示的直流电路发生了截流,根据电感电流不能跃变的特性,当发生电流截流时,流过电感 L 的电流不可能突然停止,于是原来流过弧隙的电流便转而流入与弧隙并联的电容 C,电容 C 被充电;当电感 L 中的电流等于 0 A 时,电容 C 上的电压 U_C(即弧隙两端的电压)达到最大值。随后,电容 C 再对电路放电,即电路发生能量交换的振荡过程。由于电路中通常具有一定的电阻值,所以这种振荡是衰减的,故经过数次衰减振荡之后,施加于触头两端(弧隙)的电压最终将稳定在电源电压的数值上,如图 3-7 所示。

设电流被截断时的瞬时值为 I_o，此时弧隙两端的电压为 U_o，则按能量平衡原理，截流前后储藏于电感和电容中的能量应相等，由此可得

$$\frac{1}{2}CU_{gmax}^2 = \frac{1}{2}CU_{Cmax}^2 = \frac{1}{2}LI_o^2 + \frac{1}{2}CU_o^2 \qquad (3-25)$$

式中：U_{Cmax}——弧隙两端并联电容 C 上的最高电压。

在最不利的情况下，弧隙两端的过电压峰值为

$$U_{gmax} = \sqrt{\frac{L}{C}I_o^2 + U_o^2} \qquad (3-26)$$

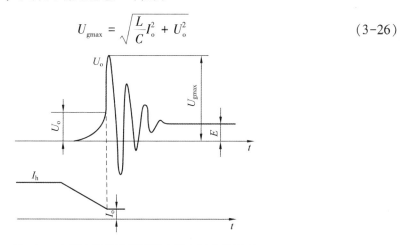

图 3-7　电弧电流截流时弧隙上的电压变化情况

3. 过电压的危害

如果开断直流电弧时所产生的过电压超过触头间隙介质的耐电强度，则会使触头间隙介质被击穿，导致电弧继续燃烧。另外，由于过电压的存在，可能导致电路中的电气设备及元件被击穿，从而引起破坏性事故。由此可知，在直流电路中，如没有采取措施限制过电压，则采取过分的灭弧措施是有害的。

4. 限制过电压的措施

为了防止开断电感性负载时产生有害的过电压，通常可采用如图 3-8 所示的限制过电压的措施。

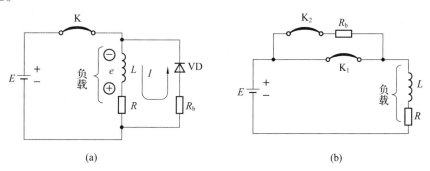

(a)　　　　　　　　　　　　　　(b)

图 3-8　开断电感性负载时的限制过电压措施

(a)并联二极管的泄流通路；(b)多弧隙限流开断

（1）在电感元件上并联一含有二极管的泄流通路，如图 3-8（a）所示，其中 R_b 为限流电阻。

设弧隙 K 开断时电弧电流下降到 0 时被截断，则此时电感 L 中自感电势 e_L 的方向如图 3-8（a）所示，从而导致泄流二极管 VD 的正向导通，形成电感元件能量的释放回路。若不计二极管 VD 的正向压降，则回路电流 I 满足的电压平衡方程式为

$$L \frac{\mathrm{d}I}{\mathrm{d}t} + (R + R_b) I = 0 \tag{3-27}$$

设发生截流时刻前一瞬间（$t = 0^-$）流过电感的电流 $I = I_0$，则式（3-27）的解为

$$I = I_0^{(\exp - \frac{R+R_b}{L}t)} \tag{3-28}$$

负载两端的电压为

$$U_z = IR_b = I_0 R_b^{(\exp - \frac{R+R_b}{L}t)} \tag{3-29}$$

当 $t = 0^+$ 时，弧隙 K 两端过电压的最大值为

$$U_{g\max} = U_z + U = U + I_0 R_b^{(\exp - \frac{R+R_b}{L}t)} \tag{3-30}$$

由此可见，选择适当的限流电阻数值，可以将过电压降低到合理的水平。如果泄流回路的电流不高于泄流二极管的允许正向导通电流，则可以不用电阻，即 $R_b = 0$，从而使得感性负载的反向电压的数值被限制在泄流二极管的正向导通电压（通常小于 1 V）。这一限压方法常用于低压开关电器中。

（2）多弧隙限流开断。在图 3-8（b）所示的限流开断方式中，开关电器包含 2 个并联的弧隙，其中主弧隙 K_1 的灭弧能力较强，而辅助弧隙 K_2 的灭弧能力相对较弱。当开断电路时，K_1 先分开，当弧隙 K_1 的电弧熄灭后，电流将流经弧隙 K_2 和并联电阻 R_b；然后再分开 K_2，最终由弧隙 K_2 将电弧熄灭。这样一来，一方面，由于电路中串入了较大的电阻，减小了电弧电流，从而减少了储存在电感中的能量；另一方面，由于 K_2 的灭弧能力较弱，不会使电流下降速度过快甚至造成截断。由此便可有效地限制电路中可能出现的有害过电压。这一方法常用于高压开关电器中。

3.5　直流电弧的熄灭原理

3.5.1　直流电弧的熄灭条件

如前所述，根据电弧的动态能量平衡方程式（3-16）可知，随着电弧的损耗功率和电弧的散热功率之间关系的变化，电弧存在 3 种可能的发展趋势，即燃烧更加剧烈、稳

定燃烧和趋于熄灭。其中，电弧趋于更加剧烈燃烧状态是一过渡过程，因为电弧具有自动调节作用，当各种影响因素确定之后，电弧最终必然达到稳定燃烧状态。由此可知，电弧熄灭的必要条件是电弧不能进入稳定燃烧状态，换句话说，电弧不能存在稳定燃烧点。

根据电弧的动态能量平衡方程式(3-16)，电弧稳定燃烧的条件是电弧的损耗功率与其散热功率保持动态平衡。假设电弧的散热功率不变，则电弧的损耗功率将直接关系到电弧的燃烧状态，当电弧的损耗功率保持不变时，电弧处于稳定燃烧状态。由于影响电弧损耗功率的最主要因素是电弧电流，因此，通过电弧电流随时间的变化规律确定电弧的功率损耗情况，进而可以判断电弧是否处于稳定燃烧状态，如果电弧电流保持恒定不变，则电弧便达到其给定条件下的稳定燃烧。

当开断图3-4所示的直流电路时，如果起弧条件得以满足，则当动静触头1、2分开时，在触头之间将产生电弧。由电路的电压平衡方程式，可得

$$L\frac{\mathrm{d}I_\mathrm{h}}{\mathrm{d}t} = U - RI_\mathrm{h} - U_\mathrm{h} \tag{3-31}$$

由式(3-31)可知，当电源电压等于电阻电压与电弧电压之和时，电感电压为0 V，即电弧电流的变化率为0，根据式(3-16)可知，此时电弧处于稳定燃烧状态，因此，电弧稳定燃烧的必要条件是任意时刻电感电压为0 V；如果电感电压大于0 V，则电弧电流随着时间的推移将增大，这就意味着电弧的损耗功率将增高，电弧将更加剧烈地燃烧；反之，如果电感电压小于0 V，则电弧电流的变化率为负数，随着时间的推移，电弧电流将逐渐减小，电弧将熄灭。

事实上，可以利用电弧的静态伏安特性及电路的相关参数来确定电弧的稳定燃烧点，如图3-9所示。

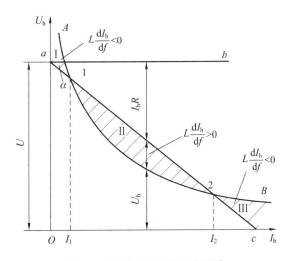

图3-9 直流电弧的稳定燃烧点

其中，曲线 AB 为给定条件下电弧的静态伏安特性，水平直线 ab 为电源电压 U，与水平直线 ab 成夹角的斜直线 ac 为直流电路的静态伏安特性，其中夹角 $\alpha = \arctan R$。由此可知，水平直线 ab 至斜直线 ac 的高度表示电阻上的电压降，而电路静态伏安特性 ac 与电弧静态伏安特性曲线 AB 的交点处(点 1 和点 2)的电感电压为 0 V。那么，点 1 和点 2 是否都是电弧的稳定燃烧点呢？其解释如下。

首先考虑图中 3 处斜线阴影区域电弧电流的变化情况。

在点 1 的右侧和点 2 的左侧(Ⅱ区)，直线 ac 位于曲线 AB 的上方，这表明电感电压大于 0 V，即 $U - RI_h - U_h > 0$。由式(3-19)得 $L\dfrac{dI_h}{dt} > 0$。所以，在这一区域内。电弧电流 I_h 将随时间的变化而增大。

在点 1 的左侧(Ⅰ区)和点 2 的右侧(Ⅲ区)，曲线 AB 位于直线 ac 的上方，即 $U - RI_h - U_h < 0$。由式(3-19)得 $\dfrac{dI_h}{dt} < 0$。所以，在这两个区域内，电弧电流 I_h 将随时间的变化而减小。

设电弧处于点 1 的燃烧状态，此时电弧电流 $I_h = I_1$。若有某种原因(如弧长稍有变化)引起电弧电流 I_h 增大，则电路工作状态将离开点 1 而进入Ⅱ区。在此区域内，由于 $\dfrac{dI_h}{dt} > 0$，于是，I_h 将继续增大，直到等于 I_2。反之，当由某种原因引起 I_h 减小时，则电路工作状态将离开点 1 而进入点Ⅰ区。在此区域内，$\dfrac{dI_h}{dt} < 0$，于是，I_h 将继续减小直到电弧熄灭。由此可知，点 1 并不是真正的电弧稳定燃烧点。

当电弧处于点 2 的燃烧状态时，若由某种原因引起电弧电流 I_h 增大，则电路工作状态将进入Ⅲ区，由于此区域内 $\dfrac{dI_h}{dt} < 0$，所以电弧电流又会自动返回到点 2；若某种原因引起电弧电流 I_h 的减小，则电路工作状态将进入Ⅱ区，由于此区域内 $\dfrac{dI_h}{dt} > 0$，所以电弧电流 I_h 将增大，而又会自动返回到点 2。由此可知，只有点 2 才是电弧燃烧真正的稳定燃烧点。

综上所述，直流电弧熄灭的充分必要条件是电弧不存在稳定燃烧点。通过电弧稳定燃烧点的分析可知，要想避免电弧稳定燃烧点的存在，必须保证电弧的静态伏安特性不能与电路的静态伏安特性相交，即直流电弧的熄灭条件为

$$L\frac{dI_h}{dt} = U - RI_h - U_h < 0 \tag{3-32}$$

或

$$U_h > U - RI_h \tag{3-33}$$

3.5.2　直流电弧的熄灭原理

根据直流电弧的熄灭条件，原理上可以从以下 3 种途径来实现直流电弧熄灭：

(1)提高电弧静态伏安特性；

(2)增大电路负载电阻值；

(3)采用合适的强迫电流过零线路，利用交流电弧熄灭原理灭弧。

图 3-10 可以解释直流电弧熄灭原理(1)和(2)。

事实上，通过采取适当的措施，提高电弧的静态伏安特性。例如图 3-10 中的新条件下的静态伏安特性 $A'B'$，使之不和直线 ac 相交，则电弧熄灭条件得到满足，电弧最终将趋于熄灭。同理，如果增大电路负载电阻 R 值，如在熄弧过程中再将另一电阻串入电路，则电路的静态伏安特性 ac 与电源特性 ab 间的夹角将增大，电路静态伏安特性 ac' 将不再与电弧的静态伏安特性 AB 相交，电弧也将趋于熄灭。

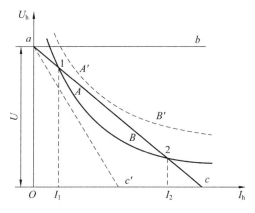

图 3-10　直流电弧的熄灭条件及原理

如果在直流电流上通过叠加合适的交流电流，则电路电流(电弧电流)将出现过零点，由此便可以利用交流电弧熄灭原理来熄灭直流电弧。由于此直流电弧灭弧原理中电流过零是通过附加线路实现的，为了区别于交流电流过零，这里将这种电流过零称为强迫过零。

根据被分断电路的电源电压等级的高低，工程上实际所采用直流电弧熄灭原理不尽相同。对电压等级较低的应用场合所使用的低压直流开关电器而言，大多采用提高电弧静态伏安特性的直流电弧熄灭原理来达到直流电弧熄灭的目的；而在高压直流开关电器中，其灭弧原理原则上是基于直流电流强迫过零，进而采用交流电弧熄灭原理以及增大负载电阻值等。

3.5.3　常用的直流电弧熄灭方法及措施

1. 提高直流电弧的静态伏安特性

1)增大近极压降 U_0

采用 n 个平行排列的金属栅片将电弧分割成 $n+1$ 个串联的相对较短的电弧。根据电弧

的特征可知，每一个短弧都存在近极压降（近阴极压降与近阳极压降之和），因此，总的电弧电压为

$$U_h = (n + 1) U_0 + El' \tag{3-34}$$

式中：n——串联的短弧数；

  l'——全部短弧的长度之和。

如果金属栅片的数目合理，则电弧电压降就能满足直流电弧的熄灭条件，从而达到熄灭直流电弧的目的。

2）增加电弧长度 l

根据直流电弧静态伏安特性可知，增大电弧长度可以提高电弧的静态伏安特性。工程上常用的具体方法及措施如下：

（1）用机械方法拉长电弧；

（2）依靠导电回路自身的磁场或外加磁场使电弧横向拉长；

（3）在磁场作用下，使弧根在电极上快速移动以拉长电弧。

3）增大弧柱的电场强度 E

增大弧柱的电场强度 E 可以提高电弧电压 U_h，其结果使得直流电弧的静态伏安特性得以提高。事实上，弧柱电场强度 E 的大小是电弧弧柱区中电离与消电离过程的综合作用结果。如果弧柱区消电离作用增强，则有利于电弧向熄灭的方向发展，宏观上体现在电弧电导率的降低及弧柱电场强度 E 的增高。因此，可以采用一切有利于弧隙中消电离的方法及措施来提高电弧的静态伏安特性，以达到熄灭直流电弧的目的。工程上常用以下几种方法来实现：

（1）增高气体介质的压强 p；

（2）增大电弧与气体介质之间的相对运动速度，电弧与其周围气体介质之间的相对运动方式包括电弧在磁场作用下在静止的流体介质中横向运动、采用高速运动的气流横吹或纵吹电弧（见图 3-11），进而达到冷却电弧的目的；

（3）使电弧与耐弧的绝缘材料密切接触，依靠后者对电弧的冷却作用以及其表面对带粒子复合能力的加强，使弧柱电场强度 E 增大。

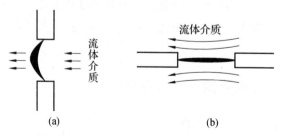

图 3-11 利用流体介质冷却电弧

（a）横吹；（b）纵吹

2. 采用合适的强迫电流过零线路，利用交流电弧熄灭原理灭弧

工程上，有许多类型的强迫电流过零线路，其核心是在开断直流电流时，启动交流电流叠加电路，从而使得流过开关电器触头（或断口）的电流出现过零时刻，这里的开关电器可以采用常见的交流开关电器。利用与交流开关电器相并联的振荡回路产生高频电流，该高频电流与被开断的直流电流叠加，形成强迫电流过零点，最终由交流开关电器将这一具有过零点的交流电弧熄灭。其工作原理如下：当交流开关电器开始分断时，开关电器触头间将产生（直流）电弧。通过触发真空放电间隙 G_1，形成了 L_1CL 振荡回路，如果参数合理，则由振荡回路电流与负载直流电流叠加后形成具有过零点的高频交流电流，利用交流电弧电流过零点，可以将电弧熄灭，以达到分断直流电路的目的。当开断直流电流时，线路中会出现暂态过电压，因此可以利用过电压吸收装置 FV 来吸收能量，限制线路可能出现的过电压峰值。当触发真空间隙 G_2 后，过电压吸收装置 FV 便被投入。

3.6 交流电弧及其熄灭

就直流电弧而言，只要电弧电流等于 0 即可认为它已经熄灭，交流电弧则不然，因为其电流会自然过零。在此之后同时有 2 种过程在进行着：一是电弧间隙内绝缘介质强度的恢复过程——介质恢复过程；二是弧隙电压恢复过程。2 种过程在同时进行：若介质强度恢复速度始终高于电压恢复速度，弧隙内的电离必然逐渐减弱，最终使弧隙呈完全绝缘状态，电弧也不会重燃；否则弧隙中的电离将逐渐加强，等到带电粒子浓度超过某一定值，电弧便重燃。因此，交流电弧熄灭与否需视电弧电流过零后介质恢复过程是否超过电压恢复过程而定。如图 3-12 所示，当介质恢复速度（曲线 1）始终超过电压恢复速度（曲线 3）时，由于 $U_{if}>U_{hf}$，电弧不会重燃。反之，当介质恢复速度在某些时候（曲线 2）小于电压恢复速度时，电弧还会重新燃烧，也即电弧未熄灭。

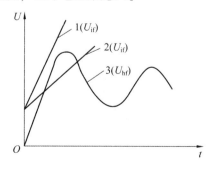

图 3-12 介质恢复过程和电压恢复过程

3.6.1 弧隙介质恢复过程

交流电质电流自然过零后，弧隙介质恢复过程便已开始，但在近阴板区和其余部分（弧柱区）恢复过程则有所不同。

1. 近阴板区的介质恢复过程

电弧电流过零后弧隙两端的电极立即改变极性。在新的近阴极区内外，电子运动速度为正离子的 1 000 倍，故它们在刚改变极性时就迅速离开极面移向新的阳极，使此处仅留下正离子。同时，新阴极正是原来的阳极，附近正离子并不多，以致难以在新阴极表面产生场致发射以提供持续的电子流。另外，新阴极在电流过零前后的温度已降低到热电离温度以下，亦难以借热辐射提供持续的电子流。因此，电流过零后只需经过 0.1 ~ 1 μs，即可在近阴极区获得 150 ~ 250 V 的介质强度（具体量值视阴极温度而定，温度越低，介质强度越高）。

倘若在灭弧室内设若干金属栅片，将进入灭弧室内的电弧截割成许多段串联的短弧，则电流过零后每一短弧的近阴极区均将立即出现 150 ~ 250 V 的介质强度（由于弧隙热惯性的影响，实际介质强度要低一些）。当它们的总和大于电网电压（包括过电压）时，电弧便熄灭。

出现于近阴极区的这种现象称为近阴极效应，综合利用截割电弧和近阴极效应灭弧的方法称为短弧灭弧原理，它广泛用于低压交流开关电器。

2. 弧柱区的介质恢复过程

电源电流自然过零前后的数十微秒内，电流已近乎等于 0，故这段时间被称为零休期间。由于热惯性的影响，零休期间电弧电阻 R_h 并非无穷大，而是因灭弧强度不同而呈现不同的量值。

电弧电阻非无穷大意味着弧隙内尚有残留的带电粒子和它们形成的剩余电流，故电源仍向弧隙输送能量。当后者小于电弧散出的能量时，弧隙内温度降低，消电离作用增强，电弧电阻不断增大，直至无穷大，即弧隙变成了具有一定强度的介质，电弧也将熄灭；反之，若弧隙取自电源的能量大于其散出的能量，R_h 将迅速减小，剩余电流不断增大，使电弧重新燃烧。这就是热击穿。

然而，热击穿存在与否还不是交流电弧是否能熄灭的唯一条件。不出现热击穿固然象征着热电离已基本停止，但当弧隙两端的电压足够高时，仍可能将弧隙内的高温气体击穿，重新燃弧，这种现象称为电击穿。因此，交流电弧电流自然过零后的弧柱区介质恢复过程可分为热击穿和电击穿两个阶段。交流电弧的熄灭条件则可归结为：在零休期间，弧隙的输入能量恒小于输出能量，因而无热积累；在电流过零后，恢复电压又不足以将已形成的弧隙介质击穿。

3. 弧隙电压恢复过程

电弧电流过零后，弧隙两端的电压将由零或反向的电弧电压上升到此时的电源电压。这一电压上升过程称为电压恢复过程，此过程中的弧隙电压则称为恢复电压。

电压恢复过程进展情况与电路参数有关。当分断电阻性电路时，如图3-13(a)所示，电弧电流 i 与电源电压 U 同相，故电流过零时电压亦为 0 V。这样，电流过零后作用于弧隙的电压(恢复电压)将自0开始按正弦规律上升，此时无暂态分量，只有稳态分量——工频正弦电压。

当分断电感性电路时，如图3-13(b)所示，因电流滞后于电源电压约90°，故电流过零时电源电压恰为幅值。因此，电流过零后加在弧隙上的恢复电压将自零跃升到电源电压幅值，并于此后按正弦规律变化。这时的恢复电压含上升很快的暂态分量。

当分断电容性电路时，如图3-13(c)所示，因电流超前电源电压约90°，电流过零时电压也处于幅值，因而电容被充电到具有约为电源电压幅值的电压，且因电荷于电路分断后无处泄放而保持着此电压。因此，当电弧电流为0时，恢复电压有一个几乎很少衰减的暂态分量和一工频正弦稳态分量，并且是从零开始随着 u 的变化逐渐增大，最终达到约2倍电源电压幅值。

图3-13 中 t_0 为触头分断的时刻。

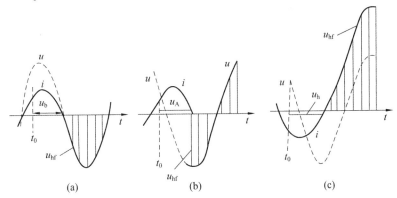

图3-13　分段不同性质电路时的恢复电压波形

(a)电阻性电路；(b)电感性电路；(c)电容性电路

实际的电压恢复过程要复杂得多，它要受到被分断电路的相数、一相的断口数、线路工作状况、灭弧介质和灭弧室构造及分断时的初相角等因素的影响。鉴于电路中电感性电路居多，所以分析电压恢复过程也以此为例。

为便于分析，本节只讨论理想弧隙的电压恢复过程，并设电路本身的电阻为零、且在此过程(数百微秒)中电源电压不变。顾及电源绕组间的寄生电容、线路的对地电容和线间电容(其总值为 C)，电路的电压方程为

$$u = U_{\text{gm}} = L\frac{\mathrm{d}i}{\mathrm{d}t} + u_{\text{c}} = LC\frac{\mathrm{d}^2 u_{\text{c}}}{\mathrm{d}t^2} + u_{\text{c}} \tag{3-35}$$

其解为

$$u_c = A\cos(\omega_0 t) + B\sin(\omega_0 t) + U_{gm}$$

式中：A、B——积分常数；

ω_0——无损耗电路的固有振荡角频率，$\omega_0 = \dfrac{1}{\sqrt{LC}}$；

U_{gm}——工频电源电压的幅值。

当电弧电流过零（$t=0$）时，$u_c = 0$，$\dfrac{\mathrm{d}u_c}{\mathrm{d}t} = 0$，故积分常数 $A = -U_{gm}$，$B = 0$。于是

$$u = U_{gm}[1 - \cos(\omega_0 t)] \tag{3-36}$$

u 就是弧隙上的恢复电压 U_{ht}，它含稳态分量 U_{gm} 和暂态分量 $U_{gm}\cos(\omega_0 t)$。因此，电压恢复过程是角频率为 ω_0 的振荡过程，如图 3-14（a）所示。

然而，实际电路总是有电阻的，即 $R \neq 0$，同时电弧电阻在电流过零前后也不会等于零和无穷大，所以电压恢复过程是有衰减的振荡过程，如图 3-14（b）所示。

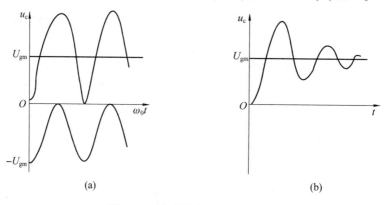

图 3-14　电感性电路的恢复电压

（a）$R=0$；（b）$R \neq 0$

3.6.2　交流电弧的熄灭

交流电弧的熄灭条件是在零休期间不发生热击穿，同时在此之后弧隙介质恢复过程总是胜过电压恢复过程，即不发生电击穿。但从灭弧效果来看，零休期间是最好的灭弧时机：一则这时弧隙的输入功率近乎等于0，只要采取适当措施加速电弧能量的散发以抑制热电离，即可防止因热击穿引起电弧重燃；二则这时线路储存的能量很小，需借电弧散发的能量，不易因出现较高的过电压而引起电击穿。反之，若灭弧非常强烈，在电流自然过零前就"截流"，强迫电弧熄灭，则将产生很高的过电压，即使不致影响灭弧，也会对线路及其中的设备不利。因此，除非有特殊要求，否则交流开关电器多采用灭弧强度不过强的灭弧装置，使电弧是在零休期间，而且是在电流首次自然过零时熄灭。

实际上交流电弧未必均能于电流首次自然过零时熄灭，有时需经 $2 \sim 3$ 个半周才熄灭。

如图 3-15 所示，触头刚分离（$t = t_0$）时，弧隙很小，u_h 也不大。故电流在首次过零（$t = t_1$）前，其波形基本上仍属正弦波，且在电流过零处比电源电压滞后约为 90°。这时，介质强度 u_{jf} 不大，当恢复电压 u_{hf} 于不久后大于燃弧电压 u_{hl} 时，弧隙被击穿，电弧重燃。

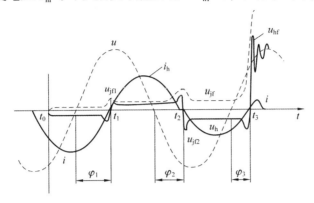

图 3-15 分断交流电路时的各弧隙参数波形

在第二个半周，弧隙增大了，u_h 和 u_{jf} 均增大，电流再过零（$t = t_2$）时的滞后角 $\varphi_1 < \varphi_2$，由于 u_{jf} 仍不够大，在 $u_{hf} > u_{jf2}$ 时，弧隙再次被击穿，电弧仍重燃。此后，因弧隙更大，当 $t = t_3$，即电流第三次过零时，$\varphi_3 < \varphi_2$，且 u_{jf} 始终大于 u_{hf}，则电弧不再重燃，电弧终被熄灭，交流电路也完全切断了。

3.7 熄灭电弧的基本方法和基本装置

上面讨论了熄灭电弧的基本原理，总体来说不外乎增强弧隙的消电离作用和减小过电压。一般采取的灭弧方法如下。

3.7.1 简单开断灭弧

简单开断灭弧是指在大气中分开触头，拉长电弧使之熄灭的灭弧方法。它借机械力或电弧电流本身产生的电动力拉长电弧，并使之在运动中不断与新鲜空气接触而冷却。这样，随着弧长 l 和弧柱电场强度 E 的不断增大，使电弧伏安特性因电弧电压 u_h 增大而上移。当 $u_h > u_{iR}$ 时，电弧熄灭。

简单灭弧在低压电器的刀开关和直动式交流接触器中均有应用。

3.7.2 磁吹灭弧

当需要较大的电动力将电弧吹入灭弧室时，采用专门的磁吹线圈，建立足够强的磁场。它通常有一匝到数匝与触头串联(也可与电源并联,但使用较少)。为使磁场较集中地分布在弧区以增大吹弧力,线圈中央穿有铁芯,其两端平行地设置夹着灭弧室的导磁钢板。串联磁吹线圈的吹弧效果在触头分断大电流时很明显,分断小电流时则差一些。

磁吹灭弧原理可应用于低压直流和交流接触器中。

3.7.3 纵缝灭弧

为限制弧区扩展并加速冷却以削弱热电离,常采用耐弧绝缘材料(耐弧塑料或陶器)制成的具有纵向缝隙的灭弧室(纵向缝隙是指灭弧室的缝隙方向与电弧的轴线平行),使电弧进入后在与缝壁的紧密接触中被冷却。

纵缝灭弧装置有单纵缝、多纵缝和纵向曲缝等,如图 3-16 所示。为克服电弧进入宽度略小于其直径的狭缝的阻力,有时还需磁吹配合。

纵缝多采取下宽上窄的形式,以减小电弧进入时的阻力。多纵缝的缝隙很窄,且入口处宽度是骤变的,故当且仅当电流较大时效果才明显。纵向曲缝兼有逐渐拉长电弧的作用,故其效果较好。

这种灭弧方式既可用于熄灭直流电弧,也可用于熄灭交流电弧,多用于低压开关电器,也可用于 3~10 kV 的高压开关电器。

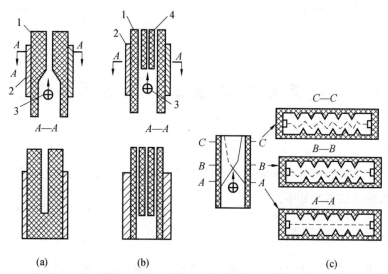

1—灭弧室壁;2—铜夹板;3—电弧;4—绝缘隔板。

图 3-16　纵缝灭弧装置

(a)单纵缝;(b)多纵缝;(c)纵向曲缝

3.7.4 栅片灭弧

栅片灭弧装置有绝缘栅片与金属栅片两种:前者借拉长电弧并使之在与它紧密接触的过程中迅速冷却;后者借将电弧截割为多段短弧,利用增大近极区电压降(特别是交流时的近阴极效应)以加强灭弧效果。金属栅片为钢质,它有吸引电弧和冷却的作用,但其下形缺口是偏心的,且要交错排列以减小对电弧的阻力。

因为每个短弧都有阳极压降与阴极压降,其和为 20～24 V,当熄灭直流电弧时只要使开断的电压小于各栅片引起的总的近极压降,电弧就熄灭了。

在熄灭交流电弧的过程中,金属栅片的作用如下。当交流电流过零时,产生近阴极效应,其初始介电强度为 150～260 V,若有几个短弧,则提高弧隙初始介电强度。若被开断电压小于此值,则电弧熄灭。金属栅片在电流过零前可使电弧加强冷却及具有表面复合作用,也可加强消电离作用,使电弧电压升高,减小电弧电流幅值以及电弧电流与电源电压的相位差,从而降低电流过零时的工频恢复电压的瞬时值,使瞬态恢复电压的最大值和平均电压恢复速率减小。

栅片灭弧装置适用于高、低压直流和交流开关电器,且低压交流开关电器用得较多。

3.7.5 固体产气灭弧

固体产气灭弧主要用于高、低压熔断器。因为某些固体绝缘材料如钢纸板(反白板)、有机玻璃等,在电弧作用下会气化,利用这些材料的产气性质进行灭弧的过程称为固体产气灭弧。

图 3-17 为低压密封式熔断器的结构,其利用固体材料产生气体,提高气压以进行灭弧。

在图 3-17 中,熔片用锌片制成,带有狭颈,熔管用钢纸制成,触刀用来连接电路,端帽用以固定触刀和密封熔管。当流过短路电流时,熔片的所有狭颈部分迅速熔化、气化形成几个串联的短弧。在电弧的高温作用下,狭颈部分的金属进一步剧烈气化,短弧的长度逐渐延长。同时钢纸管内壁分解,产生的气体使管内的压力迅速升高。熔断器由于采用了串联短弧和提高介质气压两种措施,电弧电压上升很快,甚至可使短路电流在尚未达到预期值之前就截流,提前分断电路。

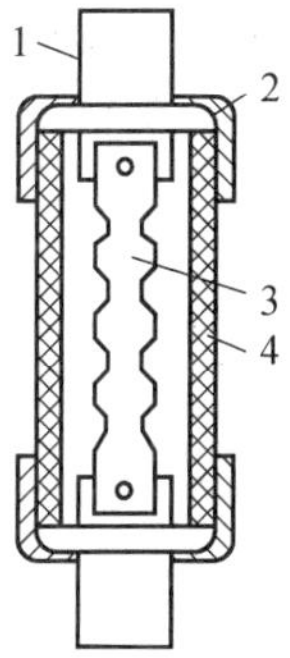

1—触刀;2—端帽;
3—熔片;4—熔管。

**图 3-17 低压密封式
熔断器的结构**

3.7.6 石英砂灭弧

利用石英砂限制弧柱的扩展并冷却电弧使之熄灭的方法称为石英砂灭弧。石英砂灭弧主要用于高、低压熔断器。如在高压限流式熔断器中,充满颗粒状的石英砂,当短路电流通过时,熔体熔断、气化并形成电弧。熔体金属从固态变为气态后,体积受周围石英砂的限制,不能自由膨胀,于是在燃弧区形成很高的压力,推动游离气体深入到石英砂缝隙中去,使其受到冷却和表面复合作用,强烈地发生消电离,导致熄弧。将多根细熔体并联起来代替一个大截面的熔体,会使总的散热面积增多,电弧更易冷却而被熄灭。

3.7.7　油吹灭弧

油吹灭弧装置是以变压器油为介质，在变压器油中开断电路产生电弧后，电弧会使油气化、分解而形成气体，形成包围电弧的气泡，然后，电弧便在气泡中燃烧。在气泡的气体中，变压器油的蒸气约占整个体积的 40%，变压器油分解而成的各种气体约占 60%，其中含 H_2（氢气）70%~80%，C_2H_2（乙炔）15%~20%，CH_4（甲烷）、C_2H_4（乙烯）5%~10%。油吹灭弧主要是利用 H_2 的高导热性和低黏度以加强对弧柱的冷却作用，利用油气为四周冷油所限不能迅速膨胀而形成的 0.5~1 MPa 高压以加强介质强度，以及利用因气泡壁各处油的汽化速度不同产生的压力差使油气紊乱运动，将刚生成的低温油气引至弧柱以加速其冷却。油吹灭弧的燃弧时间有最大值，与之对应的电流称为临界电流，其值因灭弧装置结构而异。由于灭弧室机械强度的限制，油吹灭弧还有极限开断电流。

按照吹弧的能源不同可将油吹灭弧装置分为 3 类。

（1）自能吹弧灭弧装置：利用电弧自身的能量将油蒸发分解而成油气，提高灭弧室中压力以驱动油或油气进行吹弧。

（2）外能吹弧灭弧装置：利用外界能量（通常是利用储存在弹簧中的能量）推动活塞，提高灭弧室中的压力以驱动油或油气进行吹弧。

（3）综合吹弧灭弧装置：兼用上述 2 种能量提高灭弧室中的压力以驱动油或油气进行灭弧。

在以上 3 种灭弧装置中，第一种结构最为简单，因而获得比较广泛的应用。

按照油或油气与电弧作用的方式，自能吹弧灭弧装置又可分为横吹（气流方向与电弧轴线垂直）、纵吹（气流方向与电弧轴线平行）、纵横吹和环吹。

下面以纵吹灭弧室为例说明其工作原理。图 3-18 为 35 kV 少油断路器的纵吹灭弧室。它由 6 块灭弧片组成，各片间隔开一定距离形成油囊。灭弧室上部为静触头，动触头（导电杆）向下运动。触头分开后形成电弧，使油分解和蒸发产生大量气体。随着动触头向下运动，高压气体通过灭弧片中间的圆孔向上对电弧进行纵吹。待动、静触头间的距离足够长时，电弧即可熄灭。

油吹灭弧装置曾在高压断路器中占据重要地位，但由于结构复杂且效果不甚理想，它已越来越多地被其他形式的灭弧装置所取代。

3.7.8　压缩空气灭弧

压缩空气灭弧也用于高压电器。当开断电路时，用管道将预储的压缩空气引向弧区猛烈吹弧。一方面，带走大量热量、降低弧区温度；另一方面，吹散电离气体，并将新鲜高压气体补充进空间。压缩空气灭弧装置如图 3-19 所示。空气的压力及吹弧喷口越大，气流越强，灭弧的能力越强。因此，这种灭弧装置既能提高分断能力、缩短燃弧时间，又能保证自动重合闸时不降低分断能力。但压缩空气灭弧装置在制造技术上要求较高。另外，当开断电路时，该装置易产生较高的截流过电压，又不适应切断近极区故障，已逐渐被淘汰。

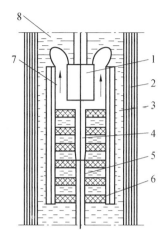

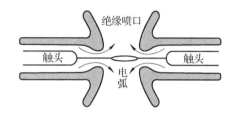

1—静触头；2—外绝缘筒；3—内绝缘筒；4—电弧；
5—导电杆；6—灭弧片；7—气流方向；8—变压器油。

图 3-18 纵吹灭弧室

图 3-19 两触头都是棒状的压缩空气灭弧装置

3.7.9 SF_6 气体灭弧

SF_6 气体为共价键型的完全对称的正八面体分子结构的气体，故具有强电负性。它无色、无味、无毒、既不可燃也不助燃，且一般无腐蚀性。在常温常压下，SF_6 的密度是空气的 5 倍，分子量也大，故其热导率虽逊于空气，但热容量大，故总的热传导仍优于空气。

SF_6 气体的化学性质很稳定，仅在 1 000 ℃ 以上才与金属有缓慢作用；热稳定性也很好，200 ℃ 以上开始分解，在 1 727 ~ 3 727 ℃ 中，它逐渐分解出 SF_4、SF_3、SF_2、SF 等气体分子，高于此温度则分解出 S 和 F 的单原子和离子。在电弧的高温作用下，少量 SF_6 气体会分解产生 SOF_4，SOF_2 和 SO_2F_2 等有毒物，其含量随含水量的增大而增大。因此，需通过干燥来提高纯度，并且设吸附剂和采取安全措施降低有毒物含量。由于分解物不含 C 原子，故 SF_6 的介质恢复过程极快。又因分子中不含偶极矩，故对弧隙电压的高频分量也不敏感。SF_6 分子还易俘获自由电子形成低活动性的负离子，这些负离子自由行程小，行动缓慢，不易参与碰撞电离，复合概率高。总之，SF_6 气体的绝缘和灭弧性能均非常好。

SF_6 气体灭弧具有的优点：它在电弧高温下生成的等离子体电离度很高，故弧隙能量小，冷却特性好；介质强度恢复快，绝缘及灭弧性能好，有利于减小电器的体积和重量；基本上无腐蚀作用；无火灾及爆炸危险；采用全封闭结构时易实现免维修运行；可在较宽的温度和压力范围内使用；无噪声且没有无线电干扰。

SF_6 气体的缺点：易液化(在-40 ℃ 时，工作压力不得大于 0.35 MPa；在-350 ℃ 时不得大于 0.5 MPa)，而且在不均匀电场中其击穿电压会明显下降，使用时对断路器密封性能要求较高，对水分和气体的检测与控制要求很严。

图 3-20 为 SF$_6$ 单压式单向吹弧灭弧装置的结构。静触头固定在灭弧装置的上部，动触头和利用耐弧绝缘材料制成的喷嘴以及压气罩在机械上固定在一起。压气罩内装有固定的活塞。整个灭弧装置内充以约 0.5 MPa 的 SF$_6$。当关合电路时，动触头向上运动和静触头相接触；当开断电路时，动触头连同压力罩一起向下运动。在动触头退出喷口之前，压气罩内气体受到压缩而压力升高；在动触头退出喷口时，压气罩内的高压气体向上冲出喷口，对电弧进行纵吹使之熄灭。

目前，SF$_6$ 气体灭弧装置已广泛用于高压断路器，同时此气体还广泛用于全封闭式高压组合及成套设备中作为灭弧和绝缘介质。

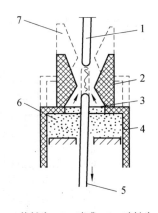

1—静触头；2—喷嘴；3—动触头；
4—压气罩；5—动导电杆；
6—压气室；7—合闸位置。

图 3-20 SF$_6$ 单压式单向吹弧灭弧装置的结构

3.7.10 真空灭弧

真空灭弧以真空作为绝缘及灭弧手段，当灭弧室真空度在 1.33×10^{-3} Pa 以下时，电子的自由行程达 43 m，发生碰撞电离的概率极小。因此，电弧是靠电极蒸发的金属蒸气电离生成的。若电极材质选用得当，且表面加工良好，则金属蒸气既不多又易扩散，所以真空灭弧效果比其他方式都优越。

真空灭弧的优点：触头开距小(10 kV 级的仅需 10 mm 左右)，故灭弧室小，所需操作功也小，动作迅速；燃弧时间短，为半个周期左右，且与电流大小无关；介质强度恢复快；防火防爆性能好；触头使用期限长，尤其适用于操作频率高的场合。真空灭弧的缺点：截流能力过强，灭弧时易产生很高的过电压；对真空灭弧室的真空度要求较高。

图 3-21 是真空灭弧室的结构。灭弧室的主体是一个抽真空后密封的外壳，外壳中部通过可伐合金环焊成一个整体。静触头焊在静导电杆上，静导电杆又焊在右端盖上。动触头焊在动导电杆上，与不锈钢质波纹管的一端焊牢。波纹管的另一端与左端盖焊接，而该端盖与外壳焊在一起。

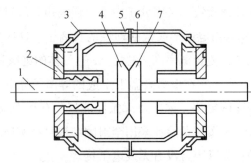

1—动导电杆；2—波纹管；3—外壳；4—动触头；5—可伐合金环；6—屏蔽罩；7—静触头。

图 3-21 真空灭弧室的结构

当分合闸时，通过动导电杆的运动拉长和压缩波纹管，使动、静触头接触与分离，而不致破坏灭弧室的真空度。屏蔽罩主要用来冷凝和吸附燃弧时产生的金属蒸气和带电粒子，以增大开断能力，同时保护外壳的内表层，使之不受污染，确保内部的绝缘强度。其结构和布置应尽可能使灭弧室内电场和电容分布均匀，以得到良好的绝缘性能。

目前，高、低压电器均生产了采用真空灭弧装置的工业产品，并且向着更高电压及更大容量方向发展。

3.7.11 无弧分断

实现无弧分断一般有 2 种方法：一是在交变电流自然过零时分断电路，同时以极快的速度使动、静触头分离到足以耐受恢复电压的距离，使电弧很弱或无从产生；二是给触头并联晶闸管，并使之承担电路的通断，而触头仅在稳态下工作。

1. 同步开关

众所周知，交变电流每秒要通过零点 $2f$（f 是电源频率）次。如果能使开关电器的触头在电流过零瞬时分开，并以极高的速度拉开到足以承受恢复电压而不发生间隙击穿的距离，则此时弧隙中将不产生电弧，也不存在热击穿阶段。同时，由于弧隙是冷电离的，只需较小的极间距离，就可承受较高的恢复电压。这种开断电路的方法称为同步开断，而相应的开关电器称为同步开关。因此，这种理想的同步开关无须采用灭弧装置。然而，事实上实现这一理想方案非常困难，其原因如下。

(1)技术上不能保证开关电器的触头稳定地每次恰在电流过零时分开。

(2)还没有比较简便的方法使开关电器的动触头获得所需的高速度。

因此，目前工程上获得实际应用的为带灭弧装置的同步开关，即在现有的开关电器灭弧装置上加装同步装置，使触头在电流过零前一极短时刻（如 1 ms）分开，同时提高触头运动速度，使触头从分开到电流过零这段时间内动、静触头能分开到足够距离。这样做有如下优点。

(1)触头分开时的稳定性要求降低。

(2)有较长的时间让动触头在电流过零时达到一定的开距，从而减小动触头的运动速度。这时，虽然在弧隙中流过一定的电流，但因数值较小，而且持续时间较短，弧隙中气体电离情况不太严重，所以在电流过零后弧隙的介质恢复强度数值较高，从而使现有的灭弧装置能够开断更大的电流。

图 3-22 为带有压缩空气灭弧装置的同步开关的原理结构。图中 6 为静触头，其内腔和大气相通，5 为动触头，其右端通过绝缘杆 3 与一用良导体制成的金属盘 4 固定连接；1 为触头沿其轴向移动的导向元件；2 是静止的大电流线圈，它通过晶闸管 VD 由电容 C 供电。饱和式电流互感器 TA 的一次绕组串联在被开断的电路中，当一次侧流过的电流瞬时值较大时，铁芯工作在饱和状态，二次电流可以认为是 0 A。只有当一次电流瞬时值减小

到某一数值时，铁芯退出饱和状态，一次绕组中才出现与一次绕组中电流成正比的电流。TA 的二次侧通过一过流继电器的常开触头 KA 接到同步触发装置 TS 的输入端，后者的输出端接到晶闸管 VD 的控制极上。

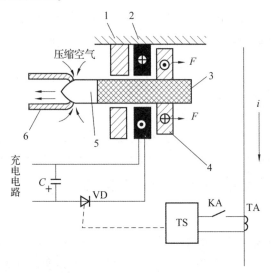

1—导向元件；2—静止线圈；3—绝缘杆；4—金属盘；5—动触头；6—静触头。

图 3-22　同步开关的原理结构

当接通电路时，动触头和静触头接触。电容 C 被充有如图 3-22 所示极性的电压。

当电路中发生短路时，过流继电器的常开触头 KA 闭合，于是当被开断电流 i 的瞬时值减小到某一数值时，电流互感器的二次绕组中产生电流使 TS 发出触发脉冲，将晶闸管 VD 导通。

电容 C 通过晶闸管 VD 对线圈放电。线圈产生的强大磁通在穿过金属盘时在其中感应出很大的电流，此电流又产生磁通，力图抵消穿过金属盘的外来磁通。于是，在金属盘和线圈之间便产生一相互排斥的轴向电动力 F。此力推动金属盘连同动触头向右运动。如果所有元件的动作时间足够短，便可在电流过零前某一极短时刻将动触头和静触头分开。在触头之间产生的短时电弧受到压缩空气的纵吹。电流过零后，弧隙介质恢复强度迅速恢复，于是电路被开断。

为实现电流过零前的同步开断，人们已发明了许多种同步装置，但因开关电器采用同步装置后会使其结构复杂，成本增加，所以未能获得广泛的应用。

2. 混合式开关

晶闸管具有可控单向导电的性质，如图 3-23(a) 所示，如果将它和开关 S 并联，并且当交流电流 I 的流向为如图所示的方向时，将开关 S 的触头分开，同时使晶闸管 VD 触发导通，于是开断电流将从 VD 中流过。由于 VD 的电压降大大低于起弧电压，弧隙中将无电弧。此后，当晶闸管 VD 中交流电流过零时，它将自动闭锁，于是电路被开断。这种综合有触点开关和晶闸管的开关，通常称为混合式开关。

图3-23（b）为交流混合式开关的接线图。闭合电路由有触点开关电器的触头S完成。电路闭合后，线路中电流全在触头S中流过。此时电流互感器TA的二次绕阻中产生电流交替流过晶闸管 VD_1 和 VD_2 的控制极，为电路开断时 VD_1 或 VD_2 导通做好准备。当开断电路时，触头S两端的电压同时也加于晶闸管的两端，视触头S两端电压方向不同，VD_1 或 VD_2 导通，于是电流由触头S转流入晶闸管中。电流过零后，已导通的晶闸管进入闭锁状态，电流不再流通。同时，由于主回路中已无电流，电流互感器TA的二次绕阻中也无电流流过，故另一个晶闸管也不能导通，电路被完全开断。图中的 VD_3 和 VD_4 分别用来保证 VD_1 和 VD_2 在规定的电流流向时导通的整流器。BH为保护装置，用来抑制当主电路电流过大或短路时在晶闸管控制极上产生的过强信号。

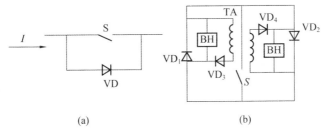

图3-23 交流混合开关结构

（a）工作原理图；（b）接线图

交流混合式开关的优点是具有较高的寿命，缺点是结构较复杂、价格较昂贵，目前尚未获得普遍应用。

3.8 触头的接触电阻

如果将一段导体于截断后再对接好，则在测量其电阻时将发现电阻增量，电阻增量是因两截导体接触时产生的，故称为接触电阻，以 R_j 表示。

两互相接触的导体间的电导是在接触压力 F_j 作用下形成的，该压力使导体彼此紧压并以恒定的面积互相接触。实验表明，导体接触处的整个面积只是视在面积，真正接触着的是离散性的若干个被称为a斑点的小点。这种斑点的面积仅为视在面积的很小部分。就是a斑点本身也只有一小部分是纯金属接触区，其余部分是受污染的准金属接触区和覆盖着绝缘膜的不导电接触区。因此，实际的金属导体接触面非常小。

实际接触面缩小到局限于少量的a斑点引起了束流现象，即电流线收缩现象。它的出现总是伴随着与接触压力反向的电动斥力，即

$$F_e = \frac{\mu_0}{4\pi} I^2 \ln \frac{r_0}{r(\theta)} \tag{3-37}$$

以及由箍缩效应导致的附加斥力为

$$F_p = \frac{\mu_0}{6\pi} I^2 \qquad (3-38)$$

式中：I——通过束流区的电流；

r_0——束流区的半径；

$r(\theta)$——接触面半径，它是该处温度 θ 的函数。

箍缩效应是指等离子体电流与其自身产生的磁场相互作用，使等离子体电流通道收缩、变细的效应。大电流通过其所引起的磁场时受到对流动电子施加的力，这种力企图将流动电子推向电流轴心。如果导体是流体（如离子或液态金属），就产生了收缩现象，即箍缩效应。

电动斥力和附加斥力均将使实际接触面进一步缩小。因此，束流现象将引起称为束流电阻 R_b 的电阻增量。由于 r_0 和 $r(\theta)$ 及 a 斑点均为随机量，故束流电阻迄今仍难以通过解析方式计算。

接触面暴露在大气中会导致表面膜层产生，它包含尘埃膜、化学吸附膜、无机膜和有机膜。尘埃膜由灰尘、织物纤维、介质中的杂质和放电产生的含碳微粒形成，它易生成也易脱落。化学吸附膜由气体分子和水分子吸附在接触面上形成，其厚度与电子固有波长相近，电子能以一定概率通过它。以上 2 种膜虽会使接触电阻略增，但一般无害，仅使之欠稳定。无机膜主要是氧化膜及硫化膜，它能使电阻率增大三个数量级（如银的氧化膜）至十几个数量级（银的硫化膜和铜的氧化膜），严重时甚至呈现半导体状态（如氧化亚铜膜）。银的氧化膜温度较高时即可分解，铜的氧化膜要近于其熔点时才能分解，故危害甚大。有机膜由绝缘材料或其他有机物排出的蒸气聚集在接触面上形成。它不导电，击穿强度又高，对接触极有害。但当其厚度不超过 5×10^{-9} m 时，尚可借隧道效应导电，否则只能借空穴或电子移动导电，而其电阻亦类同于绝缘电阻。膜层导致的电阻增量称为膜层电阻 R_f，其随机性非常大，故更难以解析方式计算。

因此，电接触导致的电阻增量——接触电阻 R_j 工程上往往以下面的经验公式计算：

$$R_j = \frac{K_c}{(0.102 F_j)^m} \qquad (3-39)$$

式中：K_c——与触头材料、接触面加工情况以及表面状况有关的系数；

F_j——接触压力；

m——与接触形式有关的指数，点接触 $m = 0.5$、线接触 $m = 0.5 \sim 0.7$、面接触 $m = 1.0$。

接触形式如图 3-24 所示。

影响接触电阻的因素很多，具体如下。

（1）接触形式。表面上看似乎面接触的接触电阻最小，但也不尽然。若接触压力不大，面接触时 a 斑点多，每个斑点上的压力反而很小，以致接触电阻增大很多。因此，继电器和小容量电器的触头普遍采用点-点及点-面接触形式，大、中容量电器触头才采用线和面的接触形式。

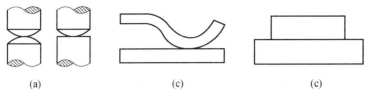

图 3-24 接触形式

(a)点接触；(b)线接触；(c)面接触

（2）接触压力。它是确定接触电阻的决定性因素。接触面受压后总有弹性及塑性形变，使接触面积增大。压力还能抑制表面膜层的影响。但从黄铜质球平面接触触头通过 20 A 电流的试验结果来看，如图 3-25 所示，接触压力越小，R_j 越大，且分散性很大，可是过分增大接触压力也并不好。

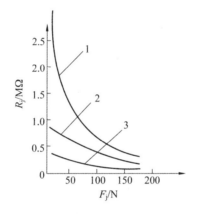

图 3-25 接触电阻与接触压力的关系

（3）表面状况。接触面越粗糙，越易污染和氧化，R_j 也越大，不仅导致发热损耗增大，还会妨碍电路正常接通，特别是当电压和电流均很小时。

（4）材料性能。影响 R_j 值的材料性能主要是电阻率和屈服点。屈服点越小，材料越软，越易发生塑性形变，R_j 值也越小。

3.9 触头接通过程及其熔焊

触头的接通过程常伴随着机械振动，并在间隙内产生电弧。由于接通时负载电流往往较大，故接通电弧危害很严重，其中最危险的便是触头的熔焊。

3.9.1 接通过程中的机械振动

接通时动触头以一定的速度朝静触头运动，它们接触时就发生了机械碰撞。然后，动触头被弹开，再朝静触头运动，多次重复发生碰撞。由于每碰撞 1 次都要损失部分能量，故振动幅度将逐渐减小，如图 3-26 所示。

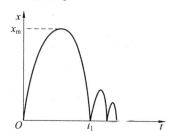

图 3-26　触头接通时的机械振动

除触头本身的碰撞外，电磁机构中衔铁与铁芯接触时的撞击以及短路电流通过触头时产生的巨大电动斥力，均可能引起触头振动。

如图 3-27 所示，在接通过程中动触头以速度 v_1 朝静触头运动，并于 $t = t_1$ 时与之相撞。碰撞后，触头接触面上将发生弹性及塑性形变。动触头具有的动能一部分消耗于接触面的摩擦和塑性形变，其余部分则转化为弹性形变势能。当形变达最大值 δ_m 时，形变势能最大，动触头的动能减小到 0，运动中止。继而，触头形变转向恢复，释放形变势能，使动触头以速度 v_2 反向运动，此即反弹运动。这时，接触弹簧为动触头压缩，并将部分动能转化为弹簧的弹性势能。及至反弹力与弹簧的伸张力相等，反弹过程就结束，动触头的反弹距离也达最大值 x_m。此后，动触头第二次朝静触头运动。如此周而复始，直到振动完全消失。

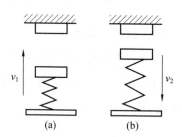

图 3-27　触头的机械振动过程

通过力学分析，可知触头机械振动的最大幅度为第一次碰撞的反弹距离，即

$$x_m = \frac{\sqrt{\left(\dfrac{F_0}{c}\right)^2 + (1 - K)\dfrac{mv_1^2}{c}} - \dfrac{F_0}{c}}{1 + \dfrac{2}{\sqrt{1 - K}}} \tag{3-40}$$

式中：F_0——触头刚接触时的接触压力，即初压力；

c —— 弹簧刚度；

m —— 动触头的质量；

v_1 —— 动触头第一次与静触头接触时具有的运动速度；

K —— 取决于触头材料弹性的碰撞损失系数，对于钢、铁、银、黄铜和铜，其值依
次为 0.5、0.75、0.81、0.87 和 0.95。

触头第一次振动的持续时间 t_1 为

$$t_1 = 2mv_1 \sqrt{1-K}/F_0 \tag{3.41}$$

全部振动时间一般为 $(120\% \sim 130\%) t_1$。

显然，适当减小动触头的质量和运动速度、增大触头初压力，对减轻振动是有益的。
然而，完全消除触头接通时的振动是不可能的，只要使 x_m 小于或等于触头接触面的形变，
使振动不致令动、静触头在碰撞时分离，振动也就无害了。

3.9.2　触头的熔焊

动、静触头因被加热而熔化，以致焊在一起无法正常分开的现象称为触头的熔焊。

熔焊与动熔焊的区别：前者是连接触头或闭合状态下的转换触头于通过大电流时，因热
效应和正压力的作用使 a 斑点及其邻域内的金属熔化并焊为一体的现象，其发生过程一般无
电弧产生；后者是转换触头在接通过程中因电弧的高温作用使接触区局部熔化发生的熔焊现
象。动触头接通过程伴随有机械振动，由于电弧和金属桥的出现，发生动熔焊的可能性更
大。当闭合状态的转换触头被短路电流产生的巨大电动力斥开时，同样有可能发生动熔焊。

影响熔焊的因素如下。

1) 电参数

电参数包括流过触头的电流、电路电压和电路参数。导致熔焊的根本原因是通过触头
的电流产生的热量。触头开始熔焊时的电流称为最小熔焊电流 I_{min}，它与触头材料、接触
形式和压力、通电时间等许多因素有关。此电流迄今尚无计算公式，故通常是以实验的方
式确定。线路电压对静熔焊的影响仍是电流的影响，对动熔焊则表现为电压越高越易燃
弧，且电弧能量越大。电路参数的影响是指电感和电容的影响。当接通电感性电路时，若
负载无源，则电感有抑制电流增长的作用；若负载有源，则因起动电流很大而易发生熔
焊。当接通电容性负载时，涌流的出现也易导致触头熔焊。

2) 机械参数

机械参数主要是接触压力，其增大可降低接触电阻，提高抗熔焊能力。触头闭合速度
也对熔焊有影响，速度大，易发生振动，因而也易发生熔焊。

3) 表面状况

接触面越粗糙，接触电阻就越大，也越易发生熔焊。但接触面的氧化膜材料影响熔焊
比热容、电导率和热导率。粉末冶金材料的抗熔焊能力一般较强。当动、静触头采用不同

材料时，就静熔焊而言，抗熔焊能力仅相对弱的方有所提高；就动熔焊而言，不仅未必能提高抗熔焊能力，有时甚至会降低。

3.9.3 触头的冷焊

继电器所用贵金属触头，当接触面上的氧化膜(它本来就不易生成)被破坏使纯金属接触面扩大时，因金属受压力作用致使连接处的原子或分子结合在一起的现象称为冷焊。它一旦发生就很难处理，因为金属间的内聚力往往非微小的接触压力所能克服，况且弱电触头又常密封于外壳内，很难以其他手段使之分离。目前，为防止发生冷焊，一般是通过实验的方式在触头及其镀层材料的选择方面采取适当的措施。

3.10 触头分断过程与电侵蚀

触头在接通过程中虽伴随着电火花或电弧的产生，但只要振动是无害的，而且是在非故障状态下闭合，电弧对触头的危害就很小。而分断过程则不然，因为它历时较长，故在此期间由于金属在触头间的转移和液态金属的溅射以及金属蒸气的扩散，将使触点材料有明显的损失。结果是触头和整个电器的使用期限都缩短了。

触头材料在工作过程中的损失称为侵蚀。侵蚀按产生原因分为机械的、化学的和电的。机械侵蚀由触头在通断过程中的机械摩擦引起，化学腐蚀由触头表面的氧化膜破碎所致，这些侵蚀量都不大，一般不考虑。电侵蚀是触头通断过程中因电火花和电弧而产生的，它是触头损坏的主要原因。而本节重点介绍电侵蚀。

3.10.1 电侵蚀的类型

电侵蚀有桥蚀与弧蚀。若分断电流足够大，最后分断点的电流密度可高达 $10^7 \sim 10^{12}$ A/m^2，则该点及其附近的触头表面金属材料将熔化，并在动触头继续分离时形成液态金属桥。当动、静触头相隔到一定程度时，金属桥就断裂。由于其温度最高点偏于阳极一侧，故断裂亦发生在近阳极处。这就使阳极表面因金属向阴极转移而出现凹陷，阴极表面出现针状凸起物，结果阳极遭到电侵蚀。液态金属桥断裂以致材料自一极向另一极转移的现象称为桥蚀或桥转移。触头每分断 1 次就出现 1 次桥蚀，只是转移的金属量很小而已。

液态金属桥断裂并形成触头间隙后，若触头工作电流不大，则间隙内将发生火花放电。这是电压较高而功率却较小时特有的一种物理过程。较高的电压使触头间隙最薄弱处可能被强电场击穿，较小的功率则使间隙内几乎不可能发生热电离，终于只能形成火花放电。火花放电电流产生的电压降可能使触头两端的电压下降到不足以维持气体放电的强电场，导致放电中止。此后气体又会因电压上升再度被击穿，重新发生火花放电。因此，火花放电呈间歇性，而且很不稳定。当火花放电时，阴极向阳极发射电子，故有部分触头金属材料自阴极转移到阳极，即阴极遭受电蚀。

若液态金属桥断裂时触头工作电流较大，就会产生电弧。它是稳定气体放电过程的产物。电弧弧柱为等离子体，其中正离子聚集于阴极附近成为密集的正空间电荷层，使该处出现很强的电场。质量较大的正离子被电场加速后轰击阴极表面，使之凹陷，而相应地阳极表面则出现凸起物。换言之，即阴极材料转移到了阳极，形成阴极电侵蚀。与此同时，在电弧高温的作用下，阴极和阳极表面的金属均将局部熔化和蒸发，并在电场力作用下溅射和扩散到周围空间，使材料遭受净侵蚀。

不论是火花放电还是电弧放电，均使触头材料逐渐耗损，这就是弧蚀，它属阳极电侵蚀。

3.10.2　小电流下的触头电侵蚀

小电流下的触头电侵蚀主要表现为桥蚀和火花放电性质的弧蚀，因为产生电弧需要一定的电压和电流。

桥蚀中阳极材料的侵蚀程度的计算公式为

$$V = aI^2 \tag{3-42}$$

式中：V——一次分断的材料体积转移量；

I——通过触头的电流；

a——转移系数。

表3-5为在无弧或无火花、线路电压小于最小燃弧电压、线路电感 $L < 10^{-6}$ H 条件下断开电路时的 a 值。表中的 $I_b = I\left(1 - \dfrac{U_b}{E}\right)$ 为液态金属桥断裂时的电流，I 为触头闭合时的电流，U_b 为对应于材料沸点的电压，E 为被分断电路的电动势。

火花放电时触头材料的侵蚀量为

$$V = \gamma q \tag{3-43}$$

式中：q——通过触头的电量；

γ——与材料有关的系数。

表3-5　部分金属的转移系数

金属或合金	金（Au）	银（Ag）	铂（Pt）	钯（Pd）	金-镍	金-银-镍
$a/(10^{-12} \text{ cm}^3 \cdot \text{A}^{-2})$	0.16	0.6	0.9	0.3	0.04	0.07
I_b/A	4.0	1~10	1.5~10	3.0	4.0	3~20

3.10.3 大电流下的触头电侵蚀

当大电流时，触头材料的电侵蚀主要表现为弧蚀。触头在一次分断中被侵蚀的程度取决于电弧电流、电弧在触头表面上的移动速度和燃烧时间、触头的结构形式等，也与操作频率有关。另外，如果电流不是太大（在数百安以内），触头电侵蚀量还与磁吹磁场有关。在电流较大而操作频率不高时，触头的电侵蚀量与分断次数线性相关。当磁感应强度 B 值较小时，电弧在触头表面移动的速度是随它一起增大的，故侵蚀量会减小，并在某一 B 值时达到最小。此后，当 B 值增大时，侵蚀量先是增大，然后趋于一稳定值。因为在强磁场中会出现液态金属从触头向外喷洒的现象，而当磁场较弱时，有一部分液体还能重新凝固并残留在触头表面上。

据实验，若触头操作次数为 n、分断的电流为 I，则以质量 m 来衡量的电侵蚀量为

$$m = KnI^a \times 10^{-9} \tag{3-44}$$

式中：a—— 与电流值有关的指数，当 $I = 100 \sim 200$ A 时，$a = 1$，当 $I > 400$ A 时，$a = 2$；

  K ——侵蚀系数，对于铜、银、银-氧化镉合金和银镍合金，其值分别为 0.7、0.3、0.15 和 0.1。

必须指出，这类经验公式很多，但都有其一定的适用范围，这里不一一介绍了。

下面简要介绍电侵蚀与触头的使用期限和超程。

触头的接通和分断过留都伴随着其材料的侵蚀，其中以电侵蚀最为严重。影响电侵蚀量的因素很多，现象和规律又十分复杂，涉及的学科也非常多，所以迄今尚未就此建立能够令人满意的数学模型。

电侵蚀直接影响到触头的使用期限，因为当触头材料损耗到一定程度后，它本身乃至整个电器都无法继续正常工作。这时，即可认为触头的使用期限已终结，而不必等到触头材料损耗殆尽。

触头的电侵蚀并不是均匀的，若电弧很少在其表面移动、触头表面损伤过多以致接触电阻猛增、复合材料中某一组分丧失导致材料性能劣化等，均会使触头提前失效。

为保证触头在其规定使用期限内能正常运行，必须设有能够补偿其电侵蚀的超程。电器触头的超程值主要取决于其允许的最大侵蚀量。铜质触头常取超程值为一个触头的厚度。有银或银合金触点的触头则取超程值为两触头总厚度的 75% 左右。当然，超程值的选取最终还要视具体运行或试验情况而定。

3.11　电接触材料

　　150 多年来，电接触材料(又称电触头材料)由最初的纯金属(如纯铜、纯金、纯银、纯铂)发展到 20 世纪 40 年代的合金(如 Ag-Cu、Au-Ag、Pt-Ag 等)，以及 20 世纪 60 年代的多元贵金属和贵金属复合材料，电接触材料的电、热、力学和化学等性能不断得以改进和提高。特别是以银为基体的多元贵金属和贵金属复合材料以其高导电导热性、高比热、良好的加工性、低而稳定的接触电阻等优良性能，在各种低压开关电器(如低压断路器、继电器、接触器)中得到了广泛应用，是当今电子电器工业中应用最广、最经济的贵金属电接触材料。

　　目前，银基合金和银金抗氧化物(AgMeO)是低压开关电器应用最多的 2 类电接触材料，其中，AgC、AgW、AgNi 和 AgMeO 这 4 个系列的银基电接触材料使用最多。

　　作为 AgMeO 系电接触材料的典型代表，长期以来 AgCdO 以其在各种低电压、不同电流环境下都具有的良好的抗侵蚀性、抗熔焊性和低而稳定的接触电阻等特性，被誉为"万能触头材料"。

　　电接触材料有纯金属、合金和复合材料 3 种。其中，复合材料指由 2 种或 2 种以上不同性质的材料，通过不同的工艺方法人工合成的多相材料。它既保持了组成材料各自的最佳特性，又有组合后的新特性。以 Ag 或 Cu 作基体的功能型复合材料(如 Ag-C、Ag-ZnO、Cu-C 等)都有良好的导电、导热、抗熔焊和耐磨损(包括电磨损和机械磨损)等性能。研究发现，所有复合电接触材料在表层均会发生微观组织的变化、贱金属添加相的氧化、低熔点易挥发添加相的贫乏，以及难熔添加相的区域富集等现象。

　　不同材料由于其物理、化学、热等性能不同，其抗腐蚀、抗侵蚀的能力也不尽相同。为此，需大力开展各种电接触材料的相关试验研究工作。

3.11.1　电器对电接触材料的性能要求

　　根据触头的使用情况，电器对电接触材料的主要要求如下。

　　(1)良好的导电性、较高的电导率、合适的硬度，以增大接触面积、降低接触电阻、降低静态接触时的触头发热和静熔焊倾向，并降低闭合过程中的动触头弹跳；材料应具有较低的二次发射和光发射，以降低电弧电流和燃弧时间，要具有较高的电子逸出功和游离电位。有合适的弹性模数，有利于降低表面膜电阻。

　　(2)材料具有良好的导热性，可快速将电弧或焦耳热源产生的热量传输至触头底座。高比热、高熔化、汽化和分解潜热、高的燃点和沸点，都能降低燃弧的趋势，低的蒸气压力可限制电弧中的金属蒸气密度。

（3）电接触材料应有较高的化学稳定性，即较强的抗腐蚀性气体对材料损耗的能力，应有较高的电化电位，与周围气体的化学亲和力要小，化学生成膜不但要能低温分解，还要求其机械强度和电强度较小。

（4）电接触性能。是物理和化学性能的综合体现，主要如下。

①接触电阻和表面状况。要求触头表面侵蚀较均匀，以保证触头表面状况平整、接触电阻低而稳定。

②抗电弧侵蚀与材料转移性能。高的熔点、沸点、比热和熔化、汽化热及热传导性有利于提高触头耐电弧侵蚀能力，但这些物理参数只能改善触头间电弧的熄灭条件或大量消耗电弧输入触头的热流；一旦触头表面形成熔融的液池，触头抗电侵蚀性能将只能靠高温状态下触头材料所特有的冶金学特性来保证，如液态银对触头表面的润湿性、熔融态液池的黏性，以及材料第二、第三组分的热稳定性等。

③电接触材料的抗熔焊性能。包括 2 个方面：一是尽量降低熔焊倾向，主要是提高电接触材料的热物理性能；二是降低熔融金属焊接在一起后的熔焊力。熔焊力主要取决于熔焊截面积和电接触材料的抗拉强度，为了降低发生静熔焊的倾向，可增大触头的接触面积和导电面积。一旦发生熔焊，就会使熔焊力增加。因此，为降低熔焊力或提高电接触材料的抗熔焊性，常在电接触材料中加入与银化学亲和力小的成分。

④电弧特性。电接触材料应有良好的电弧运动特性，以降低电弧对触头过于集中的热流输入。应有较高的最小起弧电压和最小起弧电流。最小起弧电流很大程度上取决于电电接触材料的功函数及其蒸气的电离电压，同时其还与电极材料在变成散射的原子从接触面放出时所需要的结合能有关。触头间电弧可具有金属相和气体相两种形式，不同形式的电弧对电极有不同的作用机制，电接触材料应使触头间发生的电弧尽快地由金属相转换到气体相。

⑤其他性能。除上述要求外，电接触材料应尽可能易于加工，易于焊接到触头座，并有较高的性价比等。

3.11.2　电接触材料的分类

作为高、低压开关电器的关键部件，电接触材料是制约触头性能的主要因素。电接触材料性能的优劣直接决定整个电器或系统的使用寿命及运行可靠性。

对电流为几安培以下的弱电电器，应着重考虑电接触材料接触的可靠性、耐腐蚀性、抗氧化性和使用寿命；对几十安培及以上的强电电器应关注电接触材料的抗熔焊性、耐电侵蚀性及对灭弧性能的影响。

电接触材料的种类很多，常用的有纯金属、合金、碳素等，常见电接触材料分类如表 3-6 所示。

表3-6　常用电接触材料分类

适用范围	材料类别	材料品种
强电	复合电接触材料	银-氧化镉、银-钨、铜-钨、银-铁、银-镍、铜-石墨、银-碳化钨
	真空开关电接触材料	铜铋铈、铜铋银、铜碲硒、钨-铜铋、铜铁镍钴铋
弱电	铂族合金	铂铱合金、钯银合金、钯铜合金、钯铱合金
	金基合金	金镍合金、金银合金、金锆合金
	银及其合金	银、银铜合金
	钨及其合金	钨、钨钼合金

过去，Ag-CdO（银-氧化镉）系电接触材料在低压电接触材料中占据主导地位。Ag-CdO系电接触材料之所以具有如此良好的性能，与CdO（氧化镉）的下述作用分不开。

（1）CdO颗粒增大了熔融材料的黏度，减少了金属的飞溅损耗，改善了材料的力学性能。

（2）CdO在电弧作用下分解，从固态升华为气态（分解温度约为900 ℃），此时产生的剧烈蒸发起到了吹弧的效果，同时还清洁了触头的表面，减小了触头的接触电阻。

（3）CdO本身具有高挥发性和低的接触电阻，在触头表面不会形成导电性差的表面膜层，也有利于保持触头电阻低而稳定的持性。

（4）CdO分触时吸收了大量热量，这有利于电弧的冷却与熄灭。

根据不同开关电器的使用要求，Ag-CdO材料中CdO的考量范围为（9～15）wt％。实践表明，当CdO含量在（12～15）wt%时，Ag-CdO材料的各项性能最佳。尽管Ag-CdO材料有良好的性能，但随着开关操作次数的增加、CdO的升华，氧化物将被消耗掉，在触头表面形成一个Ag-Cd（银-镉）合金层，从而降低了Ag-CdO材料的耐电弧侵蚀和抗熔焊性，使CdO的有利作用下降。因此，需要采取加添加物（如碳纤维管）的方法来改善材料的电导率、硬度、电弧侵蚀速率等性能。

从20世纪70年代开始，Cd元素及其化合物因在Ag-CdO材料的生产、使用和回收过程中所出现的"Cd污染"问题引起各国政府及材料生产、科研及其相关用户的高度重视，不少国家开始从法律政策上限制Ag-CdO材料的生产使用。2002年在"关于在电子电气设备中限制使用某些有害物质的指令"（简称"RoHS"指令）中要求，从2006年7月1日起，投放市场的电子电气设备不得包含镉等6种有害物质。尽管由于多方面原因，该指令中关于Cd的使用限制暂时得以豁免，但欧盟各国仍自觉抵制在电子电气设备中使用含Cd材料，拒收进口含Cd的电子电气设备，这对我国目前仍使用Ag-CdO作为电接触材料的各种低压开关电器以及包含有此类低压开关电器的工业与民用产品的出口产生了巨大的负面影响。随着社会环保意识的逐渐提高和"RoHS"指令影响的逐步深入，有毒的Ag-CdO被其他无毒材料替代是必然的趋势。目前，国内外已开发出的可替代Ag-CdO的商用银金属氧化物和银基合金电接触材料有 Ag-ZnO、Ag-SnO$_2$、Ag-SnO$_2$In$_2$O$_3$、Ag-CuO、Ag-Bi$_2$O$_3$、Ag-C、Ag-Ni、Ag-W 等系列产品，特别是利用高能球磨技术和热压烧结工艺开发的纳米复合银基合金和银金属氧化物电接触材料。

近年来，随着纳米技术的发展，新型纳米 Ag-SnO$_2$ 电接触材料的研究与应用是其今后发展的一个方向。由传统 Ag-Ni 和 Ag-SnO$_2$ 触头与纳米复合 Ag-Ni 和 Ag-SnO$_2$ 触头的电弧侵蚀形貌对照可知，经过相同条件电弧侵蚀后，传统材料的表面电弧侵蚀集中、区域较小、深度较大，尤其是 Ag-Ni 合金的电弧侵蚀形貌呈现弹坑状；而纳米材料的侵蚀区域较大，约为传统材料的 2 倍，有明显的分散电弧现象。从高倍组织形貌看，传统 Ag-Ni 材料的表面有明显的熔池痕迹。传统 Ag-SnO$_2$ 的表面有凹凸不平的旋涡状金属熔融和液体飞溅痕迹。反观两种纳米材料，它们都呈现细小的岛状熔渣，没有出现向四周飞溅的形貌和熔池痕迹。究其原因，一方面是纳米氧化物的表面效应增加了熔融液体的黏度，使其无法喷发飞溅，只能留在原位，形成小岛状熔渣；另一方面，纳米化使氧化物分布更均匀弥散、相距更近，燃弧后，电弧易于通过氧化物使热量向周围迅速扩散，使电弧侵蚀区的温度降低，因而不会出现明显的熔融飞溅形貌，表现出较好的耐电弧侵蚀形貌。

还可发现，当第二相细化到纳米级后，触头的内部结构和晶界状况都已经发生了改变，电弧燃弧时产生的热量能较均匀地分散在触头表面较大的区域，从而有效地降低触头的烧蚀，使纳米触头呈现出优于传统触头的电弧性能。

按照触头上通过电流的大小、电接触的结构形式等选择电接触材料如下。

(1)在弱电流下，电接触材料常用 Cu、Ag、Pt；铜银合金、铂合金及 Au。

(2)在中、强电流下，电接触材料常用铜、黄铜、青铜、银合金及其他合金，其中，金属陶冶(粉末冶金)材料被大量使用。

金属陶冶(粉末冶金)材料，又称为粉末冶金材料，是由 2 种或 2 种以上的金属粉末经混合压制及烧结而成，是彼此不相熔合的机械混合物。它常常用作大容量触头的电接触材料。金属陶冶材料综合了所含的各种材料的优点，有良好的耐热、耐弧、耐磨性能，价格低等优点。缺点是电导率较低，为此常将其做成薄片焊在触头的接触面上。

例如，铜-钨陶冶材料，以高熔点的钨与高导电性能的铜采用粉末冶金的方法制成。具有导电性能好、在电弧作用下烧损小、钨-铜价格较便宜等优点，成为开关电器中广泛使用的电接触材料。其缺点是在大气中易氧化、接触电阻不稳定。在油断路器和 SF$_6$ 断路器中，常用的是含 W 量为 80% 的钨铜合金。

(3)固定电接触选材常选 Al，在实际工作中，在其上常常覆盖有 Ag、Cu、Sn 等材料，目的是降低接触表面的接触电阻，以减少静熔焊。

(4)真空开关电器所用电接触材料，除有一般电触头的性能要求外，还要求触头表面特别洁净、电接触材料的抗熔焊性能更高、材料有坚固而致密的组织，且截流值小、本身含杂质很少等。

习题3

1. 电弧对电器是否仅有弊而无益?

2. 电接触和触头是同一概念吗?

3. 触头的分断过程是怎样的?

4. 什么是电离和消电离? 它们各有哪几种形式?

5. 电弧的本质是什么? 电弧电压和电场是怎样分布的?

6. 试分析交流电弧的熄灭条件, 并阐述介质恢复过程和电压恢复过程。

7. 为什么熄灭感性电路中的电弧要困难些?

8. 什么是近阴极效应? 其对熄灭哪一种电弧更有意义?

9. 试通过电弧的电压方程分析各种灭弧装置的作用。

第4章
电磁系统的理论与特性

4.1 概 述

电器中的电磁系统由磁系统和激磁线圈组成，通常用来实现电磁能转化为机械能或其他形式能量，从而完成特定任务的电器组件或部件，电磁系统中的磁系统主要由具有高导磁材料(通常采用软磁材料或铁磁材料)的部件和一定的工作气隙所组成的闭合磁路构成。电磁系统是应用最广泛的执行元器件之一，在开关电器的操动机构中被广泛使用，这种用于电磁操动机构的电磁系统具有一般电磁系统所具备的结构和特点，对其研究可以很好地了解电磁系统的构造及其工作原理。因此，如无特殊说明，本书所涉及的电磁系统均为开关电器中的电磁系统，又称为电磁铁。

开关电器中的电磁系统(工程上通常称其为电磁铁)主要是由铁磁材料所构成的铁芯零部件、工作气隙以及激磁线圈构成。工作气隙是指相对静止的静铁芯和可以运动或转动的动铁芯或衔铁之间所形成的气隙。工作时，通过激磁线圈通电，使得磁系统被磁化，从而在工作气隙与动铁芯或衔铁交界处产生电磁吸力，使之运动或转动做机械功，并由此驱动开关电器的触头分断或闭合，从而完成电路的切断或接通任务。

电磁系统除了可以作为开关电器的执行部件外，还可以作为特殊用途的电器使用，如牵引电磁铁、起重电磁铁、制动电磁铁、电磁离合器和电磁吸盘等，也可以应用于电磁传感器、电磁稳压器和磁放大器等。

通常，开关电器中的电磁系统是将电磁能转化为机械能，如果磁系统的激磁仅由永久磁铁实现，则此电磁系统称为永磁系统。永磁系统在工作时可以直接将磁能转化为机械能。对于电磁系统的设计和计算，均需要了解电磁系统中的电磁场分布，因此可以采用电磁场分析方法直接分析计算相关的电磁场问题。利用场的方法分析计算电磁系统问题具有计算精度相对较高、能够给出场域的分布情况等优点，还可以考虑较复杂的磁极形状。尽管如此，工程中许多电磁系统设计和计算问题需要一种相对简捷，并且能够反映工程实际需求的电磁系统分析与计算方法，即磁路分析方法。该方法的本质是将"场"的问题转化为"路"的问题并加以分析和计算，从而可以借鉴电路的分析方法来完成磁路分析。本书重点在于采用磁路分析方法，实现电磁系统的分析与计算，依据具体电磁系统形式的不同，首先建立该电磁系统的物理模型，再根据该物理模型推导出数学模型，最后采用合适的分析计算方法求解，从而求得所关心的电磁或机械物理量。事实上，只要所建立的物理模型能够较真实地反映所分析的电磁系统，所推导的数学模型合理，并且所采用的分析方法合适，则利用磁路分析方法就完全可以满足大多工程应用中电磁系统计算问题的需要。

4.2　磁路计算的基本定律

凡是磁通所经过的闭合回路均称为磁路。在一般情况下，由电流产生的磁通是分布于整个空间的；但是，在电磁铁中，由于采用了铁磁材料制成的导磁体，使磁通主要集中于导磁体和工作气隙之中，通过工作气隙的磁通称为主磁通，或工作气隙磁通，常用 Φ_δ 表示；然而铁磁材料的磁导率只是空气的几千倍到几万倍，因此还有一部分磁通不通过工作气隙，只通过线圈周围空间和部分导磁体形成回路，这些磁通称为漏磁通，常用 Φ_1 表示，如图4-1所示。当工作气隙较小，且磁路不太饱和时，漏磁通远小于主磁通，往往可以忽略；但是，当工作气隙较大时，漏磁通常不能忽略，而漏磁通的存在，使铁芯铁轭内各处磁通值不相等，并且使磁路成为比较复杂的串、并联磁路。

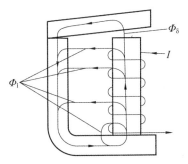

Φ_δ—主磁通；Φ_1—漏磁通。

图4-1　电磁铁的磁通分布情况

4.2.1 磁路的欧姆定律

磁路的欧姆定律是指磁路两点间的磁压降等于通过此磁路的磁通量与其磁阻的乘积。

1.导磁体的磁压降

导磁体的磁压降为

$$U_m = \Phi R_m \tag{4-1}$$

式中：Φ ——通过导磁体的磁通（Wb）；

R_m ——导磁体的磁阻（1/H）。

式（4-1）移项得

$$R_m = \frac{U_m}{\Phi} \tag{4-2}$$

在均匀磁场中，有

$$U_m = HL \tag{4-3}$$

$$\Phi = BS \tag{4-4}$$

式中：H ——导磁体中的磁场强度（A/m）；

L ——导磁体的长度（m）；

B ——导磁体中的磁感应强度（T）；

S ——导磁体的截面积（m^2）。

将式（4-3）和式（4-4）代入式（4-2）中，得

$$R_m = \frac{HL}{BS} = \frac{L}{\mu S} \tag{4-5}$$

式中：μ ——导磁体的磁导率（H/m）。

导磁体磁路示意如图4-2（a）所示。

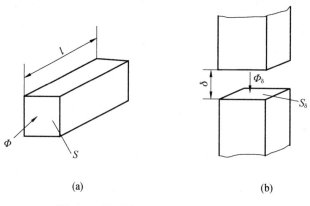

（a）   （b）

图4-2　导磁体磁路和空气隙磁路示意

（a）导磁体磁路；（b）空气隙磁路

2. 空气隙的磁压降

空气隙的磁压降为

$$U_\delta = \Phi_\delta R_\delta \tag{4-6}$$

式中：Φ_δ——空气隙的磁通(Wb)；

R_δ——空气隙的磁阻(1/H)。

当空气隙中磁场为均匀磁场时，空气隙磁阻的计算式为

$$R_\delta = \frac{\delta}{\mu_0 S_\delta} \tag{4-7}$$

式中：δ——空气隙长度(m)；

S_δ——磁极面积(m^2)；

μ_0——真空磁导率，$\mu_0 = 4\pi \times 10^{-7}$ H/m。

因为空气的磁导率与真空导率相差很小，所以求空气隙磁导时，可以利用真空磁导率。

气隙磁阻的倒数称为气隙磁导 Λ_δ，即

$$\Lambda_\delta = \frac{1}{R_\delta} \tag{4-8}$$

因此，气隙磁压降也可以表示为

$$U_\delta = \frac{\Phi_\delta}{\Lambda_\delta} \tag{4-9}$$

空气隙磁路示意如图4-2(b)所示。

4.2.2 磁路的基尔霍夫第一定律

磁路的基尔霍夫第一定律是指在磁路任一节点处，进入节点的磁通，与离开节点的磁通相等，若以离开节点的磁通为正，进入节点的磁通为负，则汇聚在磁路任一节点的磁通代数和为0，如图4-3所示，其一般数学表达式为

$$\sum \Phi = 0 \tag{4-10}$$

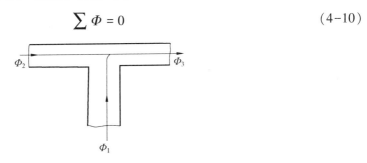

Φ_1、Φ_2—进入节点的磁通；Φ_3—离开节点的磁通。

图4-3 磁路节点处的磁通

4.2.3 磁路的基尔霍夫第二定律

磁路的基尔霍夫第二定律是指沿磁路的任一闭合回路，磁压降的代数和等于与该回路磁通相交链的线圈磁动势的代数和，即

$$\sum IN = \sum HL \tag{4-11}$$

式(4-11)是由全电流定律推导出来的。如果磁通的方向与环绕方向一致，则该段的磁压降为正，反之为负。当磁动势正方向（磁动势正方向和电流正方向应符合右手螺旋定则）和环绕方向一致时，该磁动势为正，反之为负。

在有空气隙的磁路中，磁路的基尔霍夫第二定律也可以表示为

$$\sum IN = \sum \frac{\Phi_\delta}{\Lambda_\delta} + \sum \Phi R_\text{m} \tag{4-12}$$

由上述可知，磁路计算的基本定律与电路计算有相似之处，而且正如电路计算中的欧姆定律和基尔霍夫定律，不仅适用于直流电路，同时也适用于交流电路，交流磁路计算也和交流电路一样，要用复数计算。

由于磁路计算与电路计算有相似之处，所以在分析和计算磁路时，常依照电路的形式，将磁路表示成类似电路的等效磁路图，用电动势的符号代表磁动势，用电阻的符号代表磁阻，画出等效磁路图。图4-4为拍合式直流电磁铁在忽略漏磁通时的等效磁路，由于忽略了漏磁通，铁芯和铁轭中的磁通值是一定的，所以其磁阻可以各用一个集中磁阻表示，本来是分布在铁芯长度上的磁动势，可以用一个集中磁动势来表示。

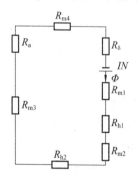

IN—磁动势；R_δ—工作气隙磁阻；R_a—楞角气隙磁阻；R_h1、R_h2—非工作气隙磁阻；

R_m1—极靴磁阻；R_m2—铁芯磁阻；R_m3—铁轭磁阻；R_m4—衔铁磁阻。

图4-4 拍合式直流电磁铁的等效磁路

磁路计算比电路计算困难得多，因为导磁体是用铁磁材料制成的，它的磁导率不是常数，而是随磁感应强度的大小在相当大的范围内变化，所以导磁体的磁阻不是常数，而是非线性的；空气的磁导率虽然是常数，但是，由于气隙磁通分布的不均匀性，气隙磁导的计算也不容易得到精确的结果。磁路中除了主磁通还有漏磁通，使铁芯和铁轭长度上各点的磁通值均不相同，而且磁动势也是不均匀分布的。因此，磁路计算比电路计算复杂。

4.3　气隙磁导计算

　　磁路计算实质是电磁场的简化计算，即根据磁场中磁通线的分布情况，将其划分为若干集中磁通路，这些集中磁通路的集合即为磁路计算方法中所涉及的磁路。根据磁路参数与电路参数以及磁路基本定律与电路基本定律的对应关系可知，在磁势 F_m 一定的条件下，磁路中磁通 Φ 的大小取决于磁路磁阻 R_m 的大小。因此，磁阻计算是磁路计算的基础。

　　工程实用电磁系统中使用的导磁材料的磁导率通常远远大于空气的磁导率，其具有的磁阻也远远小于气隙磁阻。因此，对包含气隙的磁路而言，气隙磁阻 R_δ 在磁路计算中十分重要，它对磁路计算的精度影响很大。实际应用中通常多使用气隙磁阻 R_δ 的倒数，即气隙磁导 $\Lambda_\delta = 1/R_\delta$。

　　通常，将电磁铁中衔铁(或动铁芯)与静铁芯(或极靴)极面之间的气隙定义为工作气隙，该气隙磁导定义为工作气隙磁导 Λ_δ，这是因为在电磁铁工作过程中，衔铁(或动铁芯)需要在该段气隙运动做功，从而完成特定的任务。如果磁路中某气隙所流过的磁通为漏磁通，则工程计算中将该气隙磁导定义为漏磁导。

4.3.1　气隙的磁导定义

　　根据磁路中磁导的定义，气隙磁导的表达式为

$$\Lambda_\delta = \frac{\Phi_\delta}{U_\delta} \qquad (4\text{-}13)$$

式中：Λ_δ ——气隙磁导；

　　　　Φ_δ ——气隙中的磁通；

　　　　U_δ ——气隙间的磁压降。

　　气隙中的磁通 Φ_δ 可以由磁通流过某一曲面 A 的磁感应强度 B_δ 关于该曲面的面积积分求得，即

$$\Phi_\delta = \iint_A B_\delta \cdot \mathrm{d}A \qquad (4\text{-}14)$$

　　气隙间的磁压降 U_δ 的计算可以由气隙间的磁场强度沿任意路径 L_δ 的线积分求得，即

$$U_\delta = \int_{L_\delta} H \cdot \mathrm{d}L \qquad (4\text{-}15)$$

式中：L_δ ——积分路径，通常为连接磁极极面的任意曲线。

4.3.2　气隙磁导的计算方法

　　工程上常用的气隙磁导计算方法包括解析法、磁场分割法、图解法和经验公式法等。

　　图解法求解气隙磁导的实质是利用绘图的方法将磁场图景描绘出来，即将磁场分成若干具有一定尺寸比例规律的磁通路，依据磁导定义求得该子磁通路的磁导，再根据所有子磁通路的串、并联关系，确定总的气隙磁导。通常，图解法仅限于二维磁场的场景描绘。图解法虽然能够描绘出较复杂的二维磁场景，但作图过程极其复杂，工作量很大，且精度不易得到保证，因此工程上极少采用。

　　经验公式法是在实验或其他已被确认的磁导分析结果基础上，推导或归算出气隙磁导的计算公式或图表。显然，该气隙磁导计算方法仅适用于与经验公式相类似的特定磁场计算问题。

　　工程计算中最常用的磁导计算方法为解析法和磁场分割法。

　　1. 解析法

　　解析法计算气隙磁导的实质是根据气隙磁导定义，采用解析方法直接求解气隙磁导，其适用范围有：磁极形状规则；气隙内磁通分布均匀；磁位等位面分布均匀；忽略磁极的边缘效应及扩散磁通等磁场问题。

　　1）平行磁极间气隙磁导计算

　　图4-5为两平行磁极间磁通分布规律，其中磁极正下方的磁通分布近似满足适用范围。除了该部分磁通外，在磁极边缘还存在扩散磁通，但在该区域内上述条件将不能得到满足。如果忽略边缘扩散磁通的影响，如当气隙长度 δ 与磁极几何尺寸相比较小时，工程上通常可以忽略磁极边缘的扩散磁通，并假定磁极间磁通线均匀分布，且垂直于磁极极面。此时，可以求得该气隙磁通为

$$\Phi_\delta = \iint_A B_\delta \cdot \mathrm{d}A = BA \tag{4-16}$$

式中：B ——平行磁极间磁感应强度；

　　　　A ——平行磁极极面积。

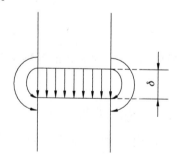

图4-5　两平行磁极间磁通分布规律

　　而磁极间的磁压降为

$$U_\delta = \int_\delta H \cdot \mathrm{d}l = H\delta \tag{4-17}$$

式中：H ——平行磁极间磁场强度；

δ——平行磁极间气隙长度。

由气隙磁导定义，求得平行磁极间气隙磁导为

$$\Lambda_\delta = \frac{\Phi_\delta}{U_\delta} = \frac{BA}{H\delta} = \mu_0 \frac{A}{\delta} \tag{4-18}$$

式中：μ_0——真空磁导率。

工程上，平行磁极间边缘扩散磁导可以通过一定的修正系数来考虑，因此，平行磁极间气隙磁导的计算通常是利用式(4-18)计算磁极正下方的气隙磁导，再利用修正系数计算出实际的气隙磁导。

(1)边长分别为 a 和 b 的平行矩形磁极。

若 $\dfrac{\delta}{a} \leq 0.2$ 或 $\dfrac{\delta}{b} \leq 0.2$，则可以忽略磁极边缘扩散磁通，气隙磁导的计算公式为

$$\Lambda_\delta = \mu_0 \frac{A}{\delta} = \mu_0 \frac{ab}{\delta} \tag{4-19}$$

否则，应考虑磁极边缘扩散磁通，此时气隙磁导的计算公式为

$$\Lambda_\delta = \frac{\mu_0}{\delta}\left(a + \frac{0.307}{\pi}\delta\right)\left(b + \frac{0.307}{\pi}\delta\right) \tag{4-20}$$

(2)直径为 d 的平行圆形磁极。

若 $\dfrac{\delta}{d} \leq 0.2$，则可以忽略磁极边缘扩散磁通，气隙磁导的计算公式为

$$\Lambda_\delta = \mu_0 \frac{A}{\delta} = \mu_0 \frac{\pi d^2}{4\delta} \tag{4-21}$$

否则，应考虑磁极边缘扩散磁通，此时气隙磁导的计算公式为

$$\Lambda_\delta = \frac{\mu_0}{\delta}\left(0.886d + \frac{0.307}{\pi}\delta\right)^2 \tag{4-22}$$

2)端面不平行磁极间气隙磁导计算

图4-6为两磁极极面夹角为 θ 的矩形磁极，如果磁极间气隙长度 δ 远小于磁极极面的最小几何尺寸，则可以忽略磁极的边缘扩散磁通，并认为磁极间磁力线是以两磁极端面中心线延长线的交点为圆心的圆弧线。由于气隙中半径为 r_2 处的气隙长度大于半径为 r_1 处的气隙长度，而磁极表面为等磁位，所以沿半径方向各处的磁场强度和磁感应强度不再处处相等，磁通呈不均匀分布状态。尽管如此，若沿 r 方向任取一元长度 dr，且 dr 足够小，则可以认为元面积 bdr 内的磁通分布是均匀的，则该元面积的气隙磁导 $d\Lambda_\delta$ 可按式(4-18)计算，即

$$d\Lambda_\delta = \mu_0 \frac{bdr}{\delta} = \mu_0 \frac{bdr}{\theta r} \tag{4-23}$$

由此可得磁极总气隙磁导为

$$\Lambda_\delta = \int_A d\Lambda_\delta = \int_{r_1}^{r_2} \mu_0 \frac{b}{\theta} \frac{dr}{r} = \mu_0 \frac{b}{\theta} \ln \frac{r_2}{r_1} \tag{4-24}$$

3) 平行圆柱体磁极间的气隙磁导计算

图 4-7(a) 所示为两平行且高度相等的圆柱体磁极，其半径分别为 r_1 和 r_2，中心距为 y，圆柱体高度为 l。直接利用气隙磁导定义计算气隙磁导较困难，因此宜采用恒定磁场与自由空间内的静电场之间场量的对偶关系来计算气隙磁导。即先求得同形状及尺寸电极间（极间介质为空气）的电容 C，再根据磁场与电场场量的对偶关系求得气隙磁导 Λ_δ。

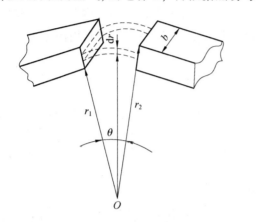

图 4-6　端面不平行磁极间气隙磁导计算　　　图 4-7　平行圆柱体磁极间的气隙磁导计算

气隙磁导 Λ_δ 满足的关系为

$$\frac{\Lambda_\delta}{C} = \frac{\mu_0}{\varepsilon_0} \tag{4-25}$$

式中：ε_0——真空介电常数。

由式(4-25)可推得

$$\Lambda_\delta = \frac{\mu_0}{\varepsilon_0} C = \frac{2\pi\mu_0 l}{\ln\left(k + \sqrt{k^2 + 1}\right)} \tag{4-26}$$

式中：$k = \dfrac{y^2 - r_1^2 - r_1^2}{2r_1 r_2}$。

该磁极单位高度的气隙磁导为

$$\lambda = \frac{\Lambda_\delta}{l} = \frac{2\pi\mu_0}{\ln\left(k + \sqrt{k^2 + 1}\right)} \tag{4-27}$$

4) 平行圆柱体与平板磁极间的气隙磁导计算

图 4-7(b) 所示为圆柱形磁极与平板磁极构成的磁极结构，其中圆柱体磁极半径为 r，平板磁极与圆柱形中心线平行，两磁极的中心距为 y，高度为 l，平板磁极的宽度远大于圆柱形磁极的直径。如上所述，计算该磁极结构气隙的磁导，可以先求得同形状及尺寸电极间（极间介质为空气）的电容 C，再根据磁场与电场场量的对偶关系求得气隙磁导 Λ_δ，即

$$\Lambda_\delta = \frac{2\pi\mu_0 l}{\ln\left(\dfrac{y + \sqrt{y^2 - r}}{r}\right)} \tag{4-28}$$

磁极单位高度的气隙磁导为

$$\lambda = \frac{\varLambda_\delta}{l} = \frac{2\pi\mu_0}{\ln\left(\dfrac{y + \sqrt{y^2 - r}}{r}\right)} \tag{4-29}$$

若 $y > 4r$，$\sqrt{y^2 - r} \approx y$，则

$$\lambda = \frac{2\pi\mu_0}{\ln\left(\dfrac{2y}{r}\right)} \tag{4-30}$$

2. 磁场分割法

磁场分割法的实质是根据磁极间气隙中的磁场分布规律，找出磁通可能流经的路径，将所研究的气隙磁场区域划分为若干个有规则形状的磁通管，并按解析法求出它们的磁导，最后根据这些磁通管的并联关系，求出整个气隙的磁导。显然，磁场分割法实际上是对磁场的一种简化描述方法，如果研究区域内所划分的磁通管足够多，并且基本符合实际磁场中的磁通(磁力线)分布，则利用磁场分割法可以计算出各种形状复杂磁极间的气隙磁导，而且可以保证较高的计算精度。因此，磁场分割法更适合于磁极几何形状复杂或必须考虑边缘效应的气隙磁导计算，它是工程中经常应用的一种气隙磁导计算方法。

根据磁场分割法的气隙磁导计算的原理可知，利用磁场分割法计算气隙磁导的关键在于：

(1)合理划分磁通管，尽可能使其符合实际磁场中磁通的分布；

(2)各磁通管应具有规则的几何形状，以便于计算；

(3)利用解析法求得各磁通管的气隙磁导；

(4)根据上述所划分磁通路径的并联关系，求出整个气隙的磁导。

各磁通管的气隙磁导的计算公式为

$$\varLambda_{\delta i} = \mu_0 \frac{A_{\mathrm{p}i}}{l_{\mathrm{p}i}} \tag{4-31}$$

或

$$\varLambda_{\delta i} = \mu_0 \frac{V_i}{l_{\mathrm{p}i}^2} \tag{4-32}$$

式中：$l_{\mathrm{p}i}$——第 i 个磁通管中磁力线的平均长度；

$A_{\mathrm{p}i}$——第 i 个磁通管的平均截面积；

V_i——第 i 个磁通管的体积。

总气隙磁导等于各并联磁通管气隙磁导之和，即

$$\varLambda_\delta = \sum_{i=1}^{n} \varLambda_{\delta i} \tag{4-33}$$

图4-8为矩形截面磁极 A 与另一面积无限大的平板磁极 B 构成的磁极结构，现采用磁场分割法计算磁极间的气隙磁导，其中矩形截面磁极的边长分别为 a 和 b，两磁极间的最

小气隙长度为 δ。根据磁通分布规律，可以将该气隙磁场分割为一系列具有规则形状的磁通流通路径(磁通管)。

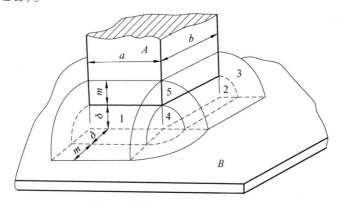

图 4-8　磁场分割法划分磁通管

1) 磁极 A 正下方的平行六面体 1

平行六面体磁通管的气隙磁导为

$$\Lambda_{\delta1} = \mu_0 \frac{ab}{\delta} \tag{4-34}$$

2) 磁极 A 端面四条棱线对磁极 B 的 4 个扩散磁通管 2

每个磁通管可以简化成半径为 δ 的 $\frac{1}{4}$ 圆柱体 2，该磁通管的平均气隙长度在 δ 和 $\frac{\pi\delta}{2}$ 之间，通过作图法可以确定气隙平均长度 $l_{p2} = 1.22\delta$；高度为 a 的磁通管体积 $V_{2a} = \pi\delta^2 a /4$，由此便可以求得该磁通管的气隙磁导为

$$\Lambda_{\delta2a} = \mu_0 \frac{V_{2a}}{l_{p2}^2} = \mu_0 \frac{\frac{\pi}{4}\delta^2 a}{(1.22\delta)^2} \approx 0.528\mu_0 a \tag{4-35}$$

同理可求得高度为 b 的磁通管的气隙磁导为

$$\Lambda_{\delta2b} = \mu_0 \frac{V_{2b}}{l_{p2}^2} \approx 0.528\mu_0 b \tag{4-36}$$

3) 磁极 A 侧面至磁极 B 的 4 个扩散磁通管 3

每个磁通管可以简化为内半径为 δ，厚度为 m 的 1/4 圆筒 3。该磁通管的平均长度为

$$l_{p3} = \frac{\frac{1}{4}2\pi\delta + \frac{1}{4}2\pi(\delta + m)}{2} = \frac{\pi}{4}(2\delta + m) \tag{4-37}$$

高度为 a 的圆筒 3 的体积为

$$V_{3a} = \frac{1}{4}\left[\pi(\delta + m)^2 a - \pi\delta^2 a\right] = \frac{\pi}{4}a\left[(\delta + m)^2 - \delta^2\right] = \frac{\pi}{4}am(2\delta + m) \tag{4-38}$$

由此便可以求得该磁通管的气隙磁导为

$$\varLambda_{\delta 3a} = \mu_0 \frac{V_{3a}}{l_{p3}^2} = \mu_0 \frac{\frac{\pi}{4} am(2\delta + m)}{\left[\frac{\pi}{4}(2\delta + m)\right]^2} = \frac{4am}{\pi(2\delta + m)} = \frac{2a\mu_0}{\pi\left(\dfrac{\delta}{m} + 0.5\right)} \tag{4-39}$$

同理，高度为 b 的磁通管的气隙磁导为

$$\varLambda_{\delta 3b} = \mu_0 \frac{V_{3b}}{l_{p3}^2} = \frac{2b\mu_0}{\pi\left(\dfrac{\delta}{m} + 0.5\right)} \tag{4-40}$$

4）磁极 A 端面的 4 个棱角至磁极 B 的 4 个扩散磁通管 4

每个磁通管可以简化为半径为 δ 的 $\dfrac{1}{8}$ 球体 4。通过作图法可以确定该磁通管的平均长度为 $l_{p2} = 1.22\delta$；磁通管的体积为

$$V_4 = \frac{1}{8}\left(\frac{4}{3}\pi\delta^3\right) = \frac{1}{6}\pi\delta^3 \tag{4-41}$$

由此便可以求得该磁通管的气隙磁导为

$$\varLambda_{\delta 4} = \mu_0 \frac{V_4}{l_{p3}^2} = \mu_0 \frac{\frac{1}{6}\pi\delta^3}{(1.3\delta)^2} \approx 0.308\mu_0\delta \tag{4-42}$$

5）磁极 A 4 个侧面棱线至磁极 B 的 4 个扩散磁通管 5

每个磁通管可以简化为内半径为 δ，厚度为 m 的 $\dfrac{1}{8}$ 球壳 5。该磁通管的平均长度为

$$l_{p5} = \frac{\frac{1}{2}\pi\delta + \frac{1}{2}\pi(\delta + m)}{2} = \frac{\pi}{4}(2\delta + m) \tag{4-43}$$

磁通管的平均截面积为

$$A_5 = \frac{1}{8}\left[\pi(\delta + m)^2 - \pi\delta^2\right] = \frac{\pi}{8}m(2\delta + m) \tag{4-44}$$

该磁通管的气隙磁导为

$$\varLambda_{\delta 5} = \mu_0 \frac{A_5}{l_{p5}} = \mu_0 \frac{\frac{\pi}{8}m(2\delta + m)}{\frac{\pi}{4}(2\delta + m)} = 0.5\mu_0 m \tag{4-45}$$

总气隙磁导为

$$\begin{aligned}
\varLambda_\delta &= \varLambda_{\delta 1} + 2(\varLambda_{\delta 2a} + \varLambda_{\delta 2b}) + 2(\varLambda_{\delta 3a} + \varLambda_{\delta 3b}) + 4(\varLambda_{\delta 4} + \varLambda_{\delta 5}) \\
&= \mu_0\left[\frac{ab}{\delta} + 1.04(a + b) + \frac{4(a + b)}{\pi\left(\dfrac{\delta}{m} + 0.5\right)} + 1.232\delta + 2m\right]
\end{aligned} \tag{4-46}$$

4.4　直流磁路的计算

对于具有并联线圈的直流电磁铁，线圈电流取决于外施电压与线圈电阻的比值，即

$$I = \frac{U}{R} \tag{4-47}$$

在外施一定电压，线圈电阻不变(在稳定发热的情况下，可以认为线圈电阻不变)，线圈中电流是一定的，即线圈磁动势是一定的，不随工作气隙的变化而变化。

对于具有串联线圈的直流电磁铁，线圈本身电阻很小，线圈电流等于负载电流，故线圈磁动势也不随工作气隙的大小变化。因此，直流电磁铁也称为恒磁动势电磁铁。

在电磁铁结构尺寸和工作气隙值已知的情况下，直流磁路计算有以下任务。

(1)已知工作气隙磁通值 Φ_δ，求所需线圈磁动势 IN，称为正求任务。

(2)已知线圈磁动势 IN，求工作气隙磁通值 Φ_δ，称为反求任务。

直流磁路计算可以采用分段法、漏磁系数法等方法。

1. 分段法

当采用分段法计算磁路时，将铁芯及铁轭分成若干小段，假定每一小段内磁通值是相同的，漏磁通只存在于分段交界处，同时假定每一小段中的磁动势是集中的，可以用一个集中磁动势表示，图4-9(a)是单 U 形直动式直流电磁铁分为 4 段的示意图，图4-9(b)为画出的等效磁路。所分段数越多越接近于直流电磁铁的实际情况。

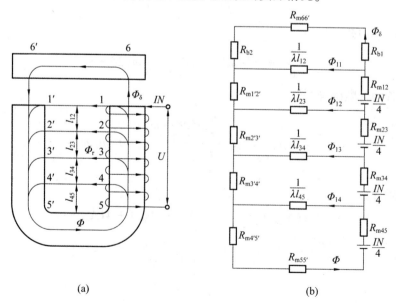

(a)　　　　　　　　　　　　　(b)

图 4-9　分段法

(a)单 U 形直动式直流电磁铁示意图；(b)等效磁路

画出等效磁路图之后，先计算工作气隙磁阻 $R_{\delta 1}$、$R_{\delta 2}$（工作气隙磁导的倒数）和铁芯单位长度对铁轭的漏磁导 λ，再根据计算任务，用磁路的基本定律列出方程式，然后求解。等效磁路如图4-9(b)所示，漏磁通及铁磁阻均未忽略，所以计算过程中需假设一个初始值。若为正求任务，需假设一 f_m 值；若为反求任务，需假设一 Φ_δ 值，然后逐步求解，反复计算，以逼近真值。用分段法计算磁路，分段越多，计算结果越准确，所花费的时间也越多。然而，当磁路各部分截面不等，或者单位长度漏磁导 λ 非常数时，应用分段法求解，不仅易行，而且有较高的准确度，同时这个方法适宜用计算机进行计算。

2. 漏磁系数法

漏磁系数法是工程上常用的比较简便的磁路近似计算方法，一般情况下，也能达到工程上所需要的准确度。现以图4-10所示的拍合式电磁铁为例来说明。

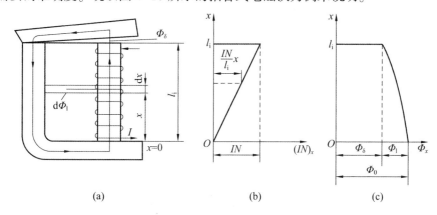

(a)　　　　　　　　　(b)　　　　　　　　　(c)

图4-10　拍合式直流电磁铁的磁动势及铁芯磁通图

(a)直流拍合式直流电磁铁示意图；(b)线圈磁动势分态图；(c)铁芯磁通图

(1)漏磁系数的定义及计算方法。图4-10(b)表示线圈磁动势 $(IN)_x$ 与铁芯高度 x 的关系曲线，由于线圈磁动势是均匀分布的，在铁芯底面即 $x=0$ 处，与漏磁交链的线圈磁动势为0；在铁芯顶面即 $x=l_i$ 处，与漏磁通相交链的线圈磁动势是全部磁动势 IN；图4-10(c)为铁芯中磁通 Φ_x 与铁芯高度 x 的关系曲线，由于主磁通 Φ_δ 及全部漏磁通 Φ_l 均要通过铁芯底面，故在 $x=0$ 处，$\Phi_x=\Phi_0=\Phi_\delta+\Phi_l$，在铁芯顶面只有主磁通通过，故在 $x=l_i$ 处，$\Phi_x=\Phi_0$；为便于计算，将通过铁芯底面的总磁通 Φ_0 对工作气隙磁通 Φ_δ 的比值定义为漏磁系数 σ，即

$$\sigma = \frac{\Phi_0}{\Phi_\delta} = \frac{\Phi_\delta+\Phi_l}{\Phi_\delta} = 1+\frac{\Phi_l}{\Phi_\delta} \tag{4-48}$$

(2)漏磁通 Φ_l 的计算方法。如图4-10(a)所示，在铁芯全长上均有漏磁通，若铁芯对铁轭单位长度漏磁导为 λ，在距铁芯底面为 x 处，取一小段长度 dx，此小段铁芯的漏磁导 $d\Lambda_l$ 为

$$d\Lambda_l = \lambda\,dx \tag{4-49}$$

在 x 处与漏磁通相交链的磁通势 $(IN)_x$ 为

$$(IN)_x = \frac{IN}{l_i}x \tag{4-50}$$

dx 小段内的漏磁通为 $d\Phi_1$，根据磁路的基尔霍夫第二定律，并忽略铁磁阻和非工作气隙磁阻，可列出

$$\frac{d\Phi_1}{d\Lambda_1} = (IN)_x = \frac{IN}{l_i}x$$

$$d\Phi_1 = \frac{IN}{l_i}xd\Lambda_1 = \frac{IN}{l_i}x\lambda dx \qquad (4-51)$$

从铁芯底面到顶面漏磁通总和为 Φ_1，即

$$\Phi_1 = \int_0^{l_i}d\Phi_1 = \frac{IN\lambda}{l_i}\int_0^{l_i}xdx = \frac{IN\lambda l_i}{2} \qquad (4-52)$$

为了便于计算，用一个集中在铁芯顶端的集中漏磁导 Λ_{ld} 来代替实际分布的漏磁导，用一个集中磁动势 IN 代替实际上分布的线圈磁动势，并忽略铁磁阻和非工作气隙磁阻，可画出等效电路如图4-11所示。

等效漏磁导 Λ_{ld} 中通过的漏磁通为总漏磁通 Φ_1，故称其为按漏磁通不变原则归化的等效漏磁导。漏磁通 Φ_1 也可以表示为

$$\Phi_1 = IN\Lambda_{ld} \qquad (4-53)$$

比较式(4-52)和式(4-53)，可知

$$\Lambda_{ld} = \frac{1}{2}\lambda l_i \qquad (4-54)$$

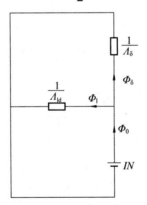

图4-11　拍合式直流电磁铁等效磁路

将式(4-53)代入式(4-51)中，可得出漏磁系数 σ 的计算公式为

$$\sigma = 1 + \frac{\Phi_1}{\Phi_\delta} = 1 + \frac{IN\Lambda_{ld}}{IN\Lambda_\delta} = 1 + \frac{\Lambda_{ld}}{\Lambda_\delta} \qquad (4-55)$$

用漏磁系数法计算直流磁路分为以下2种情况。

1) 已知 Φ_δ 求 IN

计算直流磁路的步骤如下。

(1) 在已知的工作气隙值下，计算工作气隙磁导和各非工作气隙磁导及铁芯单位长度漏磁导等。

(2) 用式(4-50)可计算出等效漏磁导 Λ_{ld} 及式(4-55)可计算漏磁系数 σ。

（3）计算工作气隙磁压降 U_δ，可表示为

$$U_\delta = \frac{\Phi_\delta}{\Lambda_\delta} \tag{4-56}$$

（4）计算导磁体各部分的铁磁阻压降 U_m 及各非工作气隙磁压降 U_f。

以图 4-10 为例，衔铁、极靴、非工作气隙中的磁通为 Φ_δ；非工作气隙及铁轭底部的磁通可认为是 Φ_0，而 $\Phi_0 = \sigma\Phi_\delta$；铁芯及铁轭与铁芯平行部分的磁通是变化的，可以假定其上半部磁通为 Φ_δ，下半部磁通为 Φ_0。在已知各部分导磁体的磁通值及截面积时，可求出各部分导磁体内磁感应强度 B，再查导磁体材料的直流磁化曲线，找出相应的磁场强度 H，乘以其磁路长度 l 就得到各部分导磁体的磁压降 $U_m = Hl$，导磁体中总磁压降 $\sum U_m = \sum Hl$；非工作气隙磁压降 $U_f = \Phi/\Lambda_f$，各非工作气隙总磁压降 $\sum U_f = \sum \Phi/\Lambda_f$；$\sum U_m + \sum U_f$ 称为局部磁路的磁压降。

（5）计算所需线圈磁动势 IN。根据磁路的基尔霍夫第二定律，沿主磁通回路，IN 可表示为

$$IN = U_\delta + \sum U_m + \sum U_f = U_\delta \sum Hl + \sum \frac{\Phi}{\Lambda_f} \tag{4-57}$$

2）已知 IN 求 Φ_δ

计算直流磁路的步骤如下。

（1）计算工作气隙磁导及各非工作气隙磁导和铁芯单位长度漏磁导。

（2）计算等效漏磁导及漏磁系数。

（3）假定导磁体的铁磁阻及各非工作气隙磁阻为 0，计算 Φ_δ 的零次近似值 $\Phi_{\delta 0}$ 为

$$\Phi_{\delta 0} = IN\Lambda_\delta \tag{4-58}$$

（4）假定 5~6 个 Φ_δ 值，即 $\Phi_{\delta 1}$，$\Phi_{\delta 2}$，$\cdots$，$\Phi_{\delta n} \leqslant \Phi_{\delta 0}$，按上述方法计算出相应的 $\sum U_m + \sum U_f$，作 $\Phi_\delta = f(\sum U_m + \sum U_f)$ 曲线，如图 4-12 所示，称为局部磁路的磁化曲线。

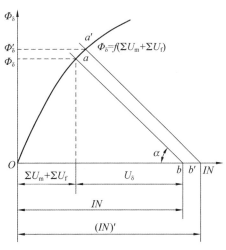

图 4-12 用图解法求 Φ_δ 值

（5）用作图法求 Φ_δ。在图 4-12 的横坐标上取 $Ob=IN$，由点 b 作射线，与横坐标轴夹角为 $\alpha(\tan\alpha=\Lambda_\delta(n/m)$，其中 n、m 分别为横、纵坐标的比例尺），此射线与 $\Phi_\delta=f(\sum U_m+\sum U_f)$ 曲线的交点 a 的纵坐标值，即为所求的 Φ_δ 值。

若工作气隙及磁导体尺寸均不变，只把线圈磁动势改为 $(IN)'$，则在横坐标轴上取 $Ob'=(IN)'$，过点 b' 作射线平行于 ab，与 $\Phi_\delta=f(\sum U_m+\sum U_f)$ 曲线交于 a' 点，此点的纵坐标即为所求的 Φ_δ' 值。若改变工作气隙值，则应重新计算 Λ_δ 及 σ，作出新的局部磁路磁化曲线，再按以上步骤求工作气隙磁通值。

4.5　交流磁路的计算

交流电磁铁的线圈通以交流电流，由于交流电源比直流电源容易获得，故交流电磁铁的应用更为广泛，但是其寿命较低并有噪声。

由交流电磁铁的导磁体、工作气隙及非工作气隙等组成的磁路称为交流磁路，交流磁路除了具有和直流磁路相同的基本特性外，还有许多不同的特点。

4.5.1　交流磁路的主要特点

1. 交流磁路的磁动势和磁通都是交变的

交流电磁铁线圈的电压和电流是交变的，故磁动势、磁通、磁感应强度及磁场强度等均是交变的，为了简化计算，可以认为它们的波形都是正弦波，用相量表示，也可以用复数计算。在磁路计算过程中，磁通和磁通密度用幅值表示，磁动势、磁场强度、线圈电压和电流均用有效值表示，代表符号为 IN、H、U 和 I。

2. 磁动势和磁通的相位不同

图 4-13 所示为单 U 形直动式交流并联电磁铁的相量图，$\dot\Phi_m$ 为与线圈交链的总磁通，是主磁通 $\dot\Phi_{\delta m}$ 与漏磁通 $\dot\Phi_{lm}$ 的相量和，线圈电流 $\dot I$ 是产生磁通的磁化电流 $\dot I_r$ 与导磁体中涡流及磁滞损耗等产生的损耗归化电流 $\dot I_a$ 的相量和，磁动势 $\dot I N$ 则与 $\dot I$ 同相位而超前 $\dot\Phi_m$ θ 角。交流串联电磁铁的导磁体中，也有涡流和磁滞损耗，故它的磁动势和磁通有不同相位。

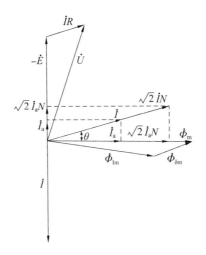

图4-13 单U形直动式交流并联电磁铁的相量图

3. 交流并联电磁铁的磁链基本恒定

交流并联电磁铁的电压方程式为

$$\dot{U} = \dot{I}R - \dot{E} \tag{4-59}$$

式中：U——线圈电压（V）；

　　I——线圈电流（A）；

　　R——线圈电阻（Ω）；

　　E——线圈反电动势（V）。

由于线圈电阻较小，在电阻压降可以忽略时，则

$$U \approx E = 4.44f\psi_{m} \tag{4-60}$$

即

$$\psi_{m} = \frac{U}{4.44f} \tag{4-61}$$

式中：ψ_{m}——线圈磁链幅值（Wb）；

　　f——线圈电流频率（Hz）。

当线圈电压 U 和频率 f 均为一定值时，ψ_{m} 基本上是恒定的，不随工作气隙大小变化。

当工作气隙值变化时，主磁链 $\dot{\psi}_{\delta m}$ 和漏磁链 $\dot{\psi}_{1m}$ 的分配比例有所改变，但其相量和 $\dot{\psi}_{m}$ 基本不变。故交流并联电磁铁也称为恒磁链电磁铁。

对于交流串联电磁铁，线圈电流基本上不随工作气隙的大小变化，而其磁通和磁链则与工作气隙的大小有关。因此是恒磁动势电磁铁。

4. 交流并联电磁铁的线圈电流随工作气隙的大小变化

交流并联的电磁铁的磁链基本上不随工作气隙的大小变化，其磁路中的磁通也基本上不随工作气隙的大小而变化。但当工作气隙变大时，工作气隙磁阻增加，要产生基本上不变的磁通，所需磁动势必须加大，即线圈电流要增加，故交流电磁铁在衔铁释放位置的线圈电流为衔铁吸合位置线圈电流的几倍到十几倍。

从电路上分析，交流并联电磁铁的线圈电流取决于外施电压和线圈的阻抗，线圈电阻基本不变，线圈电抗随工作气隙值变化，因为在忽略铁磁阻及非工作气隙磁阻情况下，线圈电抗 X_L 可表示为

$$X_L = \omega L = \omega N^2 (\Lambda_\delta + \Lambda_{ld}) \tag{4-62}$$

式中：ω ——电流的角频率（rad/s）；

$\quad\quad N$ ——线圈匝数；

$\quad\quad \Lambda_\delta$ ——工作气隙磁导（H）；

$\quad\quad \Lambda_{ld}$ ——等效漏磁导（H）；

当工作气隙增大时，Λ_δ 减小，X_L 随之减小，线圈电流增大。

5. 电磁吸力是脉动的

在交流电磁铁的触头上加入分磁环，才能消除电磁吸力的振动。这主要是由于交流电每周期有 2 次过零（每秒钟有 100 次过零点）。因此，可设法使磁极端面处的磁通分成两个彼此间有一定相位差的分量。因为在这种场合，尽管每一分量产生的吸力均有减小到零的时刻，但因两吸力之间有相位差，合成吸力却不可能达到零值。这样，只要合成吸力的最小值不低于反作用力，就能完全消除有害的振动。如在磁极端面的一部分套上导体环，起到将磁通分相的作用，称为分磁环，又由于此环是短接且电阻甚小，又称为短路环。

4.5.2　交流并联电磁铁磁路计算的任务和方法

1. 交流并联电磁铁磁路计算的任务

（1）已知线圈电压 U、线圈匝数 N，求气隙磁通 $\Phi_{\delta m}$ 和线圈电流 I。

（2）已知线圈电压 U、工作气隙磁通 $\Phi_{\delta m}$，求线圈匝数 N 和线圈电流 I。

2. 交流并联电磁铁磁路计算的方法

交流并联电磁铁的磁路计常采用漏磁系数法，它是工程上比较简单而实用的方法。以图 4-14 所示衔铁打开位置的单 U 形直动式交流电磁铁为例来说明漏磁系数的计算方法。

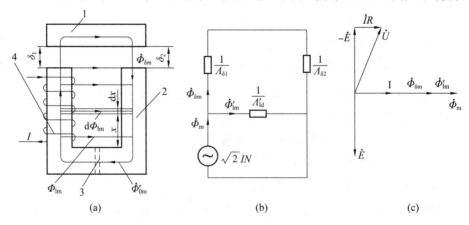

1—衔铁；2—静铁芯；3—非工作气隙；4—线圈。

图 4-14　衔铁打开位置的单 U 形直动式交流电磁铁

（a）结构示意图；（b）等效磁路图；（c）相量图

交流并联电磁铁的漏磁系数是指线圈总磁链 ψ_m 除以线圈匝数 N，所得到的值与线圈相交链的平均磁通对工作气隙磁通 $\Phi_{\delta m}$ 的比值，即

$$\sigma = \frac{\psi_m}{N\Phi_{\delta m}} \tag{4-63}$$

在忽略导磁体磁阻和铁损耗、分磁环损耗及非工作气隙磁阻的情况下，可画出等效磁路，如图 4-14(b) 所示，图中用一集中的漏磁动势 $\sqrt{2}IN$ 代替实际分布的磁动势，用一在铁芯顶端处集中漏磁导 Λ'_{ld} 代替实际分布的漏磁导，其中通过的漏磁通 Φ'_{lm} 等于实际漏磁链 ψ_{lm} 除以线圈匝数，故称其为按漏磁链不变原则归化的等效漏磁导，即

$$\Phi'_{lm} = \frac{\psi_{lm}}{N} \tag{4-64}$$

又

$$\frac{\Phi'_{lm}}{\Lambda'_{ld}} = \sqrt{2}IN \tag{4-65}$$

则

$$\Lambda'_{ld} = \frac{\psi_{lm}}{\sqrt{2}IN^2} \tag{4-66}$$

ψ_{lm} 的计算公式推导如下。在图 4-14(a) 中，距铁芯表面为 x 处，取一长度元 dx，其中漏磁通 $d\Phi_{lm}$ 为

$$d\Phi_{lm} = \sqrt{2}IN\frac{x}{l_i}\lambda dx \tag{4-67}$$

式中：l_i——铁芯长度(m)；

λ——铁芯单位长度漏磁导(H/m)。

通过 dx 与线圈的部分线匝相交链的漏磁链为 $d\psi_{lm}$，其计算公式为

$$d\psi_{lm} = \frac{Nx}{l_i}d\Phi_{lm} = \sqrt{2}IN^2\frac{x^2}{l_i^2}\lambda dx$$

铁芯全长的漏磁链为 ψ_{lm}，其计算公式为

$$\psi_{lm} = \int_0^{l_i}d\psi_{lm} = \frac{\sqrt{2}IN^2\lambda}{l_i^2}\int_0^{l_i}x^2dx = \frac{\sqrt{2}IN^2\lambda l_i}{3} \tag{4-68}$$

将式 (4-68) 代入式 (4-66) 中，可以得到 Λ'_{ld} 的计算式为

$$\Lambda'_{ld} = \frac{\sqrt{2}IN^2\lambda l_i}{3} \cdot \frac{1}{\sqrt{2}IN^2} = \frac{\lambda l_i}{3} \tag{4-69}$$

将式 (4-69) 代入式 (4-68) 中，得

$$\psi_{lm} = \sqrt{2}IN^2\Lambda'_{ld} \tag{4-70}$$

图 4-14 中工作气隙 δ_1 和 δ_2 串联后的总磁导 Λ_δ 计算公式为

$$\Lambda_{\delta} = \frac{\Lambda_{\delta_1}\Lambda_{\delta_2}}{\Lambda_{\delta_1} + \Lambda_{\delta_2}} \tag{4-71}$$

工作气隙磁通 $\Phi_{\delta m}$ 的计算公式为

$$\Phi_{\delta m} = \sqrt{2} IN\Lambda_{\delta} \tag{4-72}$$

将式(4-70)和式(4-72)代入式(4-63)中，可得到漏磁系数 σ 的计算式为

$$\begin{aligned}
\sigma &= \frac{N\Phi_{\delta m} + \psi_{lm}}{N\Phi_{\delta m}} \\
&= 1 + \frac{\psi_{lm}}{N\Phi_{\delta m}} \\
&= 1 + \sqrt{2} IN^2 \Lambda'_{ld} \frac{1}{N \cdot \sqrt{2} IN\Lambda_{\delta}} \\
&= 1 + \frac{\Lambda'_{ld}}{\Lambda_{\delta}}
\end{aligned} \tag{4-73}$$

4.5.3　交流磁路的计算步骤

1. 衔铁处于打开位置

衔铁处于打开位置时工作气隙值较大，可以忽略磁导体的磁阻和铁损耗、分磁环的损耗及非工作气隙磁阻，但不能忽略磁通。现以单 U 形直动式电磁铁为例，分情况介绍其计算步骤。

1)已知线圈的 U 和 N，求 $\Phi_{\delta m}$ 和 I

(1)计算工作气隙磁导 Λ_{δ}、铁芯单位长度漏磁导 λ。

(2)用式(4-69)计算等效漏磁导 Λ'_{ld}，用式(4-73)计算漏磁系数 σ。

(3)计算线圈电流 I。先计算线圈电抗 X_L，即

$$X_L = \omega L = \omega N^2 (\Lambda_{\delta} + \Lambda'_{ld}) \tag{4-74}$$

线圈电流 I 计算式为

$$I = \frac{U}{\sqrt{R^2 + X_L^2}} \tag{4-75}$$

式中：U ——线圈电压；

R ——线圈电阻。

(4)求线圈总磁链 ψ_m。在忽略导磁体的铁损耗及分磁环损耗的情况下，$\dot{U}$、$\dot{I}R$ 和 $-\dot{E}$ 组成直角三角形，故 E 的计算公式为

$$E = \sqrt{U^2 - (IR)^2} \tag{4-76}$$

则

$$\psi_m = \frac{E}{4.44f} \tag{4-77}$$

（5）求工作气隙磁通 $\Phi_{\delta m}$，即

$$\Phi_{\delta m} = \frac{\psi_m}{\sigma N} \tag{4-78}$$

【例4-1】已知单 U 形直动式交流并联电磁铁的线圈电压为 220 V，匝数为 4 000 匝，热电阻为 335 Ω。当衔铁打开时，工作气隙磁导 $\Lambda_{\delta_1} = \Lambda_{\delta_2} = 11 \times 10^{-8}$ H，铁芯单位长度漏磁导 $\lambda = 2.2 \times 10^{-6}$ H/m，铁芯长度 $l_i = 3.5 \times 10^{-2}$ m，电流频率 $f = 50$ Hz，求线圈电流 I 及工作气隙磁通 $\Phi_{\delta m}$。

【解】计算工作气隙磁导 Λ_δ，即

$$\Lambda_\delta = \frac{\Lambda_{\delta_1} \Lambda_{\delta_2}}{\Lambda_{\delta_1} + \Lambda_{\delta_2}} = \frac{11 \times 10^{-8}}{2} \text{ H} = 5.5 \times 10^{-8} \text{ H}$$

计算等效漏磁导 Λ'_{ld}，即

$$\Lambda'_{ld} = \frac{\lambda l_i}{3} = 2.2 \times 10^{-6} \times 3.5 \times 10^{-2} \times \frac{1}{3} \text{ H} = 2.57 \times 10^{-8} \text{ H}$$

计算漏磁系数 σ，即

$$\sigma = 1 + \frac{\Lambda'_{ld}}{\Lambda_\delta} = 1 + \frac{2.57 \times 10^{-8}}{5.5 \times 10^{-8}} = 1.48$$

计算线圈电流 I，先计算 X_L，得

$$X_L = \omega N^2 (\Lambda_\delta + \Lambda'_{ld}) = 100\pi \times 4\,000^2 \times (5.5 + 2.57) \times 10^{-8} \text{ Ω} = 405.6 \text{ Ω}$$

于是

$$I = \frac{U}{\sqrt{R^2 + X_L^2}} = I = \frac{220}{\sqrt{335^2 + 405.6^2}} \text{ A} = 0.42 \text{ A}$$

计算总磁链 ψ_m，先计算 E，得

$$E = \sqrt{U^2 - (IR)^2} = \sqrt{220^2 - (0.42 \times 335)^2} \text{ V} = 169 \text{ V}$$

于是

$$\psi_m = \frac{E}{4.44f} = \frac{169}{4.44 \times 50} \text{ Wb} = 0.76 \text{ Wb}$$

计算工作气隙磁通 $\Phi_{\delta m}$，即

$$\Phi_{\delta m} = \frac{\psi_m}{\sigma N} = \frac{0.76}{1.48 \times 4\,000} \text{ Wb} = 1.28 \times 10^{-4} \text{ Wb}$$

2）已知线圈电压 U 和 $\Phi_{\delta m}$，求线圈匝数 N 和电流 I

（1）计算线圈匝数 N，计算公式为

$$N = \frac{K_e U}{4.44 f \sigma \Phi_{\delta m}} \tag{4-79}$$

式中：K_e——线圈电阻压降系数，在衔铁打开位置 $K_e = 0.75 \sim 0.96$；

σ——漏磁系数，用式（4-73）计算。

（2）计算线圈电流 I，与已知 U、N 求 $\Phi_{\delta m}$ 和 I 时的步骤相同。

2. 衔铁处于闭合位置

衔铁处于闭合位置时工作气隙的值很小，故 Λ_δ 值相当大，而 σ 值接近于 1，所以可以忽略漏磁通，但不能忽略导磁体的磁阻和铁损耗、分磁环的铁损耗及非工作气隙磁阻，下面分情况介绍其计算步骤。

1）已知线圈的 U 和 N，求 $\Phi_{\delta m}$ 和 I

（1）计算工作气隙磁导 Λ_δ 及非工作气隙磁导，均可以用数学解析法计算。

（2）计算 $\Phi_{\delta m}$，其计算公式为

$$\Phi_{\delta m} = \frac{\psi_m}{\sigma N} = \frac{E}{4.44 f \sigma N} \tag{4-80}$$

在衔铁吸合位置，线圈电流很小，可以忽略线圈电阻压降，故 $E \approx U$，而且 $\sigma \approx 1$，则

$$\Phi_{\delta m} = \frac{U}{4.44 f N} \tag{4-81}$$

（3）计算线圈电流 I。对于衔铁闭合位置，线圈电流 $\dot{I}$ 是磁化电流 $\dot{I}_r$ 和损耗归化电流 $\dot{I}_a$ 的相量和。而 $\dot{I}_r$ 又是工作气隙磁化电流、非工作气隙磁化电流及导磁体磁化电流之和，$\dot{I}_a$ 则是导磁体损耗归化电流和分磁环损耗归化电流之和。

工作气隙磁化电流 I_δ 的计算公式为

$$I_\delta = \frac{\Phi_{\delta m}}{\sqrt{2} N \Lambda_\delta} \tag{4-82}$$

非工作气隙磁化电流 I_f 的计算公式为

$$I_f = \frac{\Phi_{\delta m}}{\sqrt{2} N \Lambda_f} \tag{4-83}$$

导磁体磁化电流 I_m 的计算公式为

$$I_m = \frac{\sum Hl}{N} \tag{4-84}$$

式中：$\sum Hl$ ——导磁体各部分磁压降之和。

导磁体铁损耗归化电流 I_P 的计算公式为

$$I_P = \frac{P_{Fe}}{U} = \frac{\sum P_C \rho V}{U} \tag{4-85}$$

式中：P_{Fe} ——导磁体铁损耗（W）；

P_C ——单位质量的铁损耗（W/kg），取决于导磁体的材料规格及磁感应强度，可由相应手册查得；

ρ ——铁的密度（kg/m³），$\rho = 7.8 \times 10^3 \text{ kg/m}^3$；

V ——各部分导磁体的体积(m^3)。

由于$\dot{I}_p$超前$\varPhi_m$为$90°$相位角，故磁动势$\sqrt{2}\dot{I}_pN$也超前其$90°$相位角，类似于电感电路中电压超前电流$90°$相位角，故将磁动势$\sqrt{2}I_pN$与磁通$\varPhi_m$的比值定义为磁抗X_m，即

$$X_m = \frac{\sqrt{2}I_pN}{\varPhi_m} \tag{4-86}$$

交流电磁铁的导磁体不但有磁阻还有磁抗，两者的复数和即为导磁体的磁阻抗Z_m，也称为复磁阻，即

$$Z_m = R_m + jX_m \tag{4-87}$$

式中：R_m ——导磁体的磁阻$(1/H)$。

$$R_m = \frac{\sqrt{2}I_mN}{\varPhi_m} \tag{4-88}$$

式中：I_m ——导磁体的磁化电流(A)。

分磁环损耗归化电流I_d。I_d也超前分磁环内磁通$90°$相位角，故分磁环也是一磁抗，其计算公式为

$$I_d = \frac{P_d}{U} = \frac{E_d^2}{Ur_d} \tag{4-89}$$

式中：P_d ——分磁环损耗(W)；

$\quad\quad U$ ——线圈电压(V)；

$\quad\quad E_d$ ——分磁环感应电动势(V)；

$\quad\quad r_d$ ——分磁环电阻(Ω)。

线圈电流I的计算公式为

$$I = \sqrt{I_r^2 + I_a^2} \tag{4-90}$$

式中：I_r ——线圈的磁化电流(A)，$I_r = I_\delta + I_f + I_m$；

$\quad\quad I_a$ ——线圈的损耗归化电流(A)，$I_a = I_P + I_d$。

2）已知U、$\varPhi_{\delta m}$求I及N

（1）计算线圈匝数N。对于衔铁闭合位置，可认为$U \approx E$和$\varPhi_m \approx \varPhi_{\delta m}$，故

$$N = \frac{U}{4.44f\varPhi_{\delta m}} \tag{4-91}$$

（2）计算线圈电流I，与已知U、N求$\varPhi_{\delta m}$和I时的步骤相同。

4.6　永久磁铁的磁路计算

永久磁铁用于真空断路器、漏电保护断路器、节电型交流接触器及继电器电器中。漏电保护断路器的漏电脱扣结构如图4-15所示。

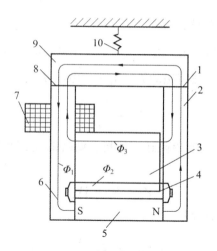

1、8—工作气隙；2—铁轭；3—分磁板；4—空气隙；5—永久磁铁；

6—铁芯；7—线圈；9—衔铁；10—拉力弹簧。

图 4-15　漏电保护断路器的漏电脱扣结构

磁系统中有永久磁铁，其磁通 Φ_1 经铁轭、工作气隙、衔铁、铁芯成为回路，磁通 Φ_2 经铁轭、分磁板、铁芯及空气隙成为回路，磁通 Φ_3 是线圈产生的。

图 4-16 和图 4-17 分别为 VSm 真空断路器永磁机构的实物图和剖视图。

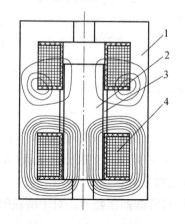

1—静铁芯；2—动铁芯；3—永磁铁；4—线圈。

图 4-16　VSm 真空断路器永磁机构的实物图　　**图 4-17　VSm 真空断路器永磁机构的剖视图**

永磁机构是断路器的主体，用来驱动灭弧室动触头分合动作。由 2 个 E 形铁芯作为静铁芯，永磁体处在 E 形铁芯的中间凸起部分，它和夹在中间的动铁芯组成特殊的双稳态对称磁路。分合闸线圈固定在 2 个 E 形铁芯之间，动铁芯从中间穿过。当动铁芯处在某一极限位置时，在这一端形成主磁回路，大部分磁通流经此端，因而在这一端和动铁芯之间产生很大的吸引力，就是触头保持力。当机构需要动作时，给线圈通过瞬态电流，产生一反向磁场，削弱主磁通，同时增大了另一端的磁通。当主磁通削弱到一定数量时，动铁芯动作，它一直运动到另一极限位置才停止，然后在这一位置形成主磁回路，产生保持力，由于其特殊的磁路结构，动铁芯只在 2 个极限位置机构才处于稳态，故称为双稳态对称磁路。

含永久磁铁的磁路通常简称永磁磁路，虽然永磁磁路的计算方法原则上与一般磁路相同，但也有不同之处，因为永久磁铁是利用剩磁工作的，其工作点 a 处于磁滞回线的第二象限部分，这部分曲线称为去磁曲线，如图 4-18 所示。在磁场强度为 0 时的磁感应强度称为剩磁感应强度（B_r），在磁感应强度为 0 时的磁场强度称为矫顽力（H_c）。永久磁铁具有较高的矫顽力，H_c 可达几百甚至几千 A/m。永磁材料另一个重要性能指标是最大磁能积 $(BH)_{max}$，若已知材料的去磁曲线，则可求出不同磁感应强度 B 时的 BH 值，如图 4-19 为 BH 与 B 的关系曲线，在去磁曲线的 $(0,B_r)$ 点及 $(H_c,0)$ 点 BH 值为 0，而在 d 点其 BH 值最大，该最大值称为最大的磁能积，$(BH)_{max}$ 因为永久磁铁供给工作气隙的磁能与其磁能积成正比，为使永久磁铁尺寸较小，其工作点最好在最大磁能积附近。

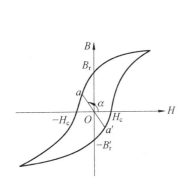

图 4-18　永磁材料的磁滞回线

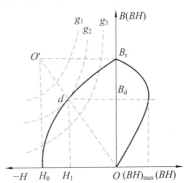

图 4-19　磁能积 (BH) 与 B 的关系曲线

目前，工业生产的永磁材料主要有 5 类，即铸造铝镍钴系、粉末冶金铝镍钴系、铁氧体系、稀土钴系及钕铁硼系永磁材料。铝镍钴系具有较高的剩磁感应强度；铁氧体系具有较高的矫顽力；稀土钴系及钕铁硼系除具有较高的矫顽力外，还具有很高的最大磁能积，可以达到 245 kJ/m^3。

在永磁磁路中，永久磁铁相当于磁动势，在永磁磁路计算中也有两类任务，即已知磁路各部分尺寸和材料，求工作气隙磁通，或者已知工作气隙磁通值及磁导值，求永久磁铁的尺寸并选择永磁材料。

永久磁铁的工作状态又可分为 2 种情况：一是工作过程中磁路磁阻是不变的，并且永久磁铁的工作点在去磁曲线上，这种永久磁铁在装配后磁化，磁化后不进行退磁处理；二是工作过程中永磁磁路的磁阻是变化的，或者磁路中有其他变化的磁动势，或为稳定磁性能在磁化后进行退磁处理，则永久磁铁的工作点在回复线上。也就是说，在去磁曲线（见图 4-20）上某个工作点 m 处，若加入一正磁化力（或减少磁路磁阻），使磁路中磁感应强度 B 增加，此时永磁材料中的 B 与 H 的关系将不沿去磁曲线上升，而是沿曲线 mpr 上升，当 H 值在负的方向增加时，B 值沿曲线 rqm 下降，曲线 $mprqm$ 称为局部磁滞曲线，由于曲线 mpr 与 rqm 很接近，可以用直线 mr 代替，因此将 mr 线称为回复线，其的斜率为 $\tan\beta$，称为回复线磁导率。永久磁铁的去磁曲线如图 4-20 所示。

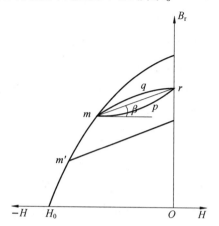

图4-20 永久磁铁的去磁曲线

去磁曲线上不同的工作点，有不同的回复线和回复线磁导率，但相差不大，材料手册中所给出的回复线磁导率(u_h)是去磁曲线上$(BH)_{max}$点的回复线磁导率，其值在 10^{-6} ~ 10^{-5} H/m 之间。下面主要介绍工作点在去磁曲线上的永磁磁路计算。

1. 已知磁路各部分尺寸和材料，求工作气隙磁通 Φ_δ 值

以图 4-21 所示的永磁磁路为例进行分析，若衔铁不动，则磁路磁阻不变，永久磁铁工作点在去磁曲线上，按磁路的基尔霍夫第二定律，可以列出等式，即

$$H_a l_1 + U_\delta + U_c = 0 \tag{4-92}$$

式中：H_a ——永久磁铁工作点的磁场强度(A/m)；

$\quad\quad l_1$ ——永久磁铁的长度(m)；

$\quad\quad U_\delta$ ——工作气隙磁压降(A)；

$\quad\quad U_c$ ——铁轭及衔铁中磁压降(A)。

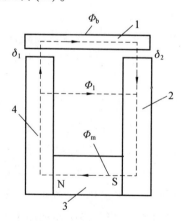

1—衔铁；2、4—铁轭；3—永久磁铁；δ_1、δ_2—工作气隙。

图4-21 永磁磁路

由于铁轭和衔铁中的磁通值为未知数，U_c 还不能计算出来，故设

$$k_c = \frac{U_\delta + U_c}{U_\delta} \tag{4-93}$$

$$k_c U_\delta = U_\delta + U_c \tag{4-94}$$

将式(4-93)、(4-94)整理，得

$$H_a l_1 + k_c U_\delta = 0 \tag{4-95}$$

$$U_\delta = \frac{\Phi_\delta}{\Lambda_\delta} \tag{4-96}$$

式中：Φ_δ ——工作气隙磁通值(Wb)；

Λ_δ ——工作气隙磁导(H)。

设漏磁系数 σ 为

$$\sigma = \frac{\Phi_m}{\Phi_\delta} = 1 + \frac{\Lambda'_{ld}}{\Lambda_\delta} \tag{4-97}$$

式中：Φ_m ——永久磁铁内的磁通值(Wb)；

Λ'_{ld} ——铁轭2和铁轭4之间的等效漏磁导(H)。

而

$$\Lambda'_{ld} = \frac{1}{2}\lambda l_2 \tag{4-98}$$

式中：λ ——铁轭2和铁轭4之间单位长度漏磁导(H)；

l_2 ——铁轭2和铁轭4通过漏磁通的长度(m)。

由式(4-97)可知

$$\Phi_\delta = \frac{\Phi_m}{\sigma} \tag{4-99}$$

将式(4-99)代入式(4-95)中，得

$$H_a l_1 + k_c \frac{\Phi_m}{\sigma \Lambda_\delta} = 0 \tag{4-100}$$

而

$$\Phi_m = B_a A \tag{4-101}$$

式中：B_a ——永久磁铁工作点的磁感应强度(T)；

A ——永久磁铁的横截面积(m^2)。

将式(4-101)代入式(4-100)中，可得

$$H_a l_1 + k_c \frac{B_a A}{\sigma \Lambda_\delta} = 0 \tag{4-102}$$

将式(4-102)移项，可得

$$\frac{B_a}{H_a} = -\frac{\sigma l_1 \Lambda_\delta}{k_c A} \tag{4-103}$$

由式(4-103)可知，永久磁铁工作点的$\dfrac{B_a}{H_a}$值是常数，即工作点在过原点且斜率为$-\dfrac{\sigma l_1 \Lambda_\delta}{k_c A}$的直线上，这条直线称为负载线。

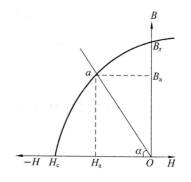

永久磁铁的工作点既在负载线上又在其材料的去磁线上，故求工作点应采用作图法，如图4-22所示，首先画出材料的去磁曲线，然后过原点作一与-H轴夹角为α的直线，α角大小可表示为

图4-22 图解法求永久磁铁的工作点

$$\tan \alpha = \frac{\sigma l_1 \Lambda_\delta}{k_c A} \tag{4-104}$$

此直线即为负载线，它与去磁曲线的交点a，即为工作点，a点的横坐标为H_a，纵坐标为B_a，则Φ_m和Φ_δ值分别为

$$\Phi_m = B_a A \tag{4-105}$$

$$\Phi_\delta = \frac{\Phi_m}{\delta} \tag{4-106}$$

【例4-2】已知永久磁铁长度$l_1 = 20$ mm，横截面积$A = 100$ mm^2。材料的去磁曲线如图4-23所示，并已知磁系统的漏磁系数$\sigma = 1.5$，$k_c = 1.2$，工作气隙磁导$\Lambda_\delta = 8 \times 10^{-8}$ H，求工作气隙磁通。

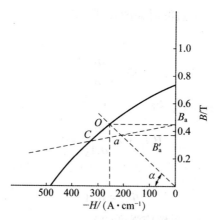

图4-23 例4-2的图

【解】$\tan \alpha = \dfrac{\sigma l_1 \Lambda_\delta}{k_c A} = \dfrac{1.5 \times 20 \times 10^{-3} \times 8 \times 10^{-8}}{1.2 \times 100 \times 10^{-6}}$H/m $= 2 \times 10^{-5}$ H/m

由于图4-23中横坐标每格为100 A/cm，即100×10^2 A/m，纵坐标每格为0.2 T，作图时应考虑其对α角的影响，故作图时

$$\tan \alpha = \frac{\sigma l_1 \Lambda_\delta}{k_c A} \cdot \frac{100 \times 10^2}{0.2} = 2 \times 10^{-5} \times \frac{100 \times 10^2}{0.2} = 1$$

即 $\alpha = 45°$。

过原点作一个与 $-H$ 轴夹角为 $45°$ 的直线，与去磁曲线交于 a 点，由交点 a 得 $B_a = 0.48$ T，$H_a = 240$ A/cm $= 24 \times 10^3$ A/m，则永久磁铁中磁通 Φ_m 为

$$\Phi_m = B_a A = 0.48 \times 100 \times 10^{-6} = 0.48 \times 10^{-4} \text{ Wb}$$

工作气隙磁通为

$$\Phi_\delta = \frac{\Phi_m}{\sigma} = \frac{0.48 \times 10^{-4}}{1.5} = 0.32 \times 10^{-4} \text{ Wb}$$

2. 已知工作气隙磁通值 Φ_δ 和磁导 Λ_δ，选择永磁材料，并确定永久磁铁的尺寸

若永久磁铁的工作点在去磁曲线上，计算永久磁铁长度 l_1 的公式为

$$H_a l_1 + k_c U_\delta = 0, \qquad U_\delta = \frac{\Phi_\delta}{\Lambda_\delta}$$

$$l_1 = \frac{k_c U_\delta}{|H_a|} \tag{4-107}$$

计算永久磁铁横截面积 A 的公式为

$$A = \frac{\Phi_m}{B_a} = \frac{\sigma \Phi_\delta}{B_a} \tag{4-108}$$

将式(4-107)与式(4-108)相乘，可得

$$l_1 A = \frac{k_c \sigma \Phi_\delta U_\delta}{|B_a H_a|} \tag{4-109}$$

由式(4-109)可知，永久磁铁的体积与 $|B_a H_a|$ 的乘积成反比，要使永久磁铁体积最小，则应使永久磁铁的工作点恰好是所选材料去磁曲线上 BH 乘积值最大点，即 $(BH)_{max}$ 点，该点 B 值用 B_d 表示，H 值用 H_d 表示，而 B_d 和 H_d 的计算公式为

$$B_d = \sqrt{\frac{(BH)_{max} B_r}{|H_c|}} \tag{4-110}$$

$$|H_d| = \sqrt{\frac{(BH)_{max} |H_c|}{B_r}} \tag{4-111}$$

当选择永磁材料时，若要求工作气隙磁通值较大，则应选用具有较大 B_r 值和 B_d 值的材料。若工作气隙值较大，即工作气隙磁压降较大，应选 $|H_c|$ 值较大的材料，则 $|H_d|$ 值也较大，使永久磁铁尺寸更为合理，永磁材料的 $(BH)_{max}$ 值当然越大越好，但还要考虑材料的加工工艺性和价格等因素。

选好永磁材料之后，材料的 B_r、H_c 和 $(BH)_{max}$ 值均可以从有关的手册中查得。先按式(4-110)和式(4-111)计算出 B_d 和 $|H_d|$ 的值，并取工作点的磁感应强度 $B_a = B_d$，磁场强度 $H_a = H_d$ 代入式(4-107)和式(4-108)中，即可得到永久磁铁长度 l_1 和横截面积 A 的值。式(4-107)中的 k_c 值及式(4-108)中 σ 值要采取试验的方法，即先估计一值，待初步确定磁系统尺寸后，再进行校正。

【例4-3】已知永磁磁路工作气隙磁通 $\Phi_\delta = 3.2 \times 10^{-5}$ Wb，工作气隙磁导 $\Lambda_\delta = 8 \times 10^{-8}$ H，求永久磁铁尺寸，并选用永磁材料。

【解】若选用铝镍钴合金，查有关手册得

$$B_r = 0.68 \text{ T}, \qquad H_c = -4.8 \times 10^4 \text{ A/m}, \qquad (BH)_{max} = 13 \text{ kJ/m}^3$$

则

$$B_d = \sqrt{\frac{13 \times 10^3 \times 0.68}{48 \times 10^3}} \text{ T} = 0.43 \text{ T}$$

$$|H_d| = \sqrt{\frac{13 \times 10^3 \times 48 \times 10^3}{0.68}} \text{ A/m} = 3.03 \times 10^4 \text{ A/m}$$

设 $\sigma = 1.5$，$k_c = 1.2$，取 $B_a = B_d = 0.43$ T，取 $|H_a| = |H_d| = 3.03 \times 10^4$ A/m
则永久磁铁横截面积 A 为

$$A = \frac{\sigma \Phi_\delta}{B_a} = \frac{1.5 \times 3.2 \times 10^{-5}}{0.43} \text{ m}^2 = 1.12 \times 10^{-4} \text{ m}^2$$

永久磁铁长度 l_1 为

$$l_1 = \frac{k_c U_\delta}{|H_a|} = \frac{1.2 \times 3.2 \times 10^{-5}}{3.03 \times 10^4 \times 8 \times 10^{-8}} \text{ m} = 1.58 \times 10^{-2} \text{ m}$$

4.7 电磁系统的磁场能量

磁场对位于其中的运动电荷和载流导体有力的作用，并且推动它们做功。电磁系统磁场的建立过程如图 4-24 所示。

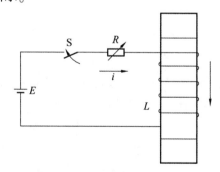

图 4-24　电磁系统磁场的建立过程

电磁线圈的自感为 L，线圈回路的电阻为 R，电源电动势为 E。当开关 S 未接通时，回路中无电流，线圈中也没有磁场。合上开关 S 后，激磁线圈中的电流 i 从 0 开始增加，电流 i 在周围空间里激发磁场。由于在磁场的建立过程中，将在线圈中产生阻碍磁场发生变化的感应电动势 e，其作用在于阻止电流增加，所以线圈电流 i 和磁链 ψ 都是逐渐增大至其稳定值。在开关 S 已合上但电路尚处于过渡过程时，电路的电压平衡方程为

$$E = iR - e = iR + \frac{\mathrm{d}\Psi}{\mathrm{d}t} \tag{4-112}$$

将上式两端均乘以 $i\mathrm{d}t$，并对整个过渡过程积分，则有

$$\int_0^t Ei\mathrm{d}t = \int_0^t i^2 R\mathrm{d}t + \int_0^{\Psi} i\mathrm{d}\Psi \tag{4-113}$$

式(4-113)左端项表示在过渡过程中电源供给电路能量，方程右端第一项表示在过渡过程中电阻的发热损耗，第二项表示在过渡过程中储存在磁场中的能量。从式(4-113)可以看出，在建立磁场的过程中，电源所提供能量有一部分消耗于电阻的发热，另一部分则储存于电磁系统中，或者说是用以建立磁场。因此，当电路达到稳定状态，磁链达到稳定值 Ψ 后，磁场的能量为

$$W_{\mathrm{m}} = \int_0^{\Psi} i\mathrm{d}\Psi \tag{4-114}$$

如果没有漏磁通，且磁通 Φ 又与线圈的全部匝数 N 相连，式(4-114)可写成

$$W_{\mathrm{m}} = \int_0^{\Phi} iN\mathrm{d}\Phi \tag{4-115}$$

在已求得 $\Psi = f(i)$ 或 $\Phi = f(iN)$ 情况下，可用图解积分法求磁场能量 W_{m}，其正比于图4-25中的阴影面积。

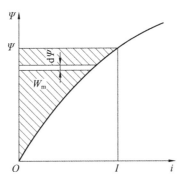

图4-25　磁场能量的图示

如果磁导体未饱和，磁链 Ψ 和磁通 Φ 均与激磁电流 i 近似呈线性关系，在线性情况下，式(4-114)和式(4-115)可简化为

$$W_{\mathrm{m}} = \frac{1}{2}I\Psi \tag{4-116}$$

和

$$W_{\mathrm{m}} = \frac{1}{2}IN\Phi \tag{4-117}$$

由于在线性条件下，线圈电感为

$$L = \frac{\Psi}{i} = \frac{N\Phi}{i} \tag{4-118}$$

所以磁场能量表达式还有一种形式，即

$$W_{\mathrm{m}} = \frac{1}{2}Li^2 \tag{4-119}$$

图4-26(a)为含有气隙的电磁系统，不计漏磁，其等效磁路如图4-26(b)所示。整个

电磁系统的磁动势 IN 等于铁芯磁压降 u_c 与气隙磁压降 u_δ 之和，即

$$IN = u_c + u_\delta = u_m \tag{4-120}$$

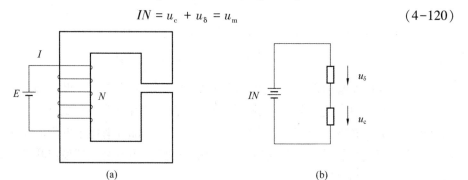

(a)   (b)

图 4-26 含有气隙的电磁系统及其等效磁路图

（a）含有气隙的电磁系统；（b）等效磁路图

将式(4-120)代入式(4-115)，积分得

$$W_m = \int_0^\Phi iN\mathrm{d}\Phi = \int_0^\Phi u_c\mathrm{d}\Phi + \int_0^\Phi u_\delta\mathrm{d}\Phi \tag{4-121}$$

因为气隙为线性介质，故将 $\int_0^\Phi u_\delta\mathrm{d}\Phi = \dfrac{\Phi_\delta U_\delta}{2}$ 代入式(4-121)，得

$$W_m = \int_0^\Phi u_c\mathrm{d}\Phi + \frac{1}{2}\Phi_\delta U_\delta \tag{4-122}$$

以图解法求解该电磁系统，图 4-27 为 $\Phi = f(IN)$ 关系。令 $W_c = \int_0^\Phi u_c\mathrm{d}\Phi$ 为铁磁(非线

性)部分内的磁场能量，令 $W_\delta = \dfrac{1}{2}\Phi_\delta U_\delta$ 为气隙(线性)部分内的磁场能量，则对于无漏磁

的磁路，有

$$W_m = W_c + W_\delta \tag{4-123}$$

由式(4-123)可以看出，整个磁场能量等于磁导体储存的磁场能量和气隙储存的磁场

能量之和。

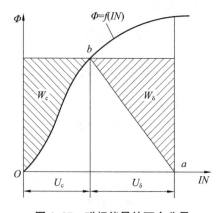

图 4-27 磁场能量的两个分量

4.8　能量转换与电磁力的普遍公式

4.8.1　虚位移原理与电磁力计算公式

设想磁场内的某一电流回路或者媒质受到电磁力 F 的作用，产生一个虚位移 $\mathrm{d}s$，则磁场所做机械功为

$$A = Fs\mathrm{d}s \tag{4-124}$$

由于电流回路的移动，磁场能量 W_m 也将发生变化，即有一增量 $\mathrm{d}W_\mathrm{m}$。这样，在电流回路发生位移的过程中，电源提供的能量除有一部分消耗于电阻的发热损耗外，还有一部分与磁链变化相关，该部分能量应等于磁场能量的增量与磁场所做机械功之和，即

$$I\mathrm{d}\Psi = \mathrm{d}W_\mathrm{m} + Fs\mathrm{d}s \tag{4-125}$$

得

$$Fs = I\frac{\mathrm{d}\Psi}{\mathrm{d}s}\frac{\mathrm{d}W_\mathrm{m}}{-\mathrm{d}s} \tag{4-126}$$

式中：Fs——电磁吸力 F 沿 s 方向的分量。

在上面的推导过程中，位移是虚设的，即所谓的虚位移只是为便于分析问题而采取的一种手段。因而，虚位移的产生条件只会影响分析过程，绝不会影响分析结果。不论应用何种条件产生的虚位移，均可求出实际存在的、不随虚位移条件而变化的机械力，这就是虚位移原理。

下面，分别分析激磁电流不变和磁链不变条件下的虚位移，导出虽然形式简单但却具有普遍意义的电磁吸力计算公式。

1. 激磁电流不变（$I = \mathrm{const}$）

在线性媒质条件下，吸力计算公式可以得到简化。按式（4-116），磁场能量的增量为

$$\mathrm{d}W_\mathrm{m} = \frac{1}{2}I\mathrm{d}\Psi \tag{4-127}$$

将上式代入式（4-125），得

$$F\mathrm{d}s = \frac{1}{2}I\mathrm{d}\Psi = \mathrm{d}W_\mathrm{m} \tag{4-128}$$

从式（4-127）和式（4-128）可以看出：①虽然 $I = \mathrm{const}$，但 $\Psi \neq \mathrm{const}$，故磁场必须从电源取得能量才能做机械功；②在线性媒质条件下，电源供给电磁系统的能量只有 1/2 用于做机械功，另 1/2 则储存在磁场中以增大磁场能量。

2. 磁链不变($\Psi = \text{const}$)

若磁链不变，即 $\mathrm{d}\Psi = 0$，那么整个系统就不从电源获取能量。于是，根据式（4-125），得

$$F\mathrm{d}s = -\mathrm{d}W_\mathrm{m} \tag{4-129}$$

当磁链不变时，无论媒质是否线性，磁场做机械功都是以磁场能量的减小为代价。

根据以上的分析，导出两个简化的电磁吸力计算公式，即

$$F = \frac{\mathrm{d}W_\mathrm{m}}{\mathrm{d}s}\bigg|_{I=\text{const}} \tag{4-130}$$

$$F = -\frac{\mathrm{d}W_\mathrm{m}}{\mathrm{d}s}\bigg|_{\Psi=\text{const}} \tag{4-131}$$

其中，前者仅适用于线性媒质，后者则普遍适用。

在电磁系统中，若以气隙 $\mathrm{d}\delta$ 表示虚位移，考虑到电磁吸力系指向气隙减小的方向，即 $\mathrm{d}\delta = -\mathrm{d}S$，则式（4-130）和式（4-131）又可改写为

$$F = -\frac{\mathrm{d}W_\mathrm{m}}{\mathrm{d}\delta}\bigg|_{I=\text{const}} \tag{4-132}$$

$$F = \frac{\mathrm{d}W_\mathrm{m}}{\mathrm{d}\delta}\bigg|_{\Psi=\text{const}} \tag{4-133}$$

3. 广义力的概念

为适应不同的运动形式，式（4-130）和式（4-131）还可改写为

$$F_\mathrm{g} = \frac{\partial W_\mathrm{m}}{\partial g}\bigg|_{I=\text{const}} \tag{4-134}$$

$$F_\mathrm{g} = -\frac{\partial W_\mathrm{m}}{\partial g}\bigg|_{\Psi=\text{const}} \tag{4-135}$$

式中：F_g——广义力；

$\quad\quad g$——广义坐标。

广义坐标是确定一个系统中各物体几何参数，即形状、尺寸和相对位置的一系列独立几何量，如距离、角度、面积、体积等。广义力则是指企图改变某一广义坐标的力。与前述广义坐标依次对应的广义力就是力、转矩、表面张力和压力。广义力与广义坐标之积必须等于功。按照广义力的概念，磁场产生的电磁转矩为

$$M = \frac{\mathrm{d}W_\mathrm{m}}{\mathrm{d}\alpha}\bigg|_{I=\text{const}} \tag{4-136}$$

$$M = -\frac{\mathrm{d}W_\mathrm{m}}{\mathrm{d}\alpha}\bigg|_{\Psi=\text{const}} \tag{4-137}$$

式中：α——虚角位移。

当媒质为线性时，式（4-134）和式（4-135）的计算结果与式（4-136）和式（4-137）的计

算结果必然相同,因为一定状态下的力只取决于这一状态下的电流值和磁链值,而与作虚位移的过程中系统的变化方式无关。

4.8.2 计算电磁力的能量公式

根据之前的公式,$W_m = W_c + W_\delta$ 在磁链不变的情况下,因 $\mathrm{d}\Psi = 0$,则 $\mathrm{d}W_c = 0$,因而对于无漏磁磁路,根据虚位移原理有

$$F = \frac{\mathrm{d}W_m}{\mathrm{d}\delta} = \frac{\mathrm{d}W_\delta}{\mathrm{d}\delta} = \frac{\mathrm{d}}{\mathrm{d}\delta}(\frac{1}{2}\varphi U_\delta) = \frac{\mathrm{d}}{\mathrm{d}\delta}(\frac{1}{2}\frac{\varphi^2}{\Lambda_\delta}) \tag{4-138}$$

得

$$F = -\frac{1}{2}U_\delta^2 \frac{\mathrm{d}\Lambda_\delta}{\mathrm{d}\delta} \tag{4-139}$$

式(4-139)是电磁系统的电磁力计算公式,式中的负号表示力 F 是指向气隙减小的方向,即电磁力为吸力。

对于转动式电磁系统,独立几何量是角位移,故待求广义力是电磁转矩,其计算公式为

$$M = -\frac{1}{2}U_\delta^2 \frac{\mathrm{d}\Lambda_\delta}{\mathrm{d}\alpha} \tag{4-140}$$

式(4-139)和式(4-140)是在恒磁链、无漏磁条件下导出的,但不论是对线性或非线性的磁路,还是在恒磁动势或恒磁链情况下,全都能够成立。

只有当漏磁不随气隙变化,即漏磁部分磁场内所储能量不随气隙变化时,才可应用式(4-139)和式(4-140)计算电磁力或电磁转矩,否则应将公式中的气隙磁导 Λ_δ 更换为包含气隙磁导与归算漏磁导在内的磁导。同时,只有当 Λ_δ 与 δ 之间的函数关系能够以解析方式表达时,方能以求导数的方式求出 $\mathrm{d}\Lambda_\delta/\mathrm{d}\delta$。在其他场合,必须先求得不同气隙下的气隙磁导值,得出 $\Lambda_\delta = f(\delta)$ 关系,然后以数值微分方法或者图解方法近似计算 $\mathrm{d}\Lambda_\delta/\mathrm{d}\delta$。当然,也可以利用 MATLAB 软件,输入 $\Lambda_\delta = f(\delta)$ 的离散数据点,然后利用有限差分函数 diff 近似计算出 $\mathrm{d}\Lambda_\delta/\mathrm{d}\delta$。

式(4-134)是计算电磁系统电磁力的能量公式,由于 U_δ 和 Λ_δ 均是气隙值 δ 的函数,故当 δ 改变时,U_δ 和 $\mathrm{d}\Lambda_\delta/\mathrm{d}\delta$ 都会发生变化,并导致电磁吸力 F 也发生变化。此外,U_δ 和 $\mathrm{d}\Lambda_\delta/\mathrm{d}\delta$ 与线圈磁动势 IN 也有关系,所以当 IN 变化时,F 也会发生变化。总之,电磁吸力是 IN 和 δ 的函数,即 $F = f(IN, \delta)$。如果不考虑电磁系统的过渡过程,只讨论当 δ 与 IN 无限缓慢变化时 F 的变化规律,那就是静态吸力特性(或者称为静特性)。静态吸力特性是电磁系统一个非常重要的特性。

4.9 麦克斯韦电磁吸力公式

电磁吸力还可以利用麦克斯韦公式计算，其表达式为

$$F = \frac{1}{\mu_0} \oint_A \left[(\boldsymbol{B} \cdot \boldsymbol{n}) \boldsymbol{B} - \frac{1}{2} B^2 \boldsymbol{n} \right] \mathrm{d}A \tag{4-141}$$

式中：$\boldsymbol{B}$ ——元面积 $\mathrm{d}A$ 外表面上的磁感应强度矢量；

$\boldsymbol{n}$ ——元面积 $\mathrm{d}A$ 上外法线单位矢量。

式(4-141)是矢量积分，积分面应与磁极表面吻合。利用该公式所求得的电磁力是各个单元吸力的矢量和，此公式适用于任何磁性物体。对于铁磁物体，由于，$\mu_{Fe} \gg \mu_0$，磁极表面的磁感应强度 $\boldsymbol{B}$ 近似垂直于积分表面积，故

$$(\boldsymbol{B} \cdot \boldsymbol{n}) \boldsymbol{B} = B^2 \boldsymbol{n} \tag{4-142}$$

则式(4-142)可以简化成

$$F = \frac{1}{\mu_0} \oint_A \frac{1}{2} B^2 \boldsymbol{n} \mathrm{d}A \tag{4-143}$$

如果沿磁极表面 A 的磁力线分布是均匀的，则有

$$F = \frac{1}{2\mu_0} B^2 A \tag{4-144}$$

式中：F ——电磁力；

B ——磁极表面的磁感应强度；

A ——磁极面积。

如果磁极间隙的磁场分布是均匀的，且漏磁导不随气隙 δ 变化，则

$$\varLambda_\delta = \frac{\mu_0 A}{\delta} \tag{4-145}$$

$$\mathrm{d}\varLambda_\delta = -\frac{\mu_0 A}{\delta^2} \cdot \mathrm{d}\delta \tag{4-146}$$

将式(4-146)代入式(4-139)，得

$$F = -\frac{1}{2} \frac{\varPhi_\delta^2}{\varLambda_\delta^2} \cdot \frac{\mathrm{d}\varLambda_\delta}{\mathrm{d}\delta} = -\frac{1}{2} \left(\frac{\varPhi_\delta \delta}{\mu_0 A} \right)^2 \cdot \left(-\frac{\mu_0 A}{\delta^2} \right) = \frac{1}{2} \frac{\varPhi_\delta^2}{\mu_0 A} = \frac{1}{2\mu_0} B^2 A \tag{4-147}$$

利用麦克斯韦公式计算电磁力适于磁极间磁场均匀分布的情况，若用于磁场分布不均匀的情况，则会引起较大的误差。由于这个公式简单易用，且当气隙不大时，其磁极间的磁场分布往往较为均匀。因此，用麦克斯韦公式可以方便地计算电磁力，并且计算结果具有一定的精度。

4.10　交流电磁系统吸力的特性与分磁环原理

4.10.1　交流电磁系统的工作特点

对于交流电磁系统，由于激磁线圈的电源电压为正弦交变量，因而其磁通亦为正弦交变量。令交变磁通的瞬时值为

$$\phi = \Phi_{\mathrm{m}} \sin \omega t \tag{4-148}$$

根据麦克斯韦电磁力计算公式，得电磁力的瞬时值为

$$F = \frac{\phi^2}{2\mu_0 A} = \frac{\Phi_{\mathrm{m}}^2}{2\mu_0 A} \sin^2 \omega t = \frac{\Phi_{\mathrm{m}}^2}{4\mu_0 A} - \frac{\Phi_{\mathrm{m}}^2}{4\mu_0 A} \cos 2\omega t \tag{4-149}$$

从上式可知，交流电磁系统的电磁力可以分为 2 个分量：恒定分量和交变分量。前者称为平均吸力，它等于最大吸力的一半，即

$$F_{\mathrm{av}} = \frac{\Phi_{\mathrm{m}}^2}{4\mu_0 A} = \frac{\Phi^2}{2\mu_0 A} \tag{4-150}$$

式中：$\Phi = \Phi_{\mathrm{m}} / \sqrt{2}$ 为气隙磁通的有效值。后者称为交变吸力，它以 2 倍电源频率随时间作周期性变化，其幅值与平均吸力相等，即

$$F_{\sim} = \frac{\Phi_{\mathrm{m}}^2}{4\mu_0 A} \cos 2\omega t = F_{\mathrm{av}} \cos 2\omega t \tag{4-151}$$

图 4-28 所示为交流电磁系统的电磁力变化曲线。由图 4-28 可知，交流电磁系统的电磁力在 0 和最大值之间变化，其值为 $0 \sim 2F_{\mathrm{av}}$，按 2 倍电源频率周期性变化。

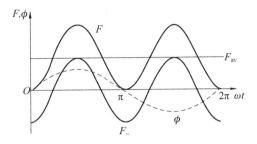

图 4-28　交流电磁系统的电磁力变化曲线

4.10.2　分磁环的工作原理

由于交流电磁系统的吸力具有脉动性，故其时间特性在半个周期内将与反作用力 F_{f}

线相交两次，如图4-29所示。若衔铁处于闭合位置时所受的反作用力为 F_f，当其吸力 F 由最大值减小到小于反作用力 F_f 以后，衔铁将被释放。但吸力 F 很快又将回升到大于反作用力，致使衔铁微微离开吸合位置又重新被吸引到吸合位置上。这种现象称为衔铁的振动现象，它在工频电源条件下每秒钟重复100次。衔铁的振动既会产生噪声，又会使电磁系统以及与之刚性连接的零部件加速损坏，甚至它还有可能导致开关电器的触头发生振动，加重触头的电气磨损，引起触头熔焊，最终破坏开关电器的正常工作。因此，必须采取适当的技术措施防止电磁系统发生这种有害振动。

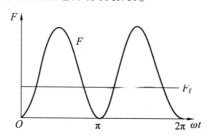

图4-29　交流电磁系统衔铁吸合后的电磁吸力和反作用力

为消除电磁系统的振动，可设法使磁极端面处的磁通分成有一定相位差的两个分量，尽管每一分量产生的电磁吸力均有减小到0的时候，但因两吸力之间有一定的相位差，二者之力必然大于0。这样，只要使合成吸力的最小值不低于衔铁所受的反作用力，就能完全消除有害的振动。

为此，可以在磁极端面的一部分装置一导体环，如图4-30(a)所示，因其中有涡流损耗，导体环所包围的磁路部分就有磁抗，如图4-30(b)所示。磁抗的存在使得通过无磁抗支路的磁通 $\dot{\Phi}_1$ 与通过有磁抗支路的磁通 $\dot{\Phi}_2$ 之间出现了相位差，因而两吸力之间亦有相位差。适当调整一下两个支路的磁通值及其相位，即可消除衔铁的有害振动。这种导体环起到将磁通分相的作用，故称为分磁环，又由于此环系短接且电阻甚小，故又称为短路环。

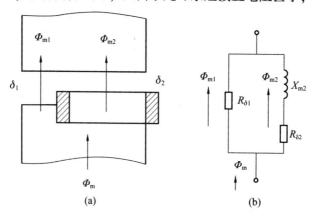

图4-30　磁环及工作气隙的等效磁路图

(a)有分磁环时的磁极；(b)气隙部分的等效磁路

4.10.3 采用分磁环的交流电磁吸力计算

分磁环对于磁路来说是一个磁抗,使无磁抗支路的磁通 $\dot{\Phi}_1$ 与通过有磁抗支路的磁通 $\dot{\Phi}_2$,它们的瞬时值分别是

$$\phi_1 = \Phi_{m1}\sin(\omega t) \tag{4-152}$$

$$\phi_2 = \Phi_{m2}\sin(\omega t - \theta) \tag{4-153}$$

电磁吸力分别为

$$F_1 = \frac{\Phi_{m1}^2}{4\mu_0 A_1}\left[1 - \cos(2\omega t)\right] = F_{av1}\left[1 - \cos(2\omega t)\right] \tag{4-154}$$

$$F_2 = \frac{\Phi_{m2}^2}{4\mu_0 A_2}\left[1 - \cos(2\omega t - 2\theta)\right] = F_{av2}\left[1 - \cos(2\omega t - 2\theta)\right] \tag{4-155}$$

式中:A_1——通过 $\dot{\Phi}_1$ 磁极端面部分的面积;

A_2——通过 $\dot{\Phi}_2$ 磁极端面部分的面积。

作用在衔铁上的合成电磁吸力为

$$\begin{aligned} F &= F_1 + F_2 = F_{av1} + F_{av2} - F_{\sim1} - F_{\sim2} \\ &= F_{av1} + F_{av2} - F_{av1}\cos(2\omega t) - F_{av2}\cos(2\omega t - 2\theta) \end{aligned} \tag{4-156}$$

式(4-156)右端后两项是频率相同的2个交变分量,它们的和为

$$\begin{aligned} F_\sim &= F_{av1}\cos(2\omega t) + F_{av2}\cos(2\omega t - 2\theta) \\ &= \sqrt{F_{av1}^2 + F_{av2}^2 + 2F_{av1}F_{av2}\cos(2\theta)}\cos(2\omega t - \varphi) \end{aligned} \tag{4-157}$$

式中:φ——$F_{\sim1}$ 与 $F_{\sim2}$ 之间的相位差。

将式(4-157)代入式(4-156)中,得

$$F = F_{av1} + F_{av2} - \sqrt{F_{av1}^2 + F_{av2}^2 + 2F_{av1}F_{av2}\cos(2\theta)}\cos(2\omega t - \varphi) \tag{4-158}$$

图4-31为 $F_{\sim1}$、$F_{\sim2}$ 和 $F_\sim$ 的相量图。当 $2\omega t - \varphi = (2n - 1)\pi$ 时,合成电磁吸力具有最大值,即

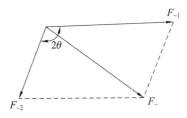

图4-31 $F_{\sim1}$、$F_{\sim2}$ 和 $F_\sim$ 的相量图

$$F_{max} = F_{av1} + F_{av2} + \sqrt{F_{av1}^2 + F_{av2}^2 + 2F_{av1}F_{av2}\cos(2\theta)} \tag{4-159}$$

当 $2\omega t - \varphi = 2n\pi$ 时,合成电磁吸力具有最小值,即

$$F_{\min} = F_{\text{av1}} + F_{\text{av2}} - \sqrt{F_{\text{av1}}^2 + F_{\text{av2}}^2 + 2F_{\text{av1}}F_{\text{av2}}\cos(2\theta)} \tag{4-160}$$

4.10.4 分磁环参数设计

根据前面的分析，只要满足条件 $F_{\min} > F_{\text{f}}$，即只要最小电磁吸力大于反作用力，便足以消除衔铁的振动。然而，由式(4-158)可知，合成电磁吸力中仍有交变分量，它使合成吸力有脉动现象。如要想消除脉动现象，就必须使式(4-158)中的交变分量，即式(4-157)等于0，即

$$\sqrt{F_{\text{av1}}^2 + F_{\text{av2}}^2 + 2F_{\text{av1}}F_{\text{av2}}\cos(2\theta)} = 0$$

为了做到这一点，需要同时满足2个条件：① $F_{\text{aV1}} = F_{\text{aV2}}$；②$2\theta = \pi$。

若满足条件①，则有

$$\frac{\Phi_{\text{m1}}^2}{4\mu_0 A_1} = \frac{\Phi_{\text{m2}}^2}{4\mu_0 A_2}$$

即

$$\frac{\Phi_{\text{m1}}^2}{\Phi_{\text{m2}}^2} = \frac{A_1}{A_2}$$

因

$$\Phi_{\text{m1}} = \frac{\sqrt{2}\,U_{\text{m}}}{R_{\delta 1}}$$

$$\Phi_{\text{m2}} = \frac{\sqrt{2}\,U_{\text{m}}}{\sqrt{R_{\delta 2}^2 + X_{\text{m}}^2}}$$

故

$$\frac{A_1}{A_2} = \frac{R_{\delta 2}^2 + X_{\text{m}}^2}{R_{\delta 1}^2}$$

若满足条件②，则有

$$\theta = \arctan\frac{X_{\text{m2}}}{R_{\delta 2}} = \arctan\frac{\mu_0 \omega N_{\text{f}}^2 A_2}{R_{\text{f}}\delta_2} = \frac{\pi}{2}$$

式中：N_{f}——分磁环的匝数，通常为 1 匝；

R_{f}——分磁环的电阻。

由上式可知，条件②不可能满足，因为 R_{f} 和 δ_2 不可能为 0。

如果 R_{f} 过小，则分磁环温度会过高。而 δ_2 受工艺条件限制，一般为 $0.02 \sim 0.05$ mm。通常，A_2 大于 A_1，但也有限制，故实际上 θ 为 $60° \sim 80°$。由于条件②不能满足，因此尽管通过合理设计可以消除交流电磁系统的衔铁振动，但不可能消除电磁力的脉动。减小 R_{f} 和 δ_2，增大 A_2，有利于减小电磁吸力的脉动。

4.11 电磁系统静态吸力特性与反力特性的配合

4.11.1 反力特性

反力特性是归算到衔铁上的反作用力与工作气隙大小的关系，或反作用转矩与衔铁转动角度之间的关系，即

$$F_f = f(\delta) \text{ 或 } M_f = f(\alpha)$$

衔铁的反作用力与电磁系统的电磁吸力方向相反。要使衔铁打开，作用在衔铁上的反作用力通常包括以下4个部分：

(1)分闸弹簧所产生的反作用力；

(2)触头弹簧所产生的反作用力；

(3)运动部分的重力；

(4)摩擦力。

这4部分的反作用力叠加即为反力特性。

4.11.2 吸力特性和反力特性的配合

静态吸力特性是电磁系统一个非常重要的特性，其与反力特性的良好配合，不仅能使电器可靠地工作，还能增加电器的工作寿命。这对频繁操作的控制电器(如接触器)尤为重要。

电网的供电电压有一定的允许波动范围，当达到电网电压的下限值时，衔铁应可靠地吸合。为使电器可靠地工作，从静态的观点看，吸力特性必须位于反力特性之上，如图4-32所示。反之，当在衔铁运动的起始点(衔铁位于释放位置，气隙为 δ_1 时，若吸力小于反力，则衔铁将拒动而无法工作；当衔铁运动到闭触头分离或常开触头闭合(气隙为 δ_2 或 δ_1)状态时，若吸力小于反力，则衔铁有可能卡住，而吸力特性和反力特性的配合不能继续运动到预定的闭合位置上，这不仅会破坏电器的正常工作，还有可能导致触头烧损或激磁线圈烧毁(对于交流电磁系统)。

但是，对于一般电器，吸力特性如果过多地高于反力特性之上，不仅没有必要，反而还可能有害。这样不仅会增大电磁系统的体积和铜铁用量及成本，还会增加电器在运行中所聚集的动能，导致电磁系统和触头发生猛烈的撞击，并造成损坏，从而减少电器的工作寿命，图4-32中阴影部分的面积与电器运动部分所聚集的动能有对应关系。

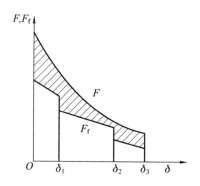

图 4-32　吸力特性和反力特性的配合

　　吸力特性和反力特性的良好配合，一般是在吸力特性位于反力特性之上的前提下，二者尽量靠近，甚至有的电器(主要指频繁操作的控制电器，如接触器)在一定的条件下，允许二者局部相交，以释放运动部分在前半程运动过程中所聚集的动能，从而减小触头和电磁系统闭合时的撞击力度，图 4-33 所示为局部吸力特性小于反力特性的配合。

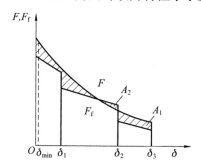

图 4-33　局部吸力特性小于反力特性的配合

　　采取这种配合方式时必须特别注意 2 个问题。

　　(1)吸力特性与反力特性负差部分的面积 A_2。

　　A_2(它代表被吸收的衔铁能量)必须小于正差部分的面积 A_1(它代表加速衔铁运动的能量)。否则，衔铁不可能持续运动到终点。

　　(2)在 $\delta = \delta_{\min}$ 处吸力必须大于反作用力。否则，衔铁即使能运动到该处，也不可能在该处保持不动。

　　对于要求快速闭合的电器，吸力特性也没有必要过高地高于反力特性，否则可能会造成动、静铁芯闭合时冲击力过大，影响电磁铁的使用寿命。此外，电磁铁几何尺寸也会增大，从而降低其经济指标。

习题4

　　1. 电磁机构在电器中有何作用？

　　2. 磁性材料的磁化曲线有几种？它们有何区别？工程计算时应使用哪一种磁化曲线？

3. 什么是软磁材料和硬磁材料? 它们各有何特点? 常用的软磁材料有哪些?

4. 试将磁路和电路的对应参数和计算公式列成一表。

5. 计算气隙磁导的解析法有何特点?

6. 有一对矩形截面的磁极, 其端面两边长为 $a = 1.5$ cm、$b = 1.8$ cm。试运用解析法和磁场分割法计算气隙值 δ 为 10、8、6、4、2 及 0.5 mm 时的气隙磁导, 并对计算结果加以讨论。

7. 试计算两截头圆锥面之间的气隙磁导。已知: $d = 2$ cm, $\alpha = 40°$, $H = 1.5$ cm, $\delta = 15$, 10, 5, 1 mm。

8. 磁路计算的复杂性表现在哪里?

9. 衔铁被吸合以后还有漏磁通吗?

10. 交流磁路与直流磁路的计算有何异同?

11. 为什么交流并励电磁机构在气隙不同时有不同的激磁电流?

12. 如果将交流并励电磁机构的线圈接到电压相同的直流电源上, 或将直流并励电磁机构的线圈接到电压相同的交流电源上, 它们还能正常运行吗? 为什么?

第5章
低压电器

本书介绍的主电路开关电器是指用于电控配电系统主电路中的开关电器及其组合，主要包括刀开关(或刀形转换开关)、隔离器(隔离开关)、熔断器及其与其他开关电器的组合、断路器(包括与其组合或联用的各种脱扣器和保护继电器)、接触器和主要由接触器与保护继电器组成的起动器。这些开关电器在不同电路中有不同的用途和不同的配合关系，其特征和主要参数也各不相同。选用主电路开关电器的目的，是要保证满足电路功能的要求，即负载要求，同时也要做到所选开关电器经济合理，在能圆满完成所担负的配电、控制和保护任务的前提下充分发挥本身所具备的各种功能。因此，在选用时需了解各种开关电器的分类、用途、性能、主要 参数，以及有关的选用原则；同时还要分析其具体的使用条件和负载要求，如电源数据、短路特性、负载特点和要求等，以便提出合理的选用要求。本章将从电器本身参数和负载条件(包括电源条件)方面来叙述主电路开关电器的选用。由于过流保护电器的选用要求较为严格，具体情况也比较复杂，故单独论述。

5.1 主令电器

1. 用途和分类

在对电气设备的带电部分进行维修时，必须一直保持带电部分处于无电状态，所以电气设备必须和电网脱开。能起隔离电源作用的开关电器是隔离器。隔离器分断时能将电路中所有电流通路都切断，并保持有效的隔离距离。隔离器的隔离电源作用不仅要求各极动、静触头之间保持规定的电气间隙，还要求各电流通路之间、电流通路和邻近接地零部件之间也应保持规定的电气间隙，如图5-1所示，但对隔离器和隔离开关处于分断状态时的隔离距离，我国标准和 IEC 标准都未提出具体的数据要求。

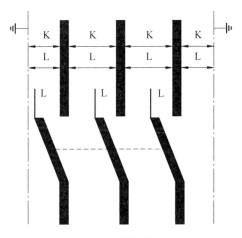

图 5-1 隔离要求

隔离器一般属于无载通断电器，只能接通或分断"可忽略的电流"(指套管、母线、连接线和短电缆等的分布电容电流和电压互感器或分压器的电流)，但有一定的载流能力。有的隔离器也有一定的通断能力，能在非故障条件下接通和分断电气设备或成套设备中的某一部分。这时其通断能力应和其所需通断的电流相适应。

刀开关(刀形转换开关)主要供无载通断电路使用，即在不分断电流或分断时各极两触头间不会出现明显电压的条件下接通或分断电路之用。有时也可用来通断较小电流，作为不频繁操作的电源开关供照明设备和小型电动机使用。当能满足隔离功能要求时，刀开关也可用来隔离电源。

兼有开关作用的隔离器称为隔离开关，它具备一定的短路接通能力。

(1)隔离器和熔断器串联组合成一单元，即隔离器熔断器组。

(2)隔离器的动触头由熔断体或带熔断体的载熔件组成，即熔断器式隔离器。

(3)同样，刀开关和熔断器串联组成负荷开关。

(4)刀开关的动触头由熔断体组成，即熔断器式刀开关。

上述 4 种含有熔断器的组合电器统称为熔断器组合电器。熔断器组合电器一般能进行有载通断，并具有一定的短路保护功能。

刀开关按极数可分为单极和多极刀开关，按切换功能(位置数)可分为单投和双投刀开关，按操纵方式又可分为中央手柄式和带杠杆机构式刀开关。

2. 特性和主要参数

根据我国标准 JB 4012—1985《低压空气式隔离器、开关、隔离开关及熔断器组合电器》，隔离器、刀开关、隔离开关和熔断器组合电器的特性从其型式(极数、位置数和电流种类)、额定值和极限值以及辅助电路情况等方面来规定。主要的额定值和极限值如下。

（1）额定绝缘电压（U_i）和额定工作电压（U_e）。除非另有规定，额定绝缘电压就是最大额定工作电压。

（2）额定工作电流（I_e）。当直接通断单台电动机时，也可用所能控制的电动机最大功率来代替额定工作电流。

（3）额定工作制。这些电器均只有 8 h 工作制和不间断工作制两种标准的额定工作制。

（4）使用类别。这几种电器有其自己的使用类别规定，如表 5-1 所示。

表 5-1　隔离器、刀开关、隔离开关和熔断器组合电器的使用类别

电流种类	类别代号	典型用途
AC	AC—20	无载通断
	AC—21	通断阻性负载，包括适当过载
	AC—22	通断阻感混合负载.包括适当过载
	AC—23	通断电动机或其他高电感性负载
DC	DC—20	无载通断
	DC—21	通断阻性负载，包括适当过载
	DC—22	通断阻感混合负载，包括适当过载
	DC—23	通断高电感性负载

注：当直接起动、加速或停止单台电动机时，使用类别不按本表规定，而是按 AC—2、AC—3、AC—4、DC—3 和 DC—5 规定。

（5）（有通断能力的电器的）额定通断能力。当验证额定通断能力时，不同使用类别的通断条件如表 5-2 所示。

表 5-2　验证通断能力时不同使用类别下的通断条件[①]

类别	额定工作电流范围	接通			分断		
		I/I_e	U/U_e	$(\cos\varphi)/T$	I_c/I_e	U_r/U_e	$(\cos\varphi)/T$
AC—20[②]							
AC—21	全部值	1.5		0.95	1.5		0.95
AC—22		3		0.65	3		0.65
AC—23	$I_e \leqslant 17$ A	10	1.1	0.65	8	1.1	0.65
	17 A$< I_e \leqslant 100$ A	10		0.35	8		0.35
	$I_e \geqslant 100$ A	8[③]		0.35	6[④]		0.35
DC—20[②]							

续表

类别	额定工作电流范围	接通			分断		
		I/I_e	U/U_e	$(\cos\varphi)/T$	I_c/I_e	U_r/U_e	$(\cos\varphi)/T$
DC—21	全部值	1.5	1.1	1	1.5	1.1	1
DC—22		4		2.5	4		2.5
DC—23		4		15	4		15

注：①交流时的接通条件用有效值表示，但和电路功率因数对应的非对称电流峰值可能较高；

②当有通断能力时，应说明电流值和功率因数(时间常数)。

③I不小于1 000 A。

④I_e不小于800 A。

（6）额定短时耐受电流。除非另有规定，这几种电器的额定短时耐受电流的通电持续时间均为1 s，电流值为最大额定工作电流的20倍。交流时的额定短时耐受电流是指周期分量有效值。可能出现的最大电流峰值与此有效值的比值n如表5-3所示。

表5-3 短时耐受电流峰值与有效值之间关系

电流有效值/kA	标准功率因数	电流峰值与有效值之比n
$I \leqslant 10$	0.5	1.7
$10 < I \leqslant 20$	0.3	2.0
$20 < I \leqslant 50$	0.25	2.1
$I > 50$	0.2	2.2

（7）（有短路接通能力电器的）额定短路接通能力，用最大预期电流峰值表示。

（8）额定限制短路电流，即在限流开关电器的动作时间内，在规定试验条件下电器能承受的预期电流。交流时用周期分量的有效值表示。限流开关电器可以是电器的组成部分，也可以是单独的元件。

（9）额定熔断短路电流，即当限流电器为熔断器时的限制短路电流。

（10）寿命指标。这几种电器的机、电寿命指标分别称为机械操作性能和电操作性能，用相应的操作循环数规定。当验证电操作性能时，不同使用类别下的通断条件如表5-4所示。

表5-4 不同使用类别下的通断条件

类别	额定工作电流范围	接通			分断		
		I/I_e	U/U_e	$(\cos\varphi)/T$	I_c/I_e	U_r/U_e	$(\cos\varphi)/T$
AC—21	全部值	1	1	0.95	1	1	0.95
AC—22				0.65			0.65
AC—23	$I_e \leqslant 17$ A			0.65			0.65
	$I_e > 17$ A			0.35			0.35

续表

类别	额定工作电流范围	接通			分断		
		I/I_e	U/U_e	$(\cos\varphi)/T$	I_c/I_e	U_r/U_e	$(\cos\varphi)/T$
DC—21				1			1
DC—22	全部值	1	1	2.5	1	1	2.5
DC—23				7.5			7.5

隔离器等几种电器的辅助电路特性是指电路数、触头种类(常开、常闭)和数量,以及各电路的额定电压、频率、额定电流和触头通断能力。除非另有规定,否则这几种电器的辅助电路约定发热电流均为 6 A,辅助电路的额定电压及频率和主电路相同。

3. 选用原则

隔离器的主要功能是隔离电源。在满足隔离功能要求的前提下,隔离器的选用主要是保证其额定绝缘电压和额定工作电压不低于线路的相应数据,额定工作电流不小于线路的计算电流。当电路要求有通断能力时,须选用具备相应额定通断能力的隔离器。如需接通短路电流,则应选用具备相应短路接通能力的隔离开关。

所选隔离器或隔离开关的辅助电路特性的选择主要是根据线路要求决定电路数、触头种类和数量。有些产品的辅助电路是可以改装的,制造厂可在一定范围内按订货要求满足不同的需要。

目前刀开关产品的绝缘电压多数为交流 500 V,直流 440 V,故安装刀开关(或刀形转换开关)的电路额定电压交流时不应超过 500 V,直流时不应超过 440 V。电路的计算电流也不应超过刀开关(或刀形转换开关)的额定工作电流。刀开关的极数、位置数和操纵方式可根据实际需要选定。

当用刀开关直接通断小型负载时,应注意选择相应的通断能力。特别是当直接控制小型电动机等感性负载时,应考虑其接通和分断过程中的电流特性。

隔离器、隔离开关和刀开关在按上述原则选择之后均需进行短路性能校验,以保证其具体安装位置上的预期短路电流不超过电器的额定短时耐受电流(当电路中有限流电器时可将其限流值作为额定限制短路电流)。

熔断器组合电器的选用,需在隔离器、隔离开关及刀开关的选用要求之外,再考虑熔断器的特点。

熔断器式刀开关的极限分断能力可达 50 kA,主要用于相应级别的配电屏及动力箱。

一般负荷开关的额定电流不超过 200 A,通断能力为 4 倍额定电流。可用作工矿企业的配电设备,供手动不频繁操作,或作为线路末端的短路保护。

高分断能力负荷开关的额定电流可达 400 A,极限分断能力可达 50 kA,适用于短路电流较大的场合。

目前常用的刀开关产品有两大类。一类是带杠杆操纵机构的单投或双投刀开关,这种刀开关能切断额定电流值以下的负载电流，主要用于低压配电装置中的开关板或动力箱等产品。属于这一类的产品有 HD12、HD13 和 HD14 系列单投刀开关，以及 HS12、HS13 系列双投刀开关。另外一类是中央手柄式的单投或双投刀开关，这类刀开关不能分断电流，只能作为隔离电源的隔离器，主要用于控制屏。属于这一类的产品主要有 HD11 和 HS11 系列单投和双投刀开关。

常用的熔断器组合电器，负荷开关有 HH3、HH10 和 HH11 系列(也称为铁壳开关或钢壳开关)，其最大额定工作电流可达 400 A，有二极和三极形式。这种开关的外壳上一般都装有门联锁机构，当铁壳门打开时开关不能合闸。熔断器式刀开关主要有 HR3 系列。这种电器系由 RT0 熔断器和刀开关组成，带有操纵机构，有前操作前维修、前操作后维修和侧操作前维修等结构布置形式。

5.2　熔断器

5.2.1　用途和分类

熔断器广泛应用于低压配电系统和控制系统中，主要用于短路保护，同时也是单台电气设备的重要保护元件之一。熔断器串于被保护电路中，能在电路发生短路或严重过载时自动熔断，从而切断电路，起到保护作用。熔断器与其他开关电器组合可构成各种熔断器组合电器。熔断器互相配合或与其他开关电器(如断路器)配合使用，通过熔断器熔断特性之间或熔断器熔断特性和其他开关电器中保护元件的保护特性之间的配合，在一定短路电流范围内可满足选择性保护要求。

按结构形式，熔断器可以分为专职人员使用和非专职人员使用两类。前者多采取开启式结构，如刀形触头熔断器、螺栓连接熔断器和圆筒帽熔断器等；后者的安全要求比较严格，额定电压不超过 500 V，额定电流不超过 100 A，其结构多采取封闭式或半封闭式，如螺旋式、圆管式或插入式等。

专职人员使用的熔断器按用途可分为一般工业用熔断器、半导体器件保护用熔断器、快慢动作熔断器和自复熔断器等。半导体器件保护用熔断器具有快速分断性能，主要用作硅变流装置内部短路保护。快慢动作熔断器有两段保护特性，可在不同的电流范围内满足不同的保护特性要求，自复熔断器是一种新型限流元件，本身不能分断电路(严格说自复熔断器并不是熔断器，而是一种故障状态下的限流器)，常与断路器串联使用，可提高断路器的分断能力。这种熔断器在故障电流切除后会立即自动恢复到初始状态，可继续使用，故称为自复熔断器。

按分断范围(或称工作类型)，熔断体可分为 g 类和 a 类。

（1）g类为全范围分断，其连续承载电流不低于其额定电流，并可在规定条件下分断最小熔化电流至其额定分断电流之间的各种电流。

（2）a类为部分范围分断，其连续承载电流不低于其额定电流，但在规定条件下只能分断4倍额定电流至其额定分断电流之间的各种电流。

按使用类别，熔断体又分为G类和M类。

（1）G类为一般用途熔断体，可用于保护包括电缆在内的各类负载。

（2）M类为电动机电路用熔断体。

对于具体的熔断体，上述2种分类可以有不同的组合，如gG、aM等。

我国标准对熔断器按分断范围和使用类别进行分类的规定和IEC标准相同。德国标准的规定则与此有出入，如表5-5所示。

表5-5　德国标准对低压熔断器按使用类别分类的规定

工作类型			使用类别	
符号	连续电流可达	分断电流	符号	保护对象
g （全范围熔断器）	I_N	$\geq I_{min}$	gL gR gB	电缆、母线 半导体 矿山设备
a （部分范围熔断器）	I_N	$\geq 4 I_N$ $\geq 2.7 I_N$	aM aR	开关电器 半导体

注：I_{min}为最小熔化电流。

图5-2为不同使用类别和分断范围组合的某200 A熔断器的时间-电流特性比较。

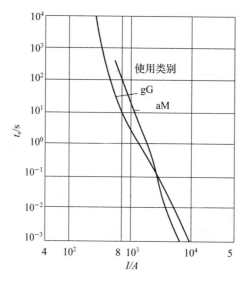

图5-2　不同使用类别组合的熔断器时间-电流特性比较（t_s为弧前时间）

5.2.2　特性和主要参数

我国标准 JB 4011.1—1985《低压熔断器一般要求》规定熔断器的特性主要用额定电压、额定电流、电流种类和额定频率、额定接受(对熔断体为耗散)功率、时间电流特性、分断能力范围与额定分断能力、允通电流特性、I^2t 特性和过电流选择比等参数说明。和选用关系较密切的熔断器特性和参数主要有以下 9 项。

1. 额定电压

标准规定熔断器的交流额定电压和直流额定电压分别为 220、380、415*、500*、660、1 140 V 和 110、220、440、800、1 000 V。

带 * 号的数据仅在某些特定场合使用。

2. 额定电流

熔断器的额定电流分为熔断体的额定电流和熔断器支持件的额定电流。标准规定的熔断体额定电流数据系列为 2、4、6、8、10、12、16、20、25、32(35)、40、50、63、80、100、125、160、200、250、315、400、500、630、800、1 000、1 250 A。

熔断器支持件的额定电流也应从上面的数据系列中选取。熔断器支持件的额定电流通常代表与它一起使用的熔断体额定电流最大值。

3. 额定频率

熔断器一般按 45~62 Hz 的频率范围设计，如有特殊要求，则应与制造厂协商。

4. 时间-电流特性

熔断器的熔断特性通常用对数坐标的时间-电流特性表示。熔断器的时间-电流特性可用弧前时间-电流特性、熔断时间-电流特性和时间-电流特性带的形式表示，如图5-3所示。熔断器的时间电流特性落在两条直线之间并与之渐近：小电流时与最小熔化电流线(垂线)渐近；大电流时则与表示 I^2t 的等值斜线渐近。特性曲线的位置基本上由熔断体的散热情况决定。有的标准规定熔断器的时间-电流特性的允许偏差为7%(因为有制造误差，所以规定这样的偏差范围是必要的)。许多熔断器产品的实际偏差都低于5%。从图5-3可以看出，在电流未超过额定电流的20倍以前，弧前时间-电流特性和熔断时间-电流特性是重合的；当电流继续增大时，这两条曲线便分开了。二者之间的差别是由两种情况下的灭弧时间不同造成的。除功率因数外，灭弧时间还和工作电压及动作电流有较大的关系。

标准规定熔断器的时间-电流特性以周围空气温度20 ℃为基础。各种样本和技术文件上给出的熔断器特性都是在(20±5) ℃的环温条件下各时间电流特性的平均值。这些数据不适用于已经载流的熔断器。

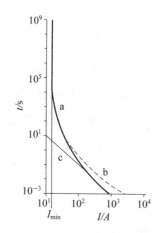

$I_{\min}$ —最小熔化电流；a—弧前最小时间—电流特性；

b—熔断时间—电流特性；c—等 I^2t 线。

图 5-3　熔断器的时间-电流特性

5. 约定时间和约定电流

约定时间和约定电流是描述熔断器保护特性的一组参数，约定电流分约定熔断电流（ I_f ）和约定不熔断电流（ I_{nf} ）。前者为在约定时间内可以熔断的最小电流；后者为在约定时间内不会熔断的最大允许电流。

额定电流 16 A 及以上 g 类熔断体的约定时间和约定电流如表 5-6 所示，额定电流 16 A 以下的 gG 类熔断体的约定时间和约定电流如表 5-7 所示。

表 5-6　额定电流 16 A 及以上 g 类熔断体的约定时间和约定电流

额定电流 I_n /A	约定时间/h	约定电流	
		I_{nf}	I_f
$16 \leqslant I_n \leqslant 63$	1		
$63 < I_n \leqslant 160$	2		
$160 < I_n \leqslant 400$	3	$1.25\,I_n$	$1.6\,I_n$
$400 < I_n$	4		

表 5-7　额定电流 16 A 以下的 gG 类熔断体的约定时间和约定电流

额定电流 I_n /A	约定时间/h	约定电流	
		I_{nf}	I_f
$I_n \leqslant 4$	1	$1.5\,I_n$	$2.1\,I_n$
$4 < I_n \leqslant 10$	—	—	$1.9\,I_n$

6. 限流作用和允通电流(截断电流)

当预期短路电流很大时，熔断器的电流将在短路时达到其峰值 i_s。熔断器分断短路电流过程示波图如图 5-4 所示。在熔断器动作过程中可以达到的最高瞬态电流值称为熔断器的允通电流 i_D。熔断器的限流效果在相应产品样本中以允通电流图或称为允通电流特性的形式给出，如图 5-5 所示。

熔断器的允通电流图反映熔断器在使用中可能出现的最大电流瞬时值，从允通电流图中可以看出熔断器的限流作用。例如，某电网电压 500 V，50 Hz，短路电流 $i_k = 50$ kA，峰值短路电流 $i_s = 105$ kA。选用额定电流为 100 A 的某熔断器，这时的实际允通电流的峰值为 12 kA。这说明，由于熔断器的限流作用，线路中实际能出现的最大短路电流值只有 12 kA，为预期短路电流值的 11.5%。

我国标准规定，制造厂应提供熔断器产品的允通电流特性。

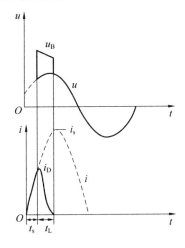

i_s—峰值短路电流；i_D—允通电流；t_s—弧前时间；t_L—灭弧时间；u_B—电弧电压。

图 5-4　熔断器分断短路电流过程示波图

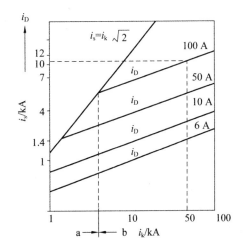

I_n—熔断器额定电流；i_D—允通电流；a—非限流区；b—限流区。

图 5-5　某熔断器允通电流图

7. I^2t 特性(焦耳积分特性)

将熔断体加热到熔点的加热电流产生弧前焦耳积分,而在灭弧过程中吸收的加热电流则产生熔断焦耳积分,熔断器的焦耳积分特性代表使用中可能遇到的极限 I^2t 值,其是预期电流的函数。有关标准对这些 I^2t 值都作了限制。表5-8 为 JB 4011.1—1985 中对过电流选择比为 $1.6 : 1$ 的 g 类熔断体弧前 I^2t 值的限制。

表 5-8 "gG" 及 "gM" 熔断体在 0.01 s 时的弧前 I^2t 值

I_n/A	$I^2_{tmin}/(10^3 \text{ A}^2 \cdot \text{s})$	$I^2_{tmax}/(10^3 \text{ A}^2 \cdot \text{s})$
16	0.3	1.0
20	0.5	1.8
25	1.0	3.0
32	1.8	5.0
40	3.0	9.0
50	5.0	16.0
63	9.0	27.0
80	16.0	46.0
100	27.0	86.0
125	46.0	140.0
160	86.0	250.0
200	140.0	400.0
250	250.0	760.0
315	400.0	1 300.0
400	760.0	2 250.0
500	1 300.0	3 800.0
630	2 250.0	7 500.0
800	3 800.0	11 400.0
1 000	7 840.0	25 000.0
1 250	13 690.0	36 000.0

熔断器的焦耳积分值是在较高电流下确定熔断器选择性的决定性因素,对保护对象(如电缆)来说,也是确定其热负载的决定性因素。我国标准规定,制造厂应提供熔断器产品的 I^2t 特性。图5-6 为制造厂提供的 NT 型熔断器的 I^2t 特性。

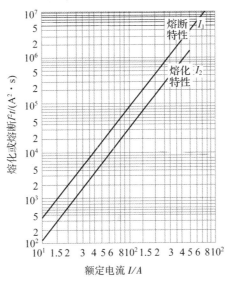

图5-6 NT型熔断器的 I^2t 特性

8. 额定分断能力

由于具备限流能力，故熔断器能在很短时间内分断相当大的短路电流。在一定条件下，预期短路电流越大，熔断器的额定电流就越低，其限流作用也就越显著。

有效的限流作用和相应的高分断能力是熔断器的基本特性。

具体产品的额定分断能力由制造厂规定，但不得低于标准规定的最小额定分断能力。

JB 4011.1—1985 规定的专职人员使用和非专职人员使用的熔断器的最小分断能力如表5-9所示。

表5-9　不同熔断器的最小分断能力

分类	额定电压 U_n /V	最小额定分断能力/kA
专职人员使用	$U_n \leqslant 660$　（AC）	50
	$U_n \leqslant 750$　（DC）	20
非专职人员使用	$U_n < 240$	6
	$240 \leqslant U_n \leqslant 500$	20

质量较好的熔断器产品的额定分断能力通常远远超出表5-9规定的50 kA，而达到100 kA以上。例如，引进的NT型熔断器的额定分断能力能够达120 kA($\cos \varphi = 0.1$)。

9. 过电流选择比

过电流选择比是指上下级熔断器之间满足选择性要求的额定电流最小比值，它和熔断器的门限值、I^2t 值和时间-电流特性有密切关系。

g 类熔断体的过电流选择比为 1.6:1 或 2:1。

专职人员使用的刀型触头熔断器的过电流选择比规定为 1.6:1，螺栓连接熔断器和圆筒帽熔断器的过电流选择比都规定为 2∶1。

非专职人员使用的熔断器(螺旋式)的选择比规定为 1.6∶1。

5.2.3 选用原则

熔断器的选用,首先应根据实际使用条件确定熔断器的类型,包括选定合适的使用类别和分断范围。一般全范围熔断器(g 类熔断器)兼有过载保护功能,主要用作电缆、母线等线路保护;而部分范围熔断器(a 类熔断器)的作用主要是短路保护。由于低倍过电流不能使这种熔断器动作,故在使用这种熔断器时应另外配用过载保护元件(如热继电器)。

熔断器具体参数的确定原则如下。

1. 熔断体额定电流的确定

在正常运行情况下,熔断体额定电流 I_n 应小于线路计算电流。

当用于电动机电路时应考虑起动情况,在不经常起动或起动时间不长(如一般机床电动机)的情况下,可按 $I_n = I_A/(2.5 \sim 3)$ 选用。在经常起动或起动时间较长(如起重机电动机)的情况下,可按 $I_n = I_A/(1.6 \sim 2.0)$ 选用。式中,I_A 为电动机起动电流,如按起动情况求得的熔断体电流低于线路计算电流,则仍应按正常运行情况选用。

用于变流装置的快速熔断器的熔断体电流须按变流装置容量考虑,小容量(晶闸管元件额定电流不超过 200 A)时可按

$$I_n = 1.75 I_{SCR}$$

选用,大容量时则应先按

$$m \geqslant \frac{1}{k_i} \sqrt{\frac{A_r}{A_K}}$$

确定并联支路数。

式中:I_{SCR}——晶闸管元件额定电流(平均值)(A);

m——并联支路数;

k_i——动态均流系数,一般取 0.5 ~ 0.6;

A_r——熔断器最大熔断焦耳积分($A^2 \cdot s$);

A_K——晶闸管元件浪涌焦耳积分($A^2 \cdot s$)。

2. 熔断体动作选择性的配合

熔断体动作选择性的配合分为与起动设备动作时间配合、熔断器之间的配合和与电缆导体截面的配合。

与起动设备动作时间的配合要求熔断器的熔断时间小于起动设备的断开时间,以保证在短路电流超过起动设备的极限分断能力时,由熔断器分断短路电流。通常可靠系数取 2,

即熔断时间为起动设备断开时间的一半。例如，接触器释放时间为 0.04 s，熔断器的熔断时间可按 0.02 s 考虑。如发生熔断时间大于起动设备的断开时间的情况，则可采取改用断路器，增加电缆截面，改用极限分断电流较高的设备等措施。

这些措施应在统筹的前提下适当考虑，不可因此而过多增加设备成本。

熔断器与熔断器之间的配合，一般情况下可按时间-电流特性不相交或上级熔断器的熔断体电流与下级熔断器的熔断体电流之比不低于熔断器的过电流选择比的原则选用。例如，设上级熔断器的熔断体电流为 160 A，则当过电流选择比为 1.6:1 时，下级熔断器熔断体的电流不得大于 100 A；选择比为 2:1 时，则不得大于 80 A。当短路电流很大时，这样选定后还须用 I^2t 值进行验证，保证上级熔断器的 I^2t 值大于下级熔断器。

如果已知熔断器的熔断时间误差 $\delta\%$，则可按 $t_1 \geqslant \dfrac{1.05 + \delta\%}{0.95 - \delta\%} t_2$ 选配，其中，t_1 为上级熔断器的熔断时间；t_2 为下级熔断器的熔断时间。

与电缆、导线截面的配合要求熔断体电流不大于导体长期允许电流的 2.5 倍(短路保护)或 0.8 倍(过载保护)。

3. 额定电压、电流的确定

熔断器的额定电压 U_n 不应低于线路额定电压 U_e。但当熔断器用于直流电路(如变流器控制电路中的直流部分)时，因没有电流过零点帮助灭弧，故在同样电压下，熔断器在直流电路中的总动作时间比在交流电路中要长。因此，制造厂除生产少数直流熔断器专供此用外，常采用重新确定交流熔断器额定电压(一般是降低)或给出有关特性的办法满足具体电路的需要。在选用这种用途的熔断器时，应注意制造厂提供的直流电路数据或与制造厂协商。

熔断器的最大分断电流应大于线路中可能出现的峰值短路电流有效值。

目前，常用的熔断器产品有 RM1、RM10 系列无填料密封管式熔断器(额定电流不超过 600 A)，RT0 系列有填料熔断器(额定电流达 1 000 A)，RL1 系列螺旋式熔断器(额定电流不超过 200 A)和 RLS1、RS0、RS3 等 3 个系列的快速熔断器。另外还有 RC1A 插入式熔断器和 R1 玻璃管式熔断器，额定电流分别不超过 100 A 和 10 A，主要用于小型设备或网络末端小电流线路中。

引进产品主要有上海电器陶瓷厂自德国 AEG 公司引进的 NT 型低压高分断能力熔断器。这是全范围熔断器，结构形式为有填料管式，能分断从最小熔化电流至其额定分断能力(120 kA)之间的各种电流，有 NT00、NT0、NT1、NT2、NT3 和 NT4 共 6 种规格，额定电流最大为 1 000 A。这种熔断器具有较好的限流作用，过电流选择比为 1.6:1，可用作各种线路和电气设备的过载及短路保护。制造厂推荐：当保护电动机时，额定电流可按电动机额定电流的 1.2~1.5 倍选择；当保护电容器控制设备时，额定电流应为电容器额定电流的 1.6 倍以上。

5.3　断 路 器

5.3.1　用途和分类

断路器(也称为自动开关)是一种不仅可以接通和分断正常负载电流、电动机工作电流和过载电流，也可以接通和分断短路电流的开关电器。它在电路中主要起短路和过载保护作用，还可有欠电压保护和远距离分断电源等功能，也可直接操作不频繁起动电动机和进行电路转换等。

根据用途不同，断路器可配备不同的脱扣器或继电器。脱扣器是断路器本身的组成部分，而继电器(包括热敏电阻保护单元)则通过与断路器操作机构相连的欠电压脱扣器或分励脱扣器的动作控制断路器。断路器配备的脱扣器和继电器的情况如表 5-10 所示。

表 5-10　断路器配备的脱扣器和继电器的情况

功能	脱扣器	继电器
过载保护	过载脱扣器热延时式或电磁延时式	过载继电器热延时式或电磁延时式
短路保护	短路脱扣器 电磁式或瞬动电子式	短路继电器 瞬动电磁式
选择性短路保护	短路脱扣器 电磁式或电子式短延时	—

断路器的分类方式很多，如按使用类别分，有选择型和非选择型；按灭弧介质分，有空气式和真空式(目前国产断路器多为空气式)；按结构类型分，有万能式和塑壳式；按操作方式分，有有关人力操作和无关人力操作、有关动力操作和无关动力操作，以及储能操作之分；按极数可分为单极式、二极式、三极式和四极式；按安装方式又可分为固定式、插入式和抽屉式等。人们用得比较多的是万能式和塑壳式断路器。

万能式(也称为框架式)断路器一般有一个钢制框架，所有部件均安装在这个框架内(导电部分加绝缘)。万能式断路器容量较大，可装设较多的脱扣器，辅助触头的数量也较多。不同的脱扣器组合可产生不同的保护特性，故这种断路器可制成选择型或非选择型配电断路器，也可制成有反时限动作特性的电动机保护断路器。

容量较小(如600 A以下)的万能式断路器多用电磁机构传动，容量较大(如1 000 A以上)的万能式断路器则多用电动机机构传动(无论采用何种传动机构，都装有手柄，以备检修或传动机构故障时用)。极限通断能力较高的万能式断路器还采用贮能操作机构以提高通断速度。

塑壳式断路器的主要特征是有一个塑料外壳，所有部件都装在这个外壳中。塑壳式断路器多为非选择型，用作电动机保护断路器或其他负载保护断路器。大容量产品的操作机构采用贮能式，小容量(50 A以下)也允许采用非贮能式闭合，操作方式多为手动，主要有扳式(如DZ10)和按键式(如DZ5)两种。

根据断路器在电路中的不同用途，有时也把断路器分为配电断路器、电动机保护断路器和其他负载(如照明)断路器。

根据采用的灭弧技术，断路器又有以下2种类型。

(1)零点灭弧式断路器。在这种断路器里，被触头拉开的电弧在交流电流自然过零时熄灭，如图5-7所示。

短路电流的峰值(峰值短路电流 i_s)在两触头之间会产生很大的斥力。因此，为防止触头在电磁脱扣器动作之前被破坏，断路器应有相应的触头压力或采用电动方式增加其在短路条件下的触头压力。用电动方式增加触头压力的方法特别适用于短路条件下要求有通断延时，额定电流高于160 A的选择型断路器，如图5-8所示。

由图5-8可知，触头系统中电流方向相反的两并列导体间产生斥力作用的结果，会使动触头杆臂被推离静触头。但由于动触头杆上设有一支持点，而且这个点的设计位置正好能使触头压力增加，使触头之间产生的斥力转化为转矩了。

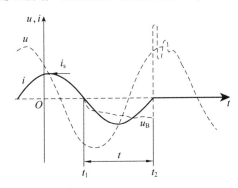

t_1 —触头打开时间; t_2 —分段过程结束时间; t —燃弧时间; u_B —电弧电压。

图5-7　短路电流被零点灭弧式断路器分段时的电流和电压波形

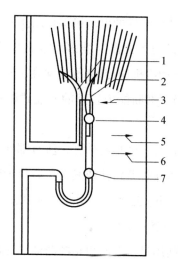

1—静触头；2—动触头；3—触头压力增加方向；4—闭合位置动触头杆壁支持点；5—平行导体间斥力的方向；
6—触头压力弹簧产生压力的方向；7—接通、分断过程中触头杆臂铰接点。

图5-8　选择型断路器触头系统工作原理示意图

（2）限流式断路器。"限流"的意思是把峰值 i_s 的预期短路电流限制到一较小的允通电流 i_D。

在过载电流整定值较低的断路器中，各极的双金属加热线圈和瞬动式电磁脱扣线圈的合成电阻很高。这个电阻可以高到完全能把短路电流 i_k 限制到断路器不仅能承受其热效应和电动力效应，而且能将其分断的程度。这种利用高内阻特性进行限流的断路器称作"抗短路断路器"。抗短路断路器可以安装在电网中短路电流可能超过 50 kA 的地方。保证上述功能的热脱扣器整定范围，根据断路器在具体系统电压下的固有分断能力而定，故在不同的系统电压值时，情况可能会有所变化。

还有一种限流式断路器的动作时间极短，电弧电压却很高。这种断路器配有一脱扣器和一与零点灭弧式断路器完全不同的分断机构，其触头分断也不是由动作比较缓慢的脱扣器直接控制的，如图5-9所示。

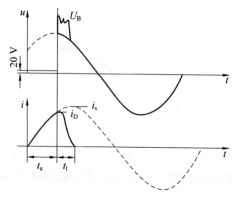

t_a—分断延时；t_1—燃弧时间；U_B—电弧电压；i_D—允通；i_s—预期短路电流峰值。

图5-9　限流式断路器分断短路电流时电流和电压波形

和熔断器限流的情况一样，这种断路器须满足2个条件：

（1）在预期短路电流峰值到来之前触头即应分断；

（2）在电路中以电弧电压的形式迅速出现一大电阻。

由图5-10（a）（较小型断路器）可知，触头的迅速分断是由电磁脱扣器的撞针（移动式衔铁）将动触头与静触头撞开而实现的。在大型断路器中，各种触头部件形成了一电流环路，如图5-10（b）所示，在出现短路的瞬间两触头间产生的巨大斥力使动触头离开静触头。这个斥力随着电流i的增大而增加，在很短时间内，就会产生很高的电弧电压。适当设计触头形状和灭弧室构造，可使电弧迅速离开触头表面进入灭弧室。在灭弧室里，电弧在经过灭弧板时充分冷却而熄灭。

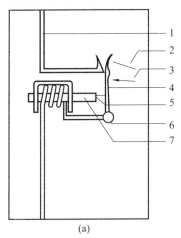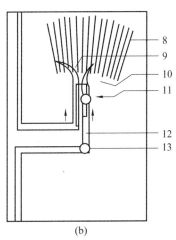

1—静触头；2—触头间的斥力方向；3—触头压力弹簧作用力方向；4—动触头；5—撞针冲击方向；
6—动触头杆铰接触点；7—撞针；8—灭弧板；9—静触头；10—两触头及触头杆间的斥力方向；
11—触头压力弹簧作用力方向；12—动触头；13—动触头杆铰点。

图5-10　限流式断路器触头系统分断原理示意

（a）小型；（b）大型

5.3.2　特性和主要参数

我国相关标准规定断路器可有下列特性参数：

（1）型式，指极数、电流种类、相数和额定频率、灭弧介质、闭合方式、断开方式和是否需要维修；

（2）主电路额定值和极限值，主要指额定工作电压、额定电流、额定工作制、额定短路通断能力和额定短时耐受电流；

（3）控制回路；

（4）辅助电路；

（5）使用类别；

（6）脱扣器型式及特性。

和选用关系较大的是额定工作电压、额定电流、额定工作制、短路特性、使用类别和脱扣器型式及特性。

额定电流分为断路器额定电流和断路器壳架等级额定电流 I_{nm}，后者指同一规格的框架或外壳中能装的最大脱扣器额定电流。壳架等级电流的数据系列为 6、10、16、20、32、40、50、(60)63、100、(150)160、200、250、315、400、(600)630、800、1 000、1 250、(1 500)1 600、2 000、2 500、(3 000)3 150、4 000、5 000、(6 000)6 300、8 000、10 000、12 500 A。

断路器的额定工作制规定为 8 h 工作制和不间断工作制 2 种。

断路器的短路特性包括额定短路接通能力、额定短路分断能力和额定短时耐受电流。

额定短路接通能力是指断路器在额定频率和给定功率因数的条件下，额定工作电压提高 10% 时能够接通的短路电流，交流时以预期短路电流的峰值为最大值。额定短路接通电流以额定短路分断电流乘以因子 n 为最小值给出，如表 5-11 所示。

表 5-11 断路器短路接通能力和短路分断能力的关系

额定短路分断能力 I_c /kA	$\cos \varphi$	最小短路接通能力
$I_c \leqslant 1.5$	0.95	$1.41 I_c$
$1.5 < I_c \leqslant 3$	0.9	$1.42 I_c$
$3 < I_c \leqslant 4.5$	0.8	$1.47 I_c$
$4.5 < I_c \leqslant 6$	0.7	$1.53 I_c$
$6 < I_c \leqslant 10$	0.5	$1.7 I_c$
$10 < I_c \leqslant 20$	0.3	$2.0 I_c$
$20 < I_c \leqslant 50$	0.25	$2.1 I_c$
$50 < I_c$	0.2	$2.2 I_c$

额定短路分断能力是指断路器在额定工作电压提高 10%，额定频率和给定功率因数的条件下能够分断的短路电流。它用短路电流周期分量的有效值表示。

断路器的额定短路分断能力可采用 2 种表示方法：用额定极限短路分断能力(I_{cu})和额定运行短路分断能力(I_{cs})表示，或用按短路特性类别 P—1 和 P—2 分别确定的分断能力表示。

额定极限短路分断能力 I_{cu} 指断路器在规定试验电压及其他规定试验条件下的极限短路分断电流值，可用预期短路电流表示(交流时为周期分量有效值)。额定运行短路分断能力 I_{cs} 是指断路器在规定试验电压及其他规定条件下的比 I_{cu} 小的分断电流值。不同使用类别下 I_{cu} 和 I_{cs} 的标准比例关系数据系列如表 5-12 所示。

表5-12　I_{cu} 和 I_{cs} 的标准比例

使用类别代号	A/%	B/%
I_{cs}	25	—
	50	50
I_{cu}	75	75
	100	100

额定运行短路分断能力试验按 o—t—co—t—co 的程序试验。额定极限短路分断力试验仅对使用类别 A 和额定极限短路分断能力比额定短时耐受电流还要高的使用类别 B 的断路器产品进行，试验按 o—t—co 的缩短程序试验。经过规定试验之后，断路器应具备继续承载其额定电流的能力。

如按短路特性类别 P—1 和 P—2 来表示额定短路分断能力，试验程序和具体要求如表5-13所示。

表5-13　按短路特性类别确定断路器分断能力时的试验程序和要求

短路特性类别	操作顺序	短路分断能力后断路器的状态
P—1	o—t—co	a. 断路器不经维修就能承受 $2U_i$ 耐压试验 b. 在额定电压下能接通和分断断路器的额定电流 c. 机械部件和绝缘件应基本上与试前一样 d. 温升试验应以约定发热电流进行，断路器触头应无发热过程，温升应不使相邻绝缘材料引起任何伤害 e. 过电流脱扣器在通以 2.5 倍电流整定时，动作时间不应大于制造厂规定的 2 倍电流整定值时的最大值
P—2	o—t—co—t—co	a. 断路器不经维修就能承受 $2U_i$ 耐压试验 b. 在额定电压下能接通和分断断路器的额定电流 c. 机械部件和绝缘件应基本上与试前一样 d. 断路器不经维修应能承载约定发热电流，温升应不使相邻绝缘材料引起任何伤害 e. 过电流脱扣器在通以 2.5 倍电流整定时，动作时间应保持在制造厂规定的允差范围内

注：o—分断；

co—接通后紧接着分断；

t—两个相继操作之间的间断，一般不小于 3 min。

额定短时耐受电流 I_{cw} 指断路器在规定试验条件下短时承受的电流值，交流时为预期短路电流的周期分量有效值，其最小值规定如表5-14所示。

表 5-14　断路器的最小额定短时耐受电流值

壳架等级电流	最小额定短时耐受电流值
$I_{nm} \leqslant 2\,500$ A	$12\,I_{nm}$，但不小于 5 kA
$I_{nm} > 2\,500$ A	30 kA

断路器的使用类别按是否要求有选择性划分为 A、B 类别，如表 5-15 所示。其辅助触头的使用类别为 AC—11、AC—14、AC—15、DC—11 和 DC—14。

表 5-15　断路器的使用类别

使用类别	说明
A	在短路情况下，断路器和其负载侧其他短路保护电器之间无选择性要求，即无人为延时，因而无额定短时耐受电流要求
B	在短路情况下，断路器和其负载侧其他短路保护电器之间有选择性要求，即有人为延时(可调)，且其延时时间不小 0.05 s，因而有可能有短时耐受电流要求

断路器的脱扣器型式有欠电压脱扣器、分励脱扣器和过电流脱扣器等。过电流脱扣器还可分为过载脱扣器和短路(电磁)脱扣器，并有瞬时、定时限和反时限之分(定时限和反时限还有短延时和长延时的区别)。欠电压脱扣器也分为瞬时和延时。

欠电压脱扣器用来监视工作电压波动、完成电路联锁和进行远距离分断。如果该工作电压来自电网，则当电网电压降至(35%～70%) U_e 或出现电网故障时，断路器能立即分断；在电源电压低于 35% U_e 时应能防止断路器闭合。

带延时的欠电压脱扣器用来防止弱电网中因短时电压降低造成脱扣器误动作使断路器不适当地跳闸。这种延时时间一般为 1、3、5 s 这三档，由电容器单元实现。

分励脱扣器用于远距离分断断路器，其工作电压范围按标准规定为(70%～110%) U_e，有些产品可达(50%～110%) U_e。

还有种用作电网保护的特殊分励脱扣器，其工作电压范围为(10%～110%) U_e，它由一个普通脱扣器和一个电容器延时单元组成。电容器的电容量应保证延时单元能储备足够的能量，使这种作电网保护用的脱扣器能在电源出现故障后仍能动作。电容器充足电以后，在无电源条件下可维持 4～5 min。

欠电压和分励脱扣器的特性，主要是额定电压、额定电流和额定频率，有时有延时指标，除延时外，其他参数都是固定的。

延时热(过载)脱扣器在给定电流范围内是可调的，偶然也有产品为不可调的。调节方式一般为旋钮式或螺杆式。脱扣器的动作特性和整定电流对应，在一些样本资料中，断路器和过载继电器的动作特性也用整定电流的倍数来表示。当为长延时电子式过载脱扣器时，其动作时间也可按 6 倍整定电流确定。

电磁式短路脱扣器(电磁脱扣器)可以是固定式的，也可以是可调式的。但电子式短路脱扣器都是可调式的。按 IEC 规定，动作电流相对于整定电流的允许偏差为 20%。

一般断路器都有所谓短路锁定功能，用来防止因短路故障而动作的断路器在短路故障未排除时发生再合闸。在短路条件下，脱扣器动作分断断路器，锁定机构也动作使断路器的机构保持在分断位置。如果在锁定机构未复位前想合上断路器，则合闸机构不能动作。

当塑壳式断路器动作时，其工作机构转换到分断位置。在未将断路器手柄扳到分断位置使工作机构复位以前，断路器不能复位合闸。

5.3.3　选用原则

断路器的选用，应根据具体使用条件选择使用类别，决定是否选用选择型产品。当与另外的断路器或其他保护电器之间的配合要求有选择性时，应选用选择型断路器。

接着便是具体参数的选择，可按额定工作电压、额定电流、脱扣器整定电流和分励、欠压脱扣器的电压电流等参数分别进行，并需对短路特性和灵敏系数进行校验。

1）额定工作电压和额定电流

断路器的额定工作电压 U_e 和额定电流 I_n 应分别不低于线路额定电压和计算电流。注意断路器的额定工作电压与通断能力及使用类别有关，同一台断路器产品可以有几个额定工作电压和相对应的通断能力及使用类别。

2）长延时脱扣器整定电流 I_{r1}

所选断路器的长延时脱扣器整定电流 I_{r1} 应大于或等于线路的计算负载电流，可按计算负载电流的 1~1.1 倍确定；同时应不大于线路导体长期允许电流的 0.8 倍。

3）瞬时或短延时脱扣器的整定电流 I_{r2}

所选断路器的瞬时或短延时脱扣器整定电流 I_{r2} 应大于线路尖峰电流：配电断路器可按不低于尖峰电流 1.35 倍的原则确定；当动作时间大于 0.02 s 时，电动机保护电路可按不低于 1.35 倍起动电流的原则确定，如果动作时间小于 0.02 s，则应增加为不低于起动电流的 1.7 倍。这些系数是考虑到整定误差和电动机起动电流可能变化等因素而加的。

4）短路通断能力和短时耐受能力校验

断路器的额定短路分断能力和额定短路接通能力应不低于其安装位置上的预期短路电流。当动作时间大于 0.02 s 时，可不考虑短路电流的非周期分量，即把短路电流周期分量有效值作为最大短路电流：当动作时间小于 0.02 s 时，应考虑非周期分量，即把短路电流第一周期内的全电流作为最大短路电流。

如校验结果说明断路器通断能力不够，应采取如下措施。

(1)在断路器的电源侧增设其他保护电器(如熔断器)作为后备保护，可能时也可改用 RT0 型或 NT 型熔断器(断流能力 50 kA 以上)。

(2)采用限流式断路器，可按制造厂提供的允通电流特性或限流系数(即实际分断电流峰值和预期短路电流峰值之比)选择相应的产品。

应当注意，尽管限流式断路器比同规格零点灭弧式断路器短路分断能力高，但其分断能力并不是无限的(分断能力及允通电流均和电压有关)。

(3)必要时改选较大容量的断路器。各种短路保护断路器必须能在闭合位置上承载未受限制的短路电流瞬态值，还须能在规定的延时范围内承载短路电流。这种短时承载的短路电流值应不超过断路器的额定短时耐受能力，否则也应采取措施或改变断路器规格。断路器产品样本中一般都给出产品的额定峰值耐受电流和额定短时耐受电流(1 s 电流)。当为交流电流时，短时耐受电流应以未受限制的短路电流周期分量的有效值为准。

5)灵敏系数校验

所选定的断路器还应按短路电流进行灵敏系数校验。灵敏系数即线路中最小短路电流(一般取电动机接线端或配电线路末端的两相或单相短路电流)和断路器瞬时或延时脱扣器整定电流之比。两相短路时的灵敏系数应不小于2，单相短路时的灵敏系数可取 1.5(适于DZ 型断路器)或2(适于其他型断路器)。

如果经校验灵敏系数达不到上述要求，除调整整定电流外，也可利用延时脱扣器作为后备保护。

6)分励和欠电压脱扣器的参数确定

分励和欠电压脱扣器的额定电压应等于线路额定电压，电流类别(交、直流)应按线路情况确定。我国相关标准规定的额定控制电源电压数据系列为：直流(24)、(48)、110、125、220、250 V；交流(24)、(36)、(48)、110、127、220 V。括号中的数据不推荐采用。

另外还有种"带熔断器的断路器"属组合电器。其特性相当于一断路器加一后备保护用熔断器。

目前常用的断路器产品，万能式主要有 DW10、DW15 和 DW12 等系列；塑壳式主要有 DZ1、DZ4、DZ5、D210、DZ12 和 D215 等系列。其中 DW15 的触头系统有电动补偿效果，欠电压脱扣可以延时。此外还有 DWX15 和 DZX10 系列限流式断路器(限流系数均小于 0.6)和 DZ10-100R 型带自复熔断器的断路器(限流系数不大于 0.1)，以及 DZ15C 系列漏电保护断路器等。

引进产品有浙江嘉兴电控设备厂从国外引进的 TO、TG、TL、TH 系列塑壳式断路器，北京开关厂自同一公司引进的 AH 系列万能式断路器。这几个系列的产品均为船用断路器(也可陆用)，除符合其他标准外，还符合 IEC92 和有关船级社的技术规范要求。其中 TG系列为高分断能力断路器，TL 系列为限流式断路器，TH 系列为照明、配电线路用的单极、双极断路器。此外还有上海华通开关厂自美国西屋公司引进的 H 系列和上海人民电器厂自德国 AEG 公司引进的 ME 系列塑壳式断路器。这几种引进产品全都符合国际标准及我国标准的要求。

5.4　接触器

5.4.1　用途和分类

接触器是一种应用广泛的开关电器，它利用电磁或气动原理通过控制回路的通断控制主电路的通断，适于远距离频繁接通和分断交直流主电路和大容量的控制电路。其主要控制对象为电动机，也可用来控制其他电力负载。

接触器的分类也有几种不同的方式。例如，按操动方式分，有电磁接触器、气动接触器和电磁气动接触器；按灭弧介质分，有空气式接触器、油浸式接触器和真空接触器等；按主触头控制的电流种类分，有交流接触器和直流接触器等等。目前，产量较大、应用也比较广泛的是空气电磁式交流接触器和空气电磁式直流接触器，习惯上简称为交流接触器和直流接触器。

5.4.2 特性和主要参数

接触器的特性参数具体如下：

(1)接触器的型式，包括极数、电流种类及交流时的相数和频率、灭弧介质和操动方式；

(2)额定值和极限值，包括额定工作电压、额定绝缘电压、约定发热电流、约定封闭发热电流(有外壳时的)、额定工作电流或额定工作功率、额定频率、额定工作制、额定接通能力、额定分断能力和耐受过载电流能力；

(3)使用类别；

(4)控制回路(包括电气控制回路和气动控制回路)；

(5)辅助电路(包括辅助电路数和每个辅助电路中的触头种类及触头数量)；

(6)和短路保护电器(SCPD)的协调配合。

接触器6种特性参数中，影响较大的几项介绍如下。

1)使用类别

接触器包括主触头、辅助触头、电磁铁、灭弧室、支架和外壳。

我国相关标准是参考 IEC 标准内容，并根据我国实际情况和 IEC 标准的修订动向作了一些调整后确定了这些使用类别和相应的试验条件。和现行的 IEC 相应标准相比，我国标准在使用类别方面的主要不同之处是合并、化简了直流时的主触头使用类别(取消了 DC—2 和 DC—4)，而增加了交流和直流时的辅助触头使用类别(增加了 AC—14、AC—15、DC—13 和 DC—14)，还增加了 AC—3 使用类别时的第二类电寿命试验条件(第二类试验条件的通断电流条件相同，可减少试验设备，提高试验速度)。

2)耐受过载电流能力

耐受过载电流能力是指接触器承受电动机的起动电流和操作过负荷引起的过载电流所造成的热效应的能力。使用类别为 AC—2、AC—3 和 AC—4 的交流接触器应能耐受相当于 AC—3 类最大额定工作电流 8 倍的过载电流，使用类别为 DC—3 和 DC—5 的直流接触器应能耐受相当于 DC—3 类最大额定工作电流 7 倍的过载电流。630 A 及以下等级的接触器的通电时间为 10 s，超过 630 A 的各等级接触器通电时间可适当缩短。

3)机械寿命和电寿命

接触器的机械寿命用其在需要维修或更换机械零件前(允许进行正常维护，包括更换触头)所能承受的无载操作循环次数来表示。国产接触器的寿命指标一般以90%以上产品能达到或超过的无载循环次数为准。推荐的机械寿命标准数据(次数)为0.001、0.003、0.01、0.03、0.1、0.3、0.6、1、3、6和10(百万次)。如果产品未规定机械寿命数据，则认为该接触器的机械寿命为在断续周期工作制下按其相应的最高操作频率操作8 000 h的循环次数。

接触器的电寿命用在无其他规定的条件下，接触器AC—3使用类别的电寿命次数应不少于相应机械寿命次数的1/20。

4)和短路保护电器的协调配合

接触器和短路保护电器的协调配合试验应由制造厂进行。试验的要求随配合类型而异；"a"型配合的，试验后允许更换零件直至整合接触器(但不得危及周围其他设备)；"c"型配合的，只允许接触器出现熔焊。

5)额定工作制

接触器有4种标准工作制，具体如下。

(1)8 h工作制。这是接触器的基本工作制，约定发热电流参数就是按8 h工作制确定的。

(2)不间断工作制。这种工作制较8 h工作制更严酷，因为触头氧化和尘埃积累会使触头发热恶性循环。在不间断工作制中，接触器必须降容使用或进行特殊设计。

(3)断续周期工作制。断续周期工作制时的负载因数(也称为通电持续率)标准值为15%、25%、40%和60%。

(4)短时工作制。其触头通电时间标准值分为10、30、60、90 min。

6)控制电路参数

控制回路根据接触器操动方式不同分为电气控制回路(即控制电路)和气动控制回路，常用的为电气控制回路。电气控制回路有电流种类、额定频率、额定控制电路电压 U_c 和额定控制电源电压 U_s 等参数。单独提出控制电源电压的原因是考虑控制电路中由于接入变压器、整流器和电阻器等而可能使接触器控制电路的输入电压(即控制电源电压 U_s)和其线圈电路电压(即控制电路电压 U_c)不相同这种情况。在多数情况下，这2个电压是一致的。

当控制电路电压与主电路额定工作电压不同时，应采用如下标准数据。

直流：24、48、110、125、220、250。

交流：24、36、48、110、127、220。

具体产品在额定控制电源电压下的控制电路电流由制造厂提供。

5.4.3　选用原则

接触器的选用受负载条件影响较大。单从本身参数讲，接触器的选用主要是型式、主电路参数、控制电路参数和辅助电路参数的确定，以及按电寿命、使用类别和工作制的选用，具体如下。

1）型式的确定

如前所述，常用接触器多为空气电磁式，型式方面选用时需确定的主要是极数和电流种类。三相交流系统中一般选用三极接触器，单相交流和直流系统中则常有两极或三极并联的情况。当交流接触器用于直流系统时，也采取各极串联的方式，以提高分断能力。接触器的电流种类一般按系统电流种类选定，在有些情况下，交流接触器也可在直流系统中使用。

2）主电路参数的确定

选用中需确定的主电路参数主要为额定工作电压（含频率）、额定工作电流（或额定控制功率）、额定通断能力和耐受过载电流能力。

接触器可以在不同的额定工作电压和额定工作电流下工作。但在任何情况下，所选定的额定工作电压都不得高于接触器的额定绝缘电压，所选定的额定工作电流（或额定控制功率）也不得高于接触器在相应工作条件下规定的额定工作电流（或额定控制功率）。各接触器产品在不同工作条件下的额定工作电流均在其产品样本中列出。

接触器的额定通断能力应高于通断时电路中实际可能出现的电流值。耐受过载电流能力也应高于电路中可能出现的工作过载电流值。电路的这些数据都可通过不同的使用类别及工作制来反映，当按使用类别和工作制选用接触器时，实际上已考虑了这些因素。

3）控制电路参数和辅助电路参数的确定

接触器的线圈电压应按选定的控制电路电压确定。交流接触器的控制电路电流种类分交流和直流，一般情况下多用交流，若操作频繁（如冶金行业）则常选用直流。

接触器的辅助触头种类和数量一般可在一定范围内按用户要求变化。选用接触器时应根据系统控制要求，确定所需的辅助触头种类（常开或常闭）、数量和组合型式，同时应注意辅助触头的通断能力和其他额定参数。当接触器的辅助触头数量和其他额定参数不能满足系统要求时，可增加接触器式继电器以扩大功能。

4）按电寿命和使用类别选用

接触器的电寿命参数由制造厂给出。电寿命指标和使用类别有关。接触器制造厂均以不同形式给出有关产品电寿命指标的资料，以便于用户选用。比较受欢迎的形式是选用曲线。

5.5 起动器

5.5.1 用途和分类

起动器按其工作方式可分为直接(全压)起动器、星-三角起动器、自耦减压起动器、电抗减压起动器、电阻减压起动器和延边星-三角起动器。本节只介绍直接起动器。

直接起动器是一种由接触器、过载继电器、控制按钮(有时还有熔断器)组成的组合电器,装在有一定防护能力的外壳中,如图5-11所示,其用以控制电动机的起动、停止,并有过载、失压保护(如有熔断器则还有短路保护)功能。这种起动器可有不同的额定功率,适用于要求直接起动的场合,如研磨机、锯床和水泥搅拌机等。采用直接起动器的优点如下:

(1)有失压保护,可防止电源发生故障后又恢复供电时电动机的误起动;

(2)可进行远距离控制。

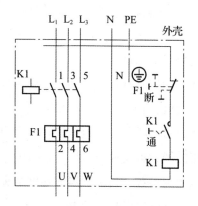

图5-11 直接起动器的内部电路图

5.5.2 直接起动器的特性和主要参数

因为接触器是直接起动器的主要电器元件,所以起动器的特性和参数也大都和接触器相同。我国相关标准规定直接起动器的特性参数有型式,主电路的额定值和极限值,使用类别,控制回路,辅助电路,继电器和脱扣的型式、特性和数量,以及和短路保护电器的协调配合共7项。除"继电器和脱扣器的型式、特性和数量"一项外,其他6项的名称均和接触器相同,内容也只有很少的出入。

直接起动器的型式包括极数、灭弧介质、操作方式等内容。

因为直接起动器的控制对象是鼠笼式电动机，故其主触头使用类别只按 AC—3、AC—4 考虑，试验条件和接触器相同。直接起动器的辅助触头使用类别和接触器完全相同。

继电器和脱扣器的型式、特性和数量是起动器产品的重要参数。它不仅说明起动器产品所配备的继电器和脱扣器的型式(过载、分励、失压等)和数量，还规定了起动器的保护特性(由所配继电器决定)。标准规定，制造厂应以曲线簇形式提供过载继电器的时间-电流特性。

过载继电器分为 2 种类型：按所匹配电动机的满载电流选定的过载继电器为一型，按最终动作电流选定的过载继电器为二型。2 种继电器在各相通过平衡电流和不平衡电流时的特性如下。

对失压保护方面的要求一般为 70% U_e，以上能保持闭合，35% U_e 以下能可靠释放。

和短路保护电器的协调配合方面，标准规定短路保护电器应能躲过正常工作时的最大过载电流值以下的各种电流(包括电动机的堵转电流)。配合类型有 3 类：

(1)"a"型允许整台起动器或其零部件的损坏和更换(外壳应保持不损坏)；

(2)"b"型允许有触头熔焊和热继电器动作特性的永久性改变；

(3)"c"型只允许有触头熔焊。

起动器制造厂应说明各种配合类型下所用短路保护电器的型式和特性。

5.5.3　选用原则

直接起动器的选用，除应考虑保护特性(须和所控制电动机的保护要求匹配)外，其他参数的确定原则和接触器相同。

目前，国内常用的直接起动器产品主要有 QC0、QC8、QC10 和 QC12 系列。此外还有 QC71—10 型起动器，可控制 3 台电动机的起动，实际上是 3 套电路的组合。

引进产品主要有北京某厂和上海某厂自德国 BBC 公司引进的 MS 系列电磁起动器和沈阳某厂自德国西门子公司引进的 MC 系列电磁起动器。这两种起动器分别用 B 系列接触器加 T 系列热继电器和 3TB 系列接触器加 3UA 系列热继电器构成。MC 系列电磁起动器还符合 IEC92 及有关船级社标准，可用于船上。

习题5

1. 对低压电器有何主要技术要求？试分析对几种保护性能要求的依据和原理。

2. 试述低压电器的主要特点和分类。

3. 试述主令电器的种类及凸轮控制器的结构特点。

4. 试述控制继电器的种类及其用途。

5. 试分析继电器的继电特性和主要技术参数，以及影响继电器性能的主要参数。

6. 简述时间继电器的工作原理及消除影响动作时间的因素的方法。

7. 试述双金属片式热继电器的工作原理，对它的要求以及它的选用和故障分析。

8. 对低压接触器有何技术要求？怎样提高其寿命？

9. 接触器常用灭弧装置有几种？它们有何特点？

10. 试分析接触器的选用和常见故障及其原因。

11. 试分析常用的电动机起动器的工作原理。

12. 试讨论电动机起动器的选用方法。

第 6 章
高压电器

6.1 高压电器的基本功能

高压电器一般是指额定工作电压在 1 500 V 以上的电器。高压电器的种类有很多,高压断路器是高压电器中最重要的一类。断路器是指能够闭合、承载和开断正常回路条件下的电流,并能关合在规定的时间内承载和开断异常回路条件(如短路条件)下的电流的机械开关装置。

高压断路器也应该能够分断空载长线的充电电流(容性电流)、空载变压器的励磁电流(感性小电流)等。通常使用的断路器分合频度不大,不经常承载、开断和关合短路电流,但某些特殊断路器也用于频繁分合。

总体来讲,断路器具有以下最基本功能。

(1)在关合状态时应为良好的导体,在长时间工作时各部位温度和温升低于最大允许发热温度和允许温升,能够承受短路情况下的热和机械作用。

(2)在开断状态时,具有良好的绝缘性能。在不同环境条件下,皆能承受对地同相以及不同相端子间的电压。

(3)在关合状态的任意时刻,在尽可能短的时间内,能够开断额定开断电流及以下的各种故障电流。

(4)在开断状态的任意时刻,在短时间内能关合处于短路状态下的电路。

另外,国家标准及其他有关标准对各种其他高压开关设备也给出了明确的定义。

高压开关额定电压在 1 500 V 及以上,主要用于开断和关合导电回路的电器。

　　高压开关设备是高压开关与控制、测量、保护、调节装置以及辅件、外壳和支持件等部件及其电气和机械的连接组成的总称。

　　一般地，高压开关主要指的是能开断与关合高压回路(带电与不带电)的操作装置，它包括断路器、隔离开关、负荷开关和接地开关。而高压开关设备应包括除变压器等少数几种电力设备以外的几乎所有的高压电器。例如，除去上述几种开关外，还应包括高压熔断器、高压接触器、柱上配电开关设备(除了柱上断路器、负荷开关外，还有自动重合器、分段器、配电自动化开关等)、金属封闭开关设备即开关柜(包括断路器柜、高压接触器—熔断器组合电器即 F-C 回路开关柜、负荷开关柜及负荷开关–熔断器组合柜即常称为环网柜或环网供电单元等各种开关柜)、各类组合电器、SF_6 气体绝缘金属封闭开关设备(GIS)、预装式变电站等。高压开关设备除了前述的开关设备外，还应包括各种控制和测量设备，习惯上又混称为开关装置。

　　隔离开关是指在分位置时，触头间有符合规定要求的绝缘距离和明显的断开标志；在合位置时，能承载正常回路条件下的电流及在规定时间内异常条件(如短路)下的电流的开关设备。

　　负荷开关是指能在正常的导电回路条件以及规定的过载条件下关合、承载和开断电流，也能在异常的导电回路条件(如短路)下按规定的时间承载电流的开关设备。按照需要，也可具有关合短路电流的能力。

　　接地开关是指用于将回路接地的一种机械式开关装置。在异常条件(如短路)下，可在规定时间内承载规定的异常电流；但在正常回路条件下，不要求承载电流。

　　熔断器是指当电流超过规定值一定时间后，以它本身产生的热量使熔断体熔化而开断电路的开关装置。

　　接触器是指除手动操作外，只有一个休止位置，能关合、承载及开断正常电流及规定的过载电流的开断和关合装置。

　　重合器是指能够按照预定的顺序，在导电回路中进行开断和重合操作，并在其后自动复位、分闸闭锁或合闸闭锁的自具(不需外加能源)控制保护功能的开关设备。

　　分段器是指能够自动判断线路故障和记忆线路故障开断的次数，并在达到整定的次数后在无电压或无电流下自动分闸的开关设备。

　　某些分段器可具有关合短路电流(自动重合功能)及开断、关合负荷电流的能力，但无开断短路电流的能力。

　　金属封闭开关设备、开关柜是指除进出线外，其余完全被接地，金属外壳封闭的开关设备。

　　组合电器是指将两种或两种以上的高压电器，按电力系统主接线要求组成一有机的整体而各电器仍保持原规定功能的装置。

　　气体绝缘金属封闭开关设备、封闭式组合电器是指至少有一部分采用压力高于大气压时气体作为绝缘介质的金属封闭开关设备。

预装式变电站的主要部件是变压器、高压开关设备和控制设备、低压开关设备和控制设备、相应的内部连接线(电缆、母线和其他)和辅助设备。这些部件应该用一个公用的外壳或一组外壳封闭起来。

在这些高压开关设备中,高压断路器是最基本、最重要的一类电器。在电力系统的运行过程中,时常会发生故障,其中大多数是短路故障。在大容量系统中,短路电流可达几十千安甚至几百千安。由于短路电流的热效应和电动力具有很大的破坏性,因此,短路发生后,要求迅速排除短路故障。为了减小短路对电力系统的危害,最主要的措施是迅速将发生短路的部分与系统其他部分隔离,断路器便承担着切除短路故障的任务。

6.2 高压断路器的分类和发展状况

按灭弧原理来划分,可将断路器分为油断路器(其中包括多油和少油)、压缩空气断路器、SF_6 断路器、真空断路器、磁吹断路器和空气断路器。目前,用得较多的是真空断路器和 SF_6 断路器。

6.2.1 发电机保护用断路器

为可靠地保护与方便地控制发电机组,对于发电机回路,无论采用单元接线方式,还是采用扩大的单元接线方式,都要求在发电机的出口装设专用的发电机保护断路器。

早年的发电机保护断路器采用压缩空气技术开断电流。这些断路器的持续载流能力由强迫空气冷却系统来保证,开断电流高达 50 kA。压缩空气发电机断路器使用一主开断单元和一配有低值电阻的辅助单元。这样的断路器结构复杂,很少用于其他小型机组。

近年来,由于 SF_6 开关技术的发展和不断成熟,国内外已相继开发研制了 SF_6 发电机保护断路器。发电机断路器基本上有 2 种类型:一种是 ABB 公司生产的采用自能旋弧式原理灭弧的 HE 型发电机断路器;另一种是以日本日立公司生产的 FPT 型、三菱公司生产的 SFWA 型和 GEC Alsthom 公司生产的 FKG 型为代表的压气式 SF_6 发电机断路器。2 种产品的技术性能基本相似,外形大多为卧式结构。

我国某公司自行开发研制了压气式 SF_6 中等容量发电机断路器,额定电压为 18、24 kV,额定电流为 6 300、8 000、10 000、12 500 A,额定短路开断电流为 63、80、100 kA。

6.2.2 线路用断路器

线路用断路器主要用于变电所内,又可分为输电用断路器和配电用断路器。输电用断路器的电压通常为 126~800 kV,目前已达到 1 100 kV;配电用的为 12~72.5 kV,有时可达到 126～252 kV。

输电用断路器与配电用断路器有所不同。输电用断路器的动作次数少，但要求动作可靠。对于输电用断路器来说，除要求具备快速自动重合闸功能外，还要求有开断近区故障和失步故障、开断和闭合空载长线的能力。配电用断路器的动作次数多，要求寿命长、维护检修方便。对于配电用断路器除要求具备快速自动重合闸功能外，还要求有开断和闭合电容器组和开断空载变压器等的能力。

输电用断路器电压高、开断容量大，断路器的结构比较复杂。而配电用断路器电压低，其结构相对较简单。

在灭弧介质方面，20世纪40年代，以多油断路器为主。到了20世纪50年代，由于电力系统电压升高和容量增大，逐渐发展成以空气和少油断路器为主，空气断路器做到了275～500 kV级。20世纪60年代，性能优异的SF_6断路器和全封闭组合电器问世，由于其性能不断改进，使现在的SF_6断路器的单断口开断容量为空气断路器的10多倍。到了70年代，SF_6断路器全面取代空气断路器。

在灭弧室结构方面，最早的SF_6断路器沿用压缩空气断路器的灭弧原理，采用双压式结构，灭弧高压区充以1.5 MPa的SF_6气体，灭弧低压区充以0.3 MPa的SF_6气体，开断时气体从高压区向低压区流动吹拂电弧从而将电弧熄灭。双压式SF_6断路器结构复杂、噪声大，很快被单压式SF_6断路器所取代。单压式SF_6断路器利用操作时的机械功来压缩SF_6气体，并利用气体动力学的有关原理对灭弧喷口流道进行优化以获得优良的灭弧性能。由于单压式SF_6断路器具有体积小、可靠性高及开断性能好等优点，在电力系统中得到了广泛应用。随着现代分析技术及试验手段的完善发展，以及对电弧进行的深入研究，人们在此基础上提出了自能式灭弧原理。该原理利用电弧本身的能量使压气室内SF_6气体的压力升高，在电弧过零时产生有效的气吹而熄灭电弧，操动机构仅需提供触头运动所需要的动能，这就大大简化了机构，减少了操作功。目前，这一技术已在110 kV电力系统中广泛使用。为了进一步提高开断容量，在超高压及特高压电力传输系统中的开关设备常常采用压气加自能技术。进入21世纪后，开关技术已在高电压等级发展到大容量双动自能灭弧结构，操作功大大减少。高压SF_6断路器的灭弧室发展过程大致可分为5个阶段：双压式阶段、单压式阶段、单断口高电压大电流阶段、自能灭弧式阶段和大容量双动自能灭弧式阶段。

SF_6断路器灭弧方式的变化实质是由其结构决定的，图6-1为压气式断路器的典型结构及灭弧过程，它起源于20世纪60～70年代，在各个电压等级中应用广泛。图6-2为自能压气式灭弧室简图。

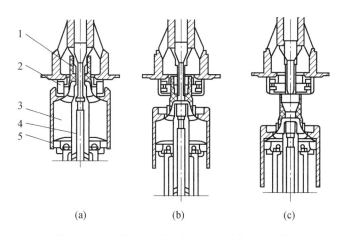

1—静触头；2—触指；3—压气室；4—动触头；5—压气缸。

图 6-1 压气式断路器的典型结构及灭弧过程示意图

（a）合闸位置；（b）分闸过程；（c）分闸位置

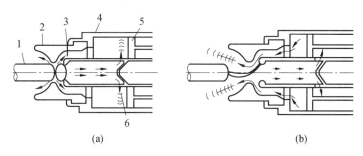

1—静弧触头；2—喷嘴；3—动弧触头；4—压气缸；5—压气活塞；6—排气孔。

图 6-2 自能压气式灭弧室简图

（a）开断初期；（b）开断后期

在电压等级方面，我国开关制造企业在 20 世纪 80 年代引进技术、消化吸收过程中积累了大量的理论基础和技术经验。新东北电气和西开股份有限公司通过引进国外 750 kV GIS 产品技术并在西北电网投入运行的基础上，研制开发出 1 100 kV GIS 产品，断路器为双断口。平高公司在自主开发 800 kV G1S 成功并投入运行的基础上，通过"引进技术，消化吸收再创新"的方式，研制出 1 100 kV 双断口罐式 SF_6 断路器，并在晋东南—南阳（开关站）—荆州百万伏级示范试验工程中得到成功应用，这是世界上首次正式运行的特高压输电线路。在此之前，意大利、日本等国家也开展了特高压工程研究，但由于用电量需求等原因，这些工程都处于降压或带电试验运行状态。

要保持 SF_6 断路器的较高技术和性能，还应将其工作温度范围扩大到-50 ℃，而且无须加热。解决这个课题的途径主要是采用 SF_6 气体与其他气体的混合物作为绝缘和灭弧介质。研究表明，47% N_2 与 53% SF_6 混合气体的电气强度和灭弧能力与纯 SF_6 气体没有很大的差别。

6.2.3 供电用断路器

SF_6 为供电用断路器，它有时直接用于工业企业，使用量最大，品种类型也最多。这类断路器的额定电压为 6.9 ~ 40.5 kV，额定电流一般为 1 000 ~ 2 500 A。这样一类电压等级的断路器在电器中称为中压断路器。

以往这类断路器有多油、少油、磁吹、自产气固体、空气、真空、SF_6 等各种类型。20 世纪 70 年代初，世界上掀起了中压断路器无油化的浪潮。到 20 世纪 70 年代末，已确立了无油断路器在中压断路器中的主导地位。1977—1988 年，作为无油断路器两大支柱的 SF_6 与真空断路器在世界范围内引起了旷日持久的论战。论战的结果是 SF_6 与真空断路器都有了长足的发展，原先发展单一产品的制造厂家，同时发展了两种产品。作为用户，在电压等级较低(如 7.2 ~ 12 kV)、要求频繁操作、户内装设的场合，使用真空断路器较多，而在电压等级较高(如 24 ~ 40.5 kV)、要求单断口容量大及户外装设的场合，使用 SF_6 断路器较多。但是由于 7.2 ~ 12 kV 等级需要量大，故真空断路器所占比例很大。在整个中压市场中，真空断路器约占 65%，SF_6 断路器约占 20%，少油断路器约占 15%。

真空断路器不断向高电压、大容量、低过电压和小型化方向发展，使之在中压领域有着广阔的市场。其发展与各制造公司大力开展研究工作分不开，这些研究工作主要表现有：研制新的触头材料，降低截流过电压，提高真空灭弧室的开断能力；改进触头结构，提高开断能力和缩小尺寸；采用先进的一次排封工艺，提高产量和质量；改进灭弧室结构，提高综合开断能力等。

在高压 SF_6 断路器中，灭弧主要为压气式原理，而在中压 SF_6 断路器中，出现了多种灭弧原理，除了压气式外，还有旋弧式，热膨胀式及混合式灭弧原理。近年来，在中压断路器中应用成功的这些灭弧原理也开始用于高压断路器。中压 SF_6 断路器不仅用于户内，还用于户外。用于户外有其独到的优点，那就是外绝缘好解决，可以做成瓷柱式和金属罐式。其操动机构多为弹簧操纵机构。中压 SF_6 断路器对于不同的参数要求可用不同的灭弧方式。对于较大的容量，可用压气式或混合式，而对于中小容量可用旋弧式和热膨胀式。

6.2.4　高压直流断路器

第一台高压直流断路器采用反向电流注入法，使用开断交流的空气断路器。此断路器经多次改进，终于成功地在 100 kV 下开断了 250 A 电流。迄今已研制出开断高压直流的多种方案，而且最大开断能力在额定电压 500 kV 下达到 8 kA。

6.3　高压断路器的各种性能

高压断路器是高压电器中最重要的一类电器，断路器在工作过程中应该满足如下要求：要经受电、热、机械力的作用，还要受大气环境的影响，并要经久耐用。在给定的条件下，能可靠地长期运行；各部分的温度升高，不超过损害电器性能的允许温度值；具有足够的电寿命和机械寿命；保证绝缘不受热老化而发生损坏；能够承受系统的最大工作电压、内部过电压以及外部雷电过电压的作用；具有足够的开断规定的各种性质电流的能力；具有足够的闭合短路故障的能力，并能可靠地开断本身闭合时所产生的短路电流等。

关于断路器的各种性能和技术要求，在 GB/T 1984—2014《高压交流断路器》、GB/T 2900. 20—2016《电工术语 高压开关设备和控制设备》和 GB/T 11022—2011《高压开关设备和控制设备标准的共用技术要求》中都有规定。以下将参照我国国家标准及 IEC 标准对断路器的各种性能进行说明。

6.3.1 电流通过能力

1. 额定电流

额定电流是指断路器在闭合状况下导电系统能够持续通过的电流的有效值，或在限定时间内能够安全通过的一定的负荷电流。当通过这一电流时，断路器各零件、材料及介质的最高允许温度不应超过国家标准中规定的数值。表 6-1 给出了开关设备和控制设备各种部件、材料和绝缘介质的温度和温升极限。

表 6-1 各种部件、材料和绝缘介质的温度和温升极限

部件、材料和绝缘介质的类别			最大值	
			温度/℃	周围空气温度不超过 40 ℃时的温升/K
触头	裸铜或裸铜合金	在空气中	75	35
		在 SF$_6$ 气体中	105	65
		在油中	80	40
	镀银或镀镍	在空气中	105	65
		在 SF$_6$ 气体中	105	65
		在油中	90	50
	镀锡	在空气中	90	50
		在 SF$_6$ 气体中	90	50
		在油中	90	50
用螺栓或其等效的连接	裸铜或裸铜合金或裸铝合金	在空气中	90	50
		在 SF$_6$ 气体中	115	75
		在油中	100	60
	镀银或镀镍	在空气中	115	75
		在 SF$_6$ 气体中	115	75
		在油中	100	60
	镀锡	在空气中	105	65
		在 SF$_6$ 气体中	105	65
		在油中	100	60

部件、材料和绝缘介质的类别			最大值	
			温度/℃	周围空气温度不超过 40 ℃时的温升/K
其他裸金属制成的或其他镀层的触头连接	用螺钉或螺栓与外部导体连接的端子	裸的	90	50
		镀银、镀镍或镀锡	105	65
		其他镀层		
	油开关装置用油		90	50
用作弹簧的金属零件	绝缘材料以及与下列等级的绝缘材料接触的金属部件	Y	90	60
		A	105	65
		E	120	80
		B	130	90
		F	155	115
		瓷漆：油基	100	60
		合成	120	80
		H	180	140
		C 其他绝缘材料		
除触头外与油接触的任何金属或绝缘件			100	60
可触及的部件	正常操作中可触及的		70	30
	正常操作中不需触及的		80	40

断路器正常使用环境条件规定：周围空气温度不高于40 ℃，海拔不超过1 000 m。当使用在周围空气温度高于40 ℃（但不高于60 ℃）时，在符合表6-2中规定的最高允许温度下，允许降低负荷长期工作。标准上推荐周围空气温度每增高1 K，减少负荷电流的1.8%。当设备使用在海拔超过1 000 m（但不超过4 000 m）且周围空气最高温度为40 ℃时，表6-2规定的允许温升每超过100 m（以海拔1 000 m为起点）降低0.3%。当断路器使用地点的海拔与周围空气最高温度符合表6-2的条件时，由于周围空气温度降低值足够补偿海拔对温度的影响，其额定电流值可以保持不变。

表6-2中数值不适应于处于真空状态的零件和材料，封闭式组合电器、金属封闭开关设备等外壳的最高允许温度和温升由其相应的标准规定。

表6-2　海拔与周围空气最高温度

海拔/m	1 000	2 000	3 000	4 000
周围空气最高温度/℃	40	35	30	25

2. 额定短时耐受电流

额定短时耐受电流又称为额定热稳定电流，指的是在规定的使用和性能条件下，在规定的短时间内，断路器在合闸位置能够承载的电流的有效值。流过这一电流期间，断路器的温度升高不应超过规定的数值。

对断路器来说，当发生短路时在原则上并非所有串联的断路器都同时进行开断动作，而只是靠近故障的断路器才进行开断动作，其他断路器仍处于闭合状态。闭合状态下的断路器在故障电流的持续时间内通过很大的电流，断路器必须能够承受此电流。额定短时耐受电流等于额定短路开断电流，其值应从国家相应标准规定的系列中选取，如 10、12.5、16、20、25、31.5、40、50、63、80 kA。

我国标准规定的额定短路持续时间为 2 s，即能够承载额定短时耐受电流的时间间隔，在此时间内断路器不出现异常现象。标准值定为 2 s，是考虑到后备段继电保护将故障切除所需要的时间。如果需要，可以选取小于或大于 2 s 的值，推荐值为 0.5、1、3、4 s。

短时间电流通过能力主要取决于触头的温升、熔焊、接触面的劣化和对于电动力的强度。当触头结构和形状设计不合理时，由于电动力的作用使触头压力减弱，造成显著温升，有时由于触头瞬时分离引起电弧，致使接触面熔化而焊在一起。

3. 额定峰值耐受电流

额定峰值耐受电流即为额定动稳定电流，是指在规定的使用和性能条件下，断路器在合闸位置能够承载的额定短时耐受电流第一个大半波的电流峰值。额定峰值耐受电流等于额定短路关合电流，是其额定短路开断电流交流分量有效值的 2.5 倍。短路电流的最大峰值一般出现在短路发生后电流波形的第一周期内，常用这一峰值电流 I_{MC} 表示动稳定电流，如图 6-3 所示。

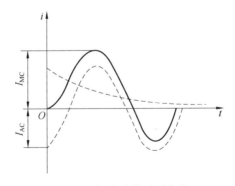

图 6-3　额定峰值耐受电流

在通过这一电流时，断路器应不受损坏而能继续正常工作。动稳定电流取决于导电部分及支持绝缘部分的机械强度和触头的结构形式。动稳定电流表示断路器对短路电流的电动稳定性或动稳定性，又称为极限通过电流。

6.3.2 绝缘性能

1. 额定电压及最高电压

额定电压是指断路器所在系统的最高电压上限，在电力系统中使用的断路器应考虑到系统的最高工作电压，断路器应能在规定的电路电压下和最高工作电压下保持绝缘，并能按规定的条件进行关合与开断。电力系统的额定电压及设备最高工作电压按表6-3选取。

表6-3　电力系统的额定电压及设备最高工作电压

电力系统的额定电压/kV	3	6	10	20	35	66	110	220	330	500	700	1 000
设备最高工作电压/kV	3.6	7.2	12	24	40.5	72.5	126	252	363	550	800	1 100

我国规定在220 kV及以下电压等级，系统额定电压的1.15倍一般为最高工作电压，330 kV及以上电压等级一般是以额定电压的1.1倍作为最高工作电压。考核开关电器在额定电压和最高工作电压条件下的性能参数有1 min工频耐受电压，如表6-4所示。

表6-4　额定电压范围 I 的额定绝缘水平

额定电压 U_r (有效值)/kV	额定短时工频耐受电压 U_d(有效值) /kV		额定雷电冲击耐受电压 U_p(峰值) /kV	
	通用值	隔离断口	通用值	隔离断口
(1)	(2)	(3)	(4)	(5)
3.6	10	12	20	23
	18	20	40	46
7.2	20	25	40	46
	23	28	60	70
12	48	32	60	70
	42	48	75	85
24	50	60	95	110
			125	145
40.5	85，95	110	185	215
72.5	140	160	325	375
	160	176	350	385
126	180	210	450	520
	230	265	550	630
252	360	415	850	950
	395	460	950	1 050
	460	530	1 050	1 200

注：1. 栏(2)中的值：对于型式试验，相对地和相间；对于出厂试验，相对地、相间和开关装置断口间。

2. 栏(3)、(4)和(5)中的值仅适用于型式试验。

2. 额定绝缘水平及绝缘强度

高压开关电器绝缘水平及绝缘强度的考核除了需考核工频耐受电压外，还需考核雷电冲击耐受电压和操作冲击耐受电压。断路器的额定绝缘水平按照 GB/T 11022—2011 采用表 6-4 和表 6-5 所示的标准值。额定电压范围Ⅰ指的是额定电压 252 kV 及以下，额定电压范围Ⅱ指的是额定电压 252 kV 以上。

表 6-5 额定电压范围Ⅱ的额定绝缘水平

额定电压 U_r (有效值)/kV	额定短时工频耐受电压 U_d (有效值)/kV		额定操作冲击耐受电压 U_s(峰值) /kV			额定雷电冲击耐受电压 U_p (峰值)/kV	
	相对地和相间(注2)	开关断口和/或隔离断口(注2)	相对地和开关断口	相间(注2和注3)	隔离断口(注1和注2)	相对地和相间	开关断口和/或隔离断口(注1和注2)
(1)	(2)	(3)	(4)	(5)	(6)	(7)	(8)
363	460	520	850	1 300	850(+295)	1 050	1 050(+205)
	510	580	950	1 425		1 175	1 175(+205)
550	630	800	1 050	1 680	1 050(+450)	1 425	1 425(+315)
	680		1 175	1 760		1 550	1 550(+315)
800	830	1150	1 300	2 210	1 100(+650)	1 800	1 800(+455)
			1 425	2 420		2 100	2 100(+455)

注：1. 栏(6)中括号内的数值是施加在对侧端子上工频电压的峰值 $U_r\sqrt{2}/\sqrt{3}$（联合电压），栏(8)中括号内的数值是施加在对侧端子上工频电压的峰值 $0.7U_r\sqrt{2}/\sqrt{3}$（联合电压），见 GB/T 11022—2011。

2. 栏(2)中的值适用于：对型式试验，相对地和相间；对出厂试验，相对地、相间和开关装置断口间。

栏(3)、(5)、(6)和(8)中的值仅适用于型式试验。

3. 这些数值是用 GB311.1—2012 的表 3 中规定的乘数导出的。

6.3.3 开断性能

开断性能是断路器重要的性能之一。当电力系统发生短路故障时，短路电流比正常负荷电流大得多，这时电路最难开断。当接地短路等故障的电流值、暂态恢复电压上升率及峰值和工频恢复电压超过某一限度时，显然断路器不能开断。因此，可靠地开断短路故障是高压断路器主要的也是最困难的任务。按照以下参照标准规定的条件，给出断路器能够开断的电流值的限度。

1. 额定开断电流

额定开断电流也称为额定短路开断电流，是标志着高压断路器开断短路故障能力的参数。这是在规定的使用和性能条件以及规定的电压下，断路器能够开断的预期开断电流值，即所能开断的最大短路电流。断路器的额定短路开断电流一般比其所能开断的极限电流值稍低，以留有裕量。国家标准规定，断路器的额定短路开断电流是在标准规定的相应工频及瞬态恢复电压下能够开断的最大短路电流，可用2个特征值表示：一是交流分量有效值，简称为额定短路电流；二是直流分量百分数。标准上规定，若直流分量不超过20%，则额定短路开断电流仅以交流分量有效值来表示。交流及直流的确定如图6-4所示。

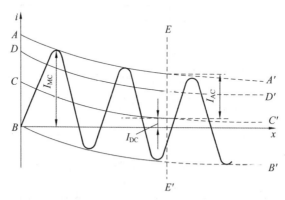

AA'、BB'—短路电流包络线；B_x—短路电流零线；CC'—任一时刻电流波形零线的偏移；

DD'—任一时刻交流分量的有效值，从 CC' 测量；EE'—触头分离时刻（起弧）；

I_{MC}—关合电流；I_{AC}—在 EE' 瞬间交流分量幅值；I_{DC}—在 EE' 瞬间直流分量幅值；

（ I_{DC}/I_{AC} ）×100%—直流分量的百分数。

图6-4　短路关合和开断电流及直流分量百分数的确定

如图6-4所示，设在起弧瞬间的交流分量幅值为 I_{AC}，直流分量振幅为 I_{DC}，通常需要开断的额定开断电流可用 $I_{AC}/\sqrt{2}$（对称分量有效值）表示。当需要特别指出非对称开断电流时，可用 $\sqrt{\left(\dfrac{I_{AC}}{\sqrt{2}}\right)^2 + I_{DC}^2}$ 表示。对于三相断路器采用通过最大电流一相的开断电流表示。

额定短路开断电流的交流分量有效值从下列数值中选取：1.6、3.15、6.3、8、10、12.5、16、20、25、31.5、40、50、63、80、100 kA。

另外，在电力系统发生短路故障后，要求继电保护系统尽快动作，断路器开断得越快越好。这样可以缩短电力系统故障存在的时间，减轻短路电流对设备的冲击。更重要的是，在超高压电力系统中，尽快开断短路电流可以增加电力系统的稳定性，从而保证输电线路的输送容量。因此，断路器的开断时间在额定开断时间以内也是必要条件。

2. 瞬态恢复电压与工频恢复电压

电力系统发生短路后，断路器分闸开断短路电流。断路器触头分离后，触头间产生电弧。在电弧电流过零瞬间，电弧熄灭，触头上产生暂态恢复电压。在电压恢复过程中，出现在弧隙间的是具有瞬态特性的电压，称为瞬态恢复电压 u_{tr}。瞬态恢复电压存在的时间很短，只有几十微秒至几毫秒。瞬态恢复电压消失后，弧隙出现的是由工频电源决定的电压，称为工频恢复电压 u_{pr}，如图 6-5 所示，工频恢复电压也可以说是电弧熄灭后弧隙上恢复电压的稳态值。图 6-5(a) 所示的电压恢复过程是带有周期性分量的或是多频分量的振荡过程，图 6-5(b) 所示是非周期过程。

瞬态恢复电压与工频恢复电压统称为恢复电压。

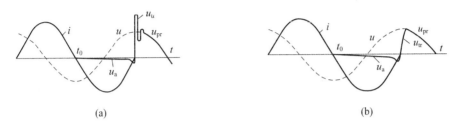

图 6-5　恢复电压

(a) 周期性的振荡过程；(b) 非周期过程

交流电弧的熄灭条件：弧后触头间的介质恢复强度在任何瞬间大于作用在断口上的暂态恢复电压值。当交流断路器开断短路故障时，瞬态恢复电压具有决定性的作用，因此也是分析研究的主要方面。常用断路器的零前电流下降率和零后瞬态恢复电压上升率的乘积 $\left(-\dfrac{\text{d}i}{\text{d}t}+\dfrac{\text{d}u_{\text{tr}}}{\text{d}t}\right)$ 来衡量它的灭弧能力。

瞬态恢复电压的变化取决于：工频恢复电压的大小与频率；电路的阻尼值(如电路中的电感、电容和电阻的数值)以及它们的分布情况；断路器的电弧特性，因为电流过零时弧隙电阻值的差别很大，因此弧隙电阻会给瞬态恢复电压带来很大的影响。

当电流过零时，假设断路器触头间弧隙电阻无穷大，那么瞬态恢复电压只取决于电路参数(电压大小、频率、电感、电容和电阻等)，而与断路器本身无关。这种开断无直流分量的交流电流时的瞬态恢复电压为电网的固有瞬态恢复电压或预期瞬态恢复电压。在断路器标准中规定的瞬态恢复电压都是指的电网固有瞬态恢复电压。

我国标准规定，出线端短路时的预期瞬态恢复电压，是断路器在出线端短路的条件下，应能开断的回路的瞬态恢复电压极限值。

当三相断路器开断时，电流首先过零的一相称为首开极，首开极所开断的电流是单相的，对于不同形式的短路，在首开极开断过程中，工频恢复时值是不同的。首开极触头间的工频恢复电压与系统相电压幅值之比称为首开极系数。对于三相不接地短路，首开极系数 $k_{\text{pp}}=1.5$；对于中性点经阻抗接地系统三相短路，k_{pp} 不大于 1.3；对于两相异端短路，$k_{\text{pp}}=\sqrt{3}$。

对电力系统中存在的多频暂态恢复电压波形，可以按规定的方法将其化为等效的标准波形后，再进行处理。

表征瞬态恢复电压特性的数值有四参数法和二参数法，如图6-6所示。

当电力系统电压等于或高于110 kV，且短路电流比较大时，瞬态恢复电压适于用四参数法确定的三条线段所组成的包络线来表示，如图6-6(a)所示。在图6-6(a)中，u_1为第一参数电压，t_1为到达u_1的时间，u_c为第二参数电压(TRV峰值)，t_2为到达u_c的时间。

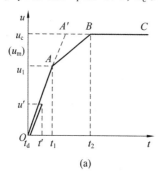
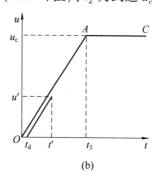

图6-6 四参数法和二参数法恢复电压特性

(a)四参数法恢复电压特性；(b)二参数法恢复电压特性

图6-6的参数说明如下。

(1)u_c：瞬态恢复电压峰值，到达此峰值的时间为t_3(四参数法中为t_2)，以u_c、t_3表征恢复电压特性的方法称为二参数法。

(2)u_1：四参数法恢复电压的第一参考电压，它是首开极恢复电压中的工频分量幅值，到达此值的时间为t_1，以u_c、t_2、u_1、t_1表征恢复电压特性的方法叫作四参数法。

(3)t_d：时延线的起始时间，时延线的终点坐标为(u'，t')。

(4)u_c/t_3：二参数法恢复电压上升陡度(kV/s)。

(5)u_1/t_1：四参数法恢复电压上升陡度(kV/s)。

由于断路器电源侧局部电容的影响，在瞬态恢复电压最初几微秒内产生了一较低电压上升率，通过引入一个时延来考虑这个影响。图6-6中，t_d表示时延，u'为参考电压，t'为到达u'的时间。

额定电压72.5 kV及以下预期瞬态恢复电压的标准值均以二参数法表示。

126~800 kV预期瞬态恢复电压的标准值，除10%额定短路开断电流的TRV用二参数法表示外，其余均用四参数法表示。

对于额定短路开断电流超过50 kA且额定电压为126 kV及以上，或断路器电源侧直接连接大型电缆网络等情况，均采用较低的TRV上升率试验断路器可能更经济合理。对于单相系统或在其他更严酷条件下使用的断路器，如下列情况：

(1)靠近发电机回路的断路器；

(2)断路器直接与变压器连接，断路器和变压器之间无明显附加电容，且由变压器提供的短路电流大于断路器额定开断电流的50%；

(3)靠近串联电抗器的断路器；

（4）开断近区故障。

当出现上述情况时，TRV 值还应特别考虑基本短路试验系列，有试验方式 T10、T30、T60、T100s，分别由额定操作顺序组成，规定了瞬态和工频恢复电压下开断 10%（T10）、30%（T30）、60%（T60）和 100%（T100s）的额定短路开断电流，其直流分量小于 20%。在短路试验方式 T100s 中可能会分成关合试验和开断试验。此时，构成关合操作的部分称为 T100s(a)，构成开断操作的部分称为 T100s(b)。

6.3.4 合闸能力及操作性能

1. 额定短路关合电流及合闸能力

电力系统中的电力设备或输电线路在未投入运行前就已存在绝缘故障，甚至处于短路状态，这种故障称为"预伏故障"。当断路器关合有预伏故障的电路时，在关合过程中，常在动静触头尚未接触前，在电源电压作用下，触头间隙击穿，通常称为预击穿，随即出现短路电流。如果关合过程中出现短路电流，则会对断路器的关合造成很大的阻力，这是由短路电流产生的电动力造成的。因此，断路器应具有足够的关合短路故障的能力，而标志这一能力的参数是断路器的额定短路关合电流。

在大多数情况下，电力系统的故障是暂时性的，断路器开断以后再合闸，线路上的故障已经排除，因此，要求断路器在开断一段时间以后再合闸。但是，有时候合闸后线路的短路故障并没有排除，断路器闭合以后在线路和断路器中将再次通过短路电流产生很大的热效应和电动力效应，会使断路器受到严重的损伤。断路器应具有足够的承受电动力和热作用的合闸能力，国家标准规定断路器的额定短路关合电流(峰值)为其额定短路开断电流交流分量有效值的 2.5 倍，即额定峰值耐受电流(动稳定电流)。

当断路器合闸时，若系统处于短路状态，则断路器应该再次开断。但是在触头闭合之前会产生预击穿，在触头之间产生电弧，从而可能产生触头的发热、熔焊，降低断路器开断短路电流的能力。

合闸时，电动力向减弱合闸力的方向作用。当电动力过大时，合闸操作力被减弱，动触头由于电动力的作用被反弹回来。当合闸时在触头间产生的电弧熄灭后合闸动作再次开始，这样就有可能反复产生触头的合分过程，即弹跳现象。当发生弹跳现象时，电弧能量积累，有时会引起灭弧室的破坏。当断路器发生闭合短路故障时，发生弹跳现象是很严重的，额定短路关合电流是表示断路器最严重工作状态的参数，因此必须保证断路器在额定关合电流下的合闸能力。

标准上规定，额定短路关合电流在数值上等于动稳定电流，这样才能使断路器的闭合能力与开断能力相适应。

2. 操作性能与动作时间

操作是指动触头从一个位置转换至另一个位置的动作过程，操动机构在高压断路器中占有重要地位。它不但要保证断路器长期的动作可靠性，还要满足灭弧特性对操动机构的要求。断路器的分合所需时间或速度必须满足其开断和关合的要求，以便通过快速切除故障不使故障扩大，保持系统的稳定。再者也可减轻故障点的设备、线路、绝缘等的损伤，因此要求断路器具有良好的操作性能以满足上述要求。

断路器开断大电流和开断小电流时对操动机构的要求是不同的。开断大电流时需要较大的分断速度，因而也需要较强的操作力，但对于小电流而言，分合电磁反弹力较小。为了在此情况下不致由于过大的操作力而产生冲击，故要采用油、空气或弹簧等缓冲装置。可是当运动部件重量较大时，操作力大而冲击力小的要求不容易实现。对于断路器的操动机构而言，要求能够很好地实现各种情况下的分合要求。

操动机构的操作特点是由其动作时间来说明的。断路器的动作时间有开断时间与关合时间之分。

断路器的时间参量介绍如下。

1）分闸时间

分闸时间是指处于合闸位置的断路器，从分闸操作起始瞬间（即接到分闸指令瞬间）起到所有极的触头分离瞬间的时间间隔。

断路器的分闸时间根据下述的脱扣方法分别定义。

（1）对于用任何形式辅助动力脱扣的断路器，分闸时间是指处于合闸位置的断路器从分闸脱扣器带电瞬间起到所有各极的弧触头均分离瞬间为止的时间间隔。

（2）对于自脱扣断路器，分闸时间是指处于合闸位置的断路器从主电路电流达到过电流脱扣器的动作值时刻，到所有各极弧触头分离时刻的时间间隔。

分闸时间可以随开断电流的变化而变化，但是准确地测量开断短路电流时的起弧时间并不容易，因此分闸时间一般为空载状态下测得的数值。

2）燃弧时间

燃弧时间是指从首先分离极主回路触头刚脱离金属接触起，到各极中的电弧最终熄灭的时间间隔。

3）开断时间

开断时间是指从断路器接到分闸指令起到各极中的电弧最终熄灭瞬间的时间间隔，一般等于分闸时间与燃弧时间之和。

4）合闸时间

合闸时间是指处于分位置的断路器，从合闸回路通电起到所有极触头都接触瞬间的时间间隔，即直到主弧触头都接触瞬间的时间。

5）关合时间

关合时间是指处于分位置的断路器，从合闸回路通电起到任意一极中首先通过电流瞬间的时间间隔。

6）合分闸时间

合分闸时间是指在合操作中，从首合极中各触头都接触瞬间到随后的分操作时在所有极中弧触头都分离瞬间的时间间隔，即金属短接时间。

7）关合开断时间

关合开断时间是指关闸操作时第一极触头出现电流时刻到随后的分闸操作时燃弧时间终了时刻的时间间隔。

8）分闸时延

分闸时延是指断路器主回路开始通过故障电流到断路器接到分闸指令的时间间隔。

9）合闸不同期性

合闸不同期性是指合闸时各极间或同一极各断口间的触头接触瞬间的最大时间差异。

10）分闸不同期性

分闸不同期性是指分闸时各极间或同一极各断口间的触头分离瞬间的最大时间差异。

11）断路器的燃弧时差

断路器的燃弧时差是指断路器能有效熄弧的最长燃弧时间和最短燃弧时间之差。

12）预击穿时间

预击穿时间是指在合闸操作期间，从第一极出现电流时刻，对于三相条件，到所有极触头接触时刻的时间间隔；对于单相条件，到起弧极的触头接触时刻的时间间隔。

断路器的开断时间和关合时间分别如图6-7和图6-8所示。

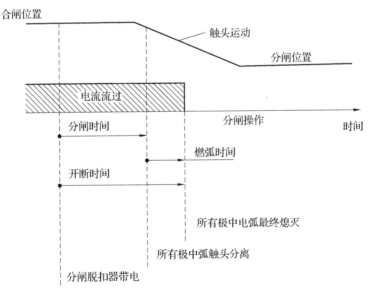

图6-7　断路器的开断时间

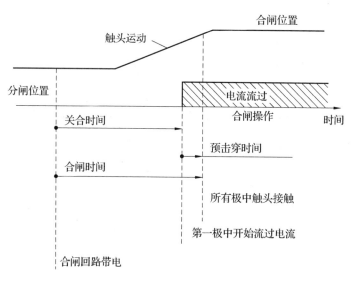

图 6-8　断路器的关合时间

3. 操作循环

架空输电线路的短路故障大多数是临时性故障，为了提高供电的可靠性并增加电力系统的稳定性，线路保护多采用快速自动重合闸操作的方式。也就是说，当输电线路发生短路故障时，断路器开断，经过很短时间又再自动关合。断路器重合闸后，如故障并未消除，则断路器必须再次开断短路故障。在有的情况下，断路器第二次开断短路故障后经过一定时间（如 180 s）再次关合电路，称为强送电。强送电后，如故障仍未消除，则断路器还需第三次开断短路故障。上述操作顺序称为快速自动重合闸的额定操作顺序，在断路器上应选取下列之一为标准操作循环：

（1）对于自动重合闸为 o→θ→co→t'→co；

（2）对于非自动重合闸为 o→t'→co→t'→co，或者为 co→t_a→co。

其中，o 表示 1 次分闸操作；co 表示 1 次合闸操作后立即（即无任何故意的时延）进行分闸操作；θ、t' 和 t_a 为 2 次操作之间的间隔时间或称为重合闸时间。我国标准规定，用于快速自动重合闸的断路器 θ 为 0.3 s，t' 为 180 s。

自动重合闸过程中的分—合时间为：重合操作时，所有极弧触头分离时刻到重合闸操作过程中的第一极触头接触时刻的时间间隔。

自动重合闸过程中的无电流时间为：自动重合闸时，断路器分闸操作中所有各极的电弧熄灭时刻到随后的合闸操作中任一极首先重新出现电流时刻的时间间隔。

重合闸时间为：在重合闸循环过程中，分闸时间的起始时刻到所有各极触头都接触时刻的时间间隔。

重合闸过程中的重关合时间为：在重合闸操作中，分闸时间的起始时刻到随后的合闸操作中任一极首先重新出现电流时刻的时间间隔。

断路器在自动重合闸操作中的有关时间如图6-9所示。

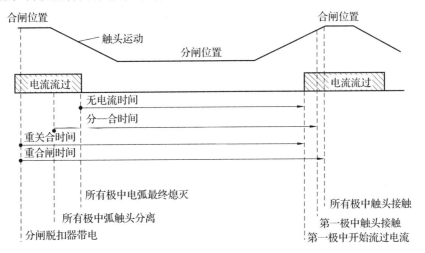

图6-9　断路器在自动重合闸操作中的有关时间（c—t—co）

对于一般的断路器，当自动重合闸时，在操作循环中的第二次开断，其性能较第一次降低。这是因为断路器的分—合时间或自动重合闸时间短，开断一次短路电流以后，再次开断短路电流时，它的力学性能和灭弧装置的灭弧性能还没有完全恢复，所以开断能力有所降低。对具有重合闸要求的断路器，其最后的开断动作必须保证能够开断额定开断电流。

6.3.5　机械和电气使用寿命

1. 机械寿命

断路器多次分合可造成触头及操动机构等可动部分的机械磨损，因而国家标准规定要对断路器进行机械寿命试验。机械寿命试验的目的是验证高压断路器在规定的机械特性及不更换零部件的条件下，能否承受规定的分、合闸空载操作次数；同时，考核产品机械操作的稳定性。新的国家标准在机械寿命方面增加了M1和M2级断路器的规定。在常温下连续进行2 000次操作，试验中不允许进行任何机械调整及修理，但允许按照制造厂的规定进行润滑，这种具有基本机械寿命的断路器为M1级断路器。用于特殊使用要求的、频繁操作的和设计要求非常有限的维护且通过特定的型式试验（具有延长的机械寿命的断路器，机械型式试验为10 000次操作）验证的断路器为M2级断路器。

除了高频度操作的机械耐久性能外，根据装设断路器的场所不同，有的长期不进行操作，持续地处于关合状态，而万一发生故障时又必须确实可靠地动作。对于此种低频度操作的场合，在设计制造时必须充分注意以免出现生锈、润滑剂变质、阀门动作不灵活等情况。

由于决定机械寿命的关键为操动机构，许多开关设备生产企业为了提高竞争能力，纷纷对操动机构进行改进，除了在已有的机构上使得设计更为合理、零部件尽量减少、提高生产工艺等，也不断研究新型的操动机构，如永磁机构、电动机机构等。永磁机构的真空断路器机械寿命可以达到 100 000 次以上。

2. 电气使用寿命（电寿命）

当断路器分合大故障电流时，由于产生电弧，热能会使触头及喷口烧损，这样将使开断性能大大降低，这就有了断路器的电气使用寿命，也称为电寿命的问题。新的国家标准增加了 E1 和 E2 级断路器的概念。具有基本电寿命的断路器为 E1 级断路器。在其预期的使用寿命期间，主电路中开断用的零件不要维修，其他零件只需很少维修（具有延长电寿命的断路器）的为 E2 级断路器。E2 级仅适用于 72.5 kV 以下的配电断路器。

关于电气的使用寿命，在 IEC 标准中，没有对电寿命试验作出定义。但从标准中可以理解为"完成全部系列的开断和关合试验，而不作中间检修"。例如，对某些断路器电寿命试验是从方式 T10 到 T100a 全部系列的试验，且不进行中间检修，对另一些断路器还要附加补充的试验。而我国的电寿命试验一直是指额定短路开断电流开断次数或额定电流开断次数，型式试验进行的连续开断试验，实际上就是断路器的电寿命试验。

在 20 世纪 60 ~ 70 年代，电寿命基本上只要满足一次标准循环即可。对于较重要的断路器，每次开断短路之后都进行停电检修是不大合适的。因此，用户迫切希望具有一次动作循环以上的耐用性能。断路器电寿命试验主要依据用户技术条件要求进行。对于 12 kV、31.5 kA 级少油断路器一般进行额定短路开断 3 次，这主要考虑油的裂化，因而需检修换油。同一等级真空断路器开断额定短路电流 50 次，而对 252 kV 的 SF_6 断路器而言，单元断口电寿命约进行 20 次额定短路电流开断。对于开断频度不是很高的场合，基本上可以满足 10 年以上不检修。标准上没有对电寿命作出规定，但一般考虑电寿命时有 3 种方法，即开断额定电流次数、额定短路电流开断次数和故障开断电流的累计值。

20 世纪 80 ~ 90 年代，我国行业标准对真空断路器规定了额定短路开断电流开断次数：25 kA 及以下产品的开断次数为 30 次、50 次、75 次、100 次；25 kA 以上的产品再增加一挡 20 次。这些都是按同一额定短路开断电流重复次数作为电寿命试验的准则。

新的 IEC 标准在对世界各国运行中的断路器做调查的基础上，发现实际运行中断路器开断额定短路电流的情况并不多，大量开断电流只有断路器额定短路开断电流的 10% ~ 30%，而超高压断路器在运行中几乎没有开断额定短路开断电流的工况，因此在标准修订中提出了 E2 级断路器的概念，并给出了 E2 级断路器电寿命试验开断试验电流大小、操作顺序和次数，即 10%（额定短路开断电流）130 次，30% 130 次，60% 8 次，100% 6 次，总计 274 次试验能通过，就可以认为免维修了。

6.3.6 各种条件下的开断与关合性能

1. 小电流开断与关合性能

小电流开断与关合性能包括额定容性开和电流和小电感开断电流。当断路器开断与关合容性和感性小电流时的工作状态有：单个电容器组(以及多组并联)、空载架空线路、空载电缆、电动机、空载变压器、电抗器等。在开断感性和容性小电流时，由于开断性能好，因而在开断的后期会产生过电压。对于高压，特别是超高压或特高压系统，其设备、线路和绝缘设计均取决于操作过电压，因此在开断小电流时要求断路器应能在不产生危害的电压条件下进行开断。从断路器结构上要采取措施以降低开断感性和容性小电流时的过电压。

另外，断路器在闭合电容器组与空载长线时可能出现过电压，这种过电压称为合闸过电压。对于特高压系统，合闸过电压是一种影响并能决定系统绝缘水平的严重过电压。过电压的倍数主要与电力系统的参数、操作方式等有关。

2. 近区短路故障开断性能

近区短路故障是指在离开断路器几千米之内的线路上发生的短路故障。当出现开断近区短路故障(SFL)时，其主要困难在于瞬态恢复电压起始部分的上升速度很高，难以将电弧熄灭。近区故障已作为最苛刻的开断条件受到重视。IEC 规定对于额定电压不低于 52 kV，且额定开断电流大于 12.5 kA 直接与架空线相连的断路器都应该进行近区故障试验。可以看出，关于 SFL 开断性能，IEC 规定作为额定性能并通过鉴定试验进行验证。我国标准规定额定电压 72.5 kV 以上、额定开断电流 12.5 kA 以上，直接与架空线连接的断路器也必须进行开断近区故障能力的短路试验。进行这些试验的目的是确定断路器在近区故障条件下，瞬态恢复电压由电源侧和线路侧组合时断路器开断短路电流的能力。

3. 失步关合和开断性能

当几个电网联网供电并联运行时，要求它们的电压同步。当电力系统发生短路故障或其他各负荷突变等时，网络电压之间失去同步，故而发生失步故障。通过断路器连接的两系统发生失步，对断路器提出了在失步条件下具有良好开断能力的这一重要要求，使并联运行的电网解裂，避免整个系统的崩溃。

由于电力系统容量增大，对于各电力系统联网用的联络断路器而言，失步条件下开断成为较重要的任务。我国标准规定，对于要求具有额定失步开断电流的断路器都要进行失步故障关合和开断能力的试验。

4. 单相和异相接地故障开断性能

在中性点接地系统中发生单相接地故障，称为单相接地故障。在中性点不直接接地系统中，可能出现异地两相接地故障，简称为异相接地故障。要求断路器在满足相应参数时能够开断，解决单相和异相接地故障。

当发生异相接地故障时，工频恢复电压与线间电压相等，即为相电压的 1.73 倍。国家标准对 126 kV 以下中性点不接地系统及 126 kV 及以上中性点接地系统断路器的单相和异相接地故障开断试验提出了试验要求，给出了试验条件和试验方法。

5. 发展性故障开断性能

在 126 kV 及以上电压等级的电力系统中，当断路器开断感性小电流或容性小电流时，由于发生重击穿而产生过电压，这个过电压可使系统的绝缘破坏而发生短路故障，此时断路器在开断小电流的过程中突然通过大电流。这种在开断动作过程中引起的短路故障，称为发展性故障。

发展性故障的特点是断路器先开断小电流，断路器的触头已处于分离状态，其间已存在小电流电弧，当触头分开一段距离以后又要求开断很大的短路电流，因此燃弧时间比开断一般短路电流时长，灭弧室中积聚的电弧能量很大，可使断路器灭弧室中压力很高，以致发生破坏。因此，要采取措施限制出现发展性故障：一是降低开断感性和容性小电流时的过电压；二是改进断路器结构，提高开断小电流性能，使之不会出现发展性故障。

6.3.7 环境耐受及其他性能

1. 环境耐受性能

高压断路器在周围环境的条件下，都应能可靠工作。这些条件主要如下。

(1)海拔的影响，其对断路器的影响主要有 2 个方面：一是对外部绝缘的影响，因为海拔高的地区，大气压力低，耐压水平随之降低；二是对发热温度的影响，高海拔地区空气稀薄，散热差，允许通过的电流应该减小一些。因此对高海拔地区，我国标准对不同高度都有相应规定。例如，当在低海拔地区进行耐压试验时，试验电压应该提高。

(2)环境温度、温度、污秽等的影响，有关标准规定，高压产品使用的环境温度为 -40 ~ 40 ℃。温度过低会使各种润滑油的黏度增加，影响开关电器的分、合速度，温度过低会使 SF$_6$ 气体液化，大大降低开断性能，甚至使得在高寒地区 SF$_6$ 断路器无法正常工作等。温度过高，可能造成导电部分过热等。对于户外断路器还要考虑日照的影响。标准建议周围环境温度每增加 1 ℃，额定电流应减小 1.8%；每降低 1 ℃，额定电流可增加 0.5%，但最大不得超过 20%。温度过高，空气绝缘性能也会降低。标准规定，用于高温地区的高压电器在常温地区进行耐压试验时，试验电压要适当提高。从 40 ℃起，每超过 3 ℃，试验电压提高 1%。湿度和污秽的影响：湿度很大如相对湿度在 90% 以上，容易引起金属零件锈蚀，绝缘件受潮；沿海地区和重工业集中地区，空气中污秽严重，容易导致绝缘表面的污闪事故。因此，断路器根据使用环境不同和用户使用要求，要能够满足环境方面的要求。

另外，断路器还应具有足够的机械强度，如设计时应考虑风力负荷的影响，因为过大的风速可能使结构细长的断路器出现变形甚至断裂。还必须考虑耐振性能。

断路器操作机构动作时及灭弧的气流通过喷口时都会产生爆破声,当动作频繁时应采取某些消声措施,以减少对周围的噪声影响。

2. 漏气对断路器性能的影响

现代断路器大部分为高压断路器,灭弧室中充有 0.5 MPa 的 SF_6 气体以达到良好的绝缘和灭弧目的。由于加工、制造、机械配合及环境等方面的影响,断路器可能发生漏气现象。当发生漏气以后,气体压力降低,灭弧室中气体密度降低,会大大影响灭弧性能,甚至可能导致断开故障。国际大电网会议(GIGRE)某工作组曾对高压断路器的可靠性进行了国际调查,其中由 SF_6 气体的密封造成的故障约占主要故障的 9% 和次要故障的 37%。SF_6 高压断路器的压力变化,因漏气导致气压降低,要及时补气,避免因发生漏气而使性能降低。

另外,高压断路器还应考虑地震、风力、覆冰等环境条件。

3. 电磁兼容(EMC)特性

电磁兼容(EMC)特性是指设备或系统在所处的电磁环境中能正常工作,且不对环境中的任何设备产生无法忍受的电磁干扰的能力。

在电力系统中,随着电网容量增大、输电电压增高,以计算机和微处理器为基础的继电保护、电网控制、通信设备得到广泛采用,因此电力系统的电磁兼容问题变得十分突出。由于现代高压断路器常常与电子控制和保护设备集于一体,因此对这种强电与弱电设备组合的设备不仅需要进行高电压、大电流的试验,还要通过电磁兼容试验。

电磁兼容试验包括电磁辐射试验和电磁抗扰性试验两个方面,最先引起人们重视的是电磁辐射的测试技术和抑制技术。对于开关设备和控制设备的主回路,在正常运行但不进行合分操作时,辐射电平是用无线电干扰电压试验来验证的。由合分操作(包括开断故障电流)引起的辐射是偶然发生的,其辐射的频率和电平被认为是正常电磁环境的一部分。

高压断路器的抗扰性试验是电磁兼容试验的重要部分,该试验最好在完整的二次系统上进行。一般认为在一有代表性的二次系统上进行试验,可以验证属于同一型式的开关设备和与控制设备相类似的二次系统的正常功能,也允许在实际结构中包括电子设备的那些主要部件上分别进行试验。抗扰性试验主要包括冲击电压试验、电快速瞬变脉冲群试验和振荡波抗扰性试验 3 个方面的试验内容。

冲击电压试验是耐受试验,并模拟高能脉冲的效应。试验要求,冲击电压应施加到连在一起的辅助和控制回路与开关装置的底架之间,并施加到辅助和控制回路的每一部分(这部分在正常使用中与其他部分绝缘)与连在一起并和底架相连的其他部分之间。如果每次试验都未发生破坏性放电,并且设备的工作未受到严重干扰,则应认为开关设备和控制设备的二次系统通过了试验。

电快速瞬变脉冲群试验是模拟在二次回路开合引起的情况,常用的试验方法有 2 种:

一是利用适当的耦合网络和去耦合网络把快速瞬变脉冲群施加到被试设备的电源线上，观察设备是否受到干扰而动作；二是利用电容耦合将干扰耦合到 I/O 线上（包括被试设备与其他电气设备相连接的通信线），观察 I/O 线是否受到干扰并导致被试设备误动作。为了保证试验结果的重复性，要求试验条件及试验设备的配置（布置）要固定，并尽可能减少变动。被试设备电源线与脉冲发生器之间的连接都要求尽可能固定，并且尽可能短，以使试验结果有较高的重复性。

振荡波抗扰性试验是模拟在主回路中合分闸操作引起的情况，振荡波分为两类：一类为减幅振荡波；另一类为阻尼振荡波。试验中阻尼振荡波采用的频率为 100 kHz 和 1 MHz，允许误差为 ±30%。通过适当的耦合网络和去耦合网络将阻尼振荡波信号施加到线对地（共模）或线对线（差模）的端口上。对于共模试验，试验电压一般为 2.5 kV，对于差模试验，试验电压一般为 1.0 kV。

6.4 真空断路器

真空断路器是以真空作为绝缘和灭弧手段的断路器，近 10 年来得到了迅速的发展。目前，其电压等级已达 35 kV，开断能力已达 100 kA。

6.4.1 真空断路器的结构和特点

1. 结构

真空断路器有两种结构形式：落地式和悬挂式。它的主要部件有真空灭弧室、绝缘支撑、传动机构、操动机构和基座等。

落地式真空断路器如图 6-10 所示，它以绝缘支撑把真空灭弧室支持在上方，把操动机构设在下方的基座上，上下两部分通过传动机构相连接。其特点是：操作人员观察、更换灭弧室均很方便；传动效率高（分合闸操作时直上直下，传动环节少，摩擦小）；整体重心较低，稳定性好，操作时振动小；纵深尺寸小，重量小，出入开关柜方便；户内户外产品互换性好。但产品总体高度大，检修困难，尤其是带电检修时。

悬挂式真空断路器如图 6-11 所示，宜用于手车式开关柜，其操动机构与高压电隔离，便于检修。但其纵深尺寸大，耗用钢材多，重量大，绝缘子要受弯曲力作用，操作时振动大，传动效率不高，通常仅用于户内式中等电压产品。

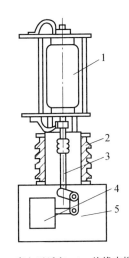

1—真空灭弧室；2—绝缘支撑；
3—传动机构；4—操动机构；5—基座。

图 6-10 落地式真空断路器

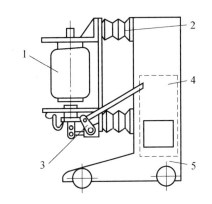

1—真空灭弧室；2—绝缘支撑；3—传动机构；
4—操动机构；5—基座。

图 6-11 悬挂式真空断路器

2. 特点

真空断路器具有下列特点：

(1)熄弧能力强，燃弧及全分断时间短；

(2)触头电侵蚀小，电寿命长，触头不受外界有害气体的侵蚀；

(3)触头开距小，操作功小，机械寿命长；

(4)适宜于频繁操作和快速切断，特别是切断电容性负载电路；

(5)体积和重量均小，结构简单，维修工作量小，而且真空灭弧室和触头无须检修；

(6)环境污染小，开断是在密闭容器内进行，电弧生成物不致污染环境，无易燃易爆介质，无爆炸及火灾危险，也无严重噪声。

6.4.2 真空灭弧室

1. 结构

真空灭弧室的结构如图 6-12 所示。真空灭弧室的主体是抽真空后密封的外壳，外壳中部通过可伐合金环焊接成一整体。静触头焊在导电杆上，后者又焊在与外壳焊在一起的右端盖上。动触头焊在动导电杆上，它与不锈钢质波纹管的一端焊牢。波纹管的另一端与左端盖焊接，而该端盖亦与外壳焊在一起。为防止金属蒸气凝结在波纹管和外壳上，它们均设有金属屏蔽罩，外壳的屏蔽罩也焊在可伐合金环上。在左端盖上装有均压环。灭弧室内部通常抽成约 0.000 1 Pa 的高真空。

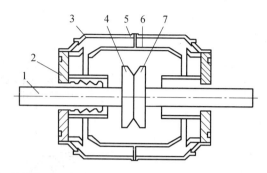

1—动导电杆；2—波纹管；3—外壳；4—动触头；5—可伐合金环；6—屏蔽罩；7—静触头。

图 6-12　真空灭弧室的结构

当分合闸时，通过动导电杆的运动拉长和压缩波纹管，使动、静触头接触与分离，而不致破坏灭弧室内的真空度。屏蔽罩主要用来冷凝和吸附燃弧时产生的金属蒸气和带电粒子，以增大开断能力，同时保护外壳的内表面，使之不受污染，确保内部的绝缘强度。其结构和布置应尽可能使灭弧室内电场和电容分布均匀，以得到良好的绝缘性能。

2. 特点

1）绝缘性能好

常温常压下的空气每 1 m³ 中含有 2.683×10¹⁹ 个气体分子，当气体绝对压力低于 0.01 Pa 时，每 1 m³ 内仅含 3.4×10¹² 个气体分子。这样，分子的平均自由行程很大（约 1 m），即使真空间隙中存在自由电子，其从阴极飞向阳极时，也很少有机会与气体分子碰撞引起电离，所以真空间隙的击穿电压非常高。如空气中间隙为 1 mm 时，即使触头表面十分光滑，其直流耐压强度最多也只有 4 kV；而在相同条件下，真空中的直流耐压强度可达 45 kV。图 6-13 给出了充不同介质的绝缘间隙击穿电压比较曲线。在小间隙（2~3 mm）情况下，真空间隙具有超过充高压气体和 SF₆ 气体时的击穿电压。（1 个标准大气压≈101 kPa）

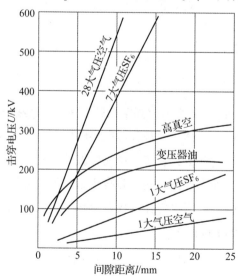

图 6-13　不同介质绝缘间隙的击穿电压

2）灭弧能力强

真空灭弧室中的电弧是触头电极蒸发出来的金属蒸气形成的，其弧柱内外的压力差和质点密度差均很大。因此，弧柱内的金属蒸气和带电粒子得以迅速向外扩散。在极限开断电流以内弧隙介质强度恢复很快。当金属质点的蒸发量小于弧柱内质点向外的扩散量时，电弧骤然熄灭。对于交流电弧，往往在电流第一次自然过零时就熄灭了。

6.4.3　真空断路器的触头

触头为真空断路器最为重要的元件，它基本上决定了断路器的开断能力和电气寿命。根据工作原理的不同，触头可分为非磁吹触头和磁吹触头两大类：前者为圆柱形，形状最简单，机械强度好，易加工，但开断电流较小（有效值在 6 kA 以下），一般只适用于真空接触器和真空负荷开关；后者有横向磁吹和纵向磁吹的两种，横向磁吹可增大真空开关开断电流，而纵向磁吹又能进一步提高开断电流，使灭弧室的体积大为缩小，提高真空断路器的竞争能力。

真空断路器的开断能力通常取决于触头直径，并且与其呈线性关系。

1. 触头材料

真空断路器要求触头材料开断能力大、耐压水平高、耐电侵蚀，还要求含气量低、抗熔焊性能好、截流值小。纯金属材料一般不能同时满足上述要求，需采用多元合金。

目前小容量的真空接触器较广泛地采用铜-钨-铋-锆合金或钨-镍-铜-锑合金制作触头，在开断电流小于 4 kA 时，性能较高，截流值比钨都低。

大容量真空灭弧室的主导电部分可选用铜-铋合金、铜-铋-铈、铜-铋-银、铜-铋-铝以及铜-碲-硒等三元合金制作触头。它们的导电性能好，电弧电压低，可提高抗熔焊性和降低截流水平。

2. 几种常用的触头

1）圆柱形触头

圆柱形触头的圆柱端面是作为电接触和燃弧表面，真空电弧在触头间燃烧时不受磁场的作用。在触头直径较小时，极限开断电流和直径几乎呈线性关系，但当直径大于 50 mm 后，继续增大直径，极限开断电流增加不多。它多用于真空接触器。

图 6-14 为横吹中接式螺旋槽触头，在其中部有一突起圆环，圆盘上开有 3 条螺旋槽，从圆环外周一直延伸到触头外缘。当触头闭合时，只有圆环部分接触. 触头分离时，在圆环上产生电弧。由于电流线在圆盘处拐弯，在弧柱部分产生了与弧柱垂直的横向磁场。如果电流足够大，则真空电弧发生集聚的话磁场就会使电弧离开接触圆环向触头外缘运动，把电弧推向开有螺旋槽的触头表面——旋弧面。一旦电弧转移到此面上，触头电流就受到螺旋槽的限制，只能按图中虚线所示路径流通。垂直于触头表面的弧柱受到力 F 的作用，其切向分力 F'' 使电弧沿切线方向运动，在触头外缘做圆周运动，从而被熄灭。这种结构的

触头广泛用于大容量真空灭弧室，其开断能力可高达40~60 kA。

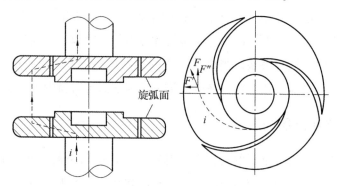

图6-14　横吹中接式螺旋槽触头（横向磁吹触头）

图6-15为横吹杯状触头，其接触面上开了许多斜槽，且动、静触头的斜槽方向相反，使接触端面形成相当多的触指。当触头分离产生电弧时，电流经倾斜的触指流通，产生横向磁场，驱使真空电弧在杯壁的端面上运动。当开断大电流时，许多触指上同时形成电弧，环形分布在杯壁端面。每一束电弧都是电流不大的集聚型电弧，且不再进一步集聚，这就是所谓半集聚型真空电弧。此电弧电压比螺旋槽的低，电侵蚀较小。因此，在相同触头直径下，杯状触头的开断能力比螺旋槽的大，电寿命也长。

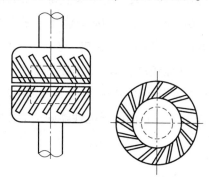

图6-15　横吹杯状触头

2）纵向磁吹触头

图6-16为纵向磁吹触头，其背面安装有电流线圈，产生与电弧电流成比例的纵向磁场。电流从中心导电杆流入，并分成4个部分，由线圈中心部沿径向呈放射状向外分流，再通过圆弧部，然后流入触头。流经圆弧部的电流会产生与电弧轴线平行的纵向磁场。该磁场可使电弧电压降低和集聚电流值增大，从而明显地提高触头的开断能力和电寿命。

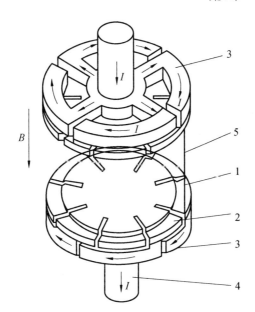

1—触头；2—电极；3—磁吹线圈；4—导电杆；5—电弧。

图 6-16　具有纵向磁吹线圈的触头

6.4.4　真空断路器的操作过电压

真空断路器由于灭弧能力强，分断电容性和电感性负载时会产生过电压，故必须采取措施降低过电压。

1. 截流过电压

当真空断路器分断电流较小的交流电路时，在电流未达到零值前电弧就被熄灭，此现象称为截流。试验表明，真空断路器切除小电流电感性负载及起动或制动状态的电动机时，存在截流问题，并因截流而引起过电压。此外，还存在三相同时截流和多次高频重燃现象，后者的过电压更高。由于触头材料的改进，截流电流和截流电压都大为降低。随着开断电流的增大，截流值减小，当电流超过数千安时，一般不会出现截流现象。

2. 合闸过电压

真空断路器在关合过程中因预击穿而使电弧多次重燃，以及对接式触头合闸时的弹跳，均将引起过高的合闸过电压。这需要从触头结构及材料方面加以解决。

3. 操作过电压的抑制方法

(1)采用低电涌真空灭弧室，即采用低截流值的触头材料与纵向磁场触头组成的灭弧室，它既可降低截流过电压，又可提高开断能力。

(2)负载端并联电容，借此降低截流过电压和降低恢复电压的上升陡度。

(3)并联 R-C 保护，即将电阻器和电容器串联后与负载并联，它不仅能降低截流过电压和恢复电压上升陡度，且在高频重燃时可使振荡过程强烈衰减，对抑制多次重燃过电压有较好的效果。通常取 $R = 100 \sim 2\ 000\ \Omega$，$C = 0.1 \sim 0.2\ F$。

(4)与负载并联避雷器以限制过电压的幅值。除用碳化硅阀片外，还发展了氧化锌非线性电阻。用后者构成的无间隙避雷器在额定电压下电阻值很大，漏电流极小。而当出现过电压时，电阻值锐减，呈现出很陡的稳压管特性。

(5)串联电感以降低过电压的上升陡度和幅值。

6.5 SF₆ 断路器

气吹断路器是以高压气体吹动并冷却电弧使之熄灭的断路器，实际使用的气体有空气和 SF₆ 气体，故 SF₆ 断路器是气吹断路器的一种。近年来，空气断路器已逐渐为 SF₆ 断路器所取代。

6.5.1 SF₆ 气体的特性

1. 物理特性

SF₆ 气体无色、无味、无毒，其密度为空气的 5 倍，具有良好的灭弧和绝缘性能。SF₆ 气体在不同压力下其液化温度不同。在常压下，液化温度为 -63.8 ℃；而在常温下，即 $10 \sim 20$ ℃时，其液化压力为 $1.5 \sim 2$ MPa。

SF₆ 气体的热导率随温度变化。例如，它在 2 000 ℃时，具有极强的导热能力，而在 5 000 ℃时，其导热能力很差，正是这种导热特性对电弧的熄灭起着极为重要的作用。

2. 化学特性

SF₆ 气体在常温下极为稳定，其稳定性超过 N_2。它不溶于水和变压器油，也不同氧气、氢气、铝和其他许多物质发生作用。其热稳定性很高，在 150 ℃以上才开始分解。因此，它至少在 E 级绝缘以下是可以安全使用的。

SF₆ 气体与水会发生反应，产生腐蚀性物质，所以对水分含量要加以限制。国际电工委员会(IEC)规定，新 SF₆ 气体中水分含量不得高于 0.001 5%(重量比)。在电弧高温下，少量 SF₆ 气体分解产生的 SOF_2、SOF_4 及 SO_2F_2 等化合物是有毒的。因此，在其使用中应注意到安全问题。

3. 绝缘特性

SF₆ 气体具有优良的绝缘性能，在 3 个大气压力下，它的绝缘强度与变压器油相等。压力越高，绝缘性能越好。在均匀电场中及相同压力下，其绝缘强度为空气的 $2 \sim 3$ 倍。由于它的电负性很强，它本身和它分解出的 F 原子在高温下对电子有很大的亲和力，能吸附电子形成负离子。这些离子直径约为 10 cm，故在电场作用下的迁移率仅为电子的千分之一，而空间中的自由电子大量减少则抑制了空间电离过程的发展，不易形成击穿，使绝缘强度人为提高。然而，应当注意到，SF₆ 气体的绝缘强度在不均匀电场中将明显降低。

研究表明：在 SF_6 气体中充以一定含量的 N_2 反而可以提高绝缘强度，从而降低成本，对此目前仍在继续开展研究。

4. 灭弧特性

SF_6 气体具有很强的灭弧能力，在自由开断情况下，其灭弧能力约比空气大100倍。若再采用不很高的压力和不太大的吹弧速度，就能在高电压下开断甚大的电流。其主要原因如下。

1）散热能力强

SF_6 断路器散热主要靠对流和热传导，对流散热能力为空气的2.5倍，而熄弧是靠 SF_6 气体的高速流动带走电弧能量才实现的，但它带走的能量随其温度而增加。SF_6 气体的热导率比 N_2 和 Cl_2 都大得多。

2）电弧压降小且弧柱细

当温度在5000 ℃以上时，因热导率非常低，使弧心部分热量难以导出，弧心温度特别高，气体的热电离进行得很充分，故电导率高，电弧压降小，仅为采用压缩空气作介质时的1/3，少油断路器的1/10左右。同时，SF_6 断路器的电弧电压梯度也较小，在相同的工作电压和开断电流下，电弧能量小，所以易于灭弧。

在电弧周围温度较低（2000 ℃）时，SF_6 气体的热导率又非常高，所以弧柱细，含热量小，使电弧电流自然过零时，带电粒子密度锐减，这就提高了介质恢复速度。

3）SF_6 气体的电负性

SF_6 气体的电负性很强，这对电弧电流自然过零后的消电离极为有利。在弧焰区和电弧电流过零后的恢复阶段，电负性起着重要的作用，它既使弧隙内的自由电子减少，同时又通过形成负离子减小带电粒子的运动速度。因此，电导率下降，介质强度提高，对熄弧十分有利。SF_6 气体的介质恢复速度通常为空气的100倍以上，所以能承受各种恢复电压的作用，保证了优异的开断性能。

6.5.2 SF_6 断路器的特点与分类

1. SF_6 断路器的特点

1）灭弧室断口耐压强度高

由于断口耐压强度高，故对同一电压等级，SF_6 断路器的断口数目较少，可以简化结构，缩小安装面积，有利于生产和运行的管理。

2）开断容量大，性能好

目前，这种断路器的电压等级已达500 kV以上，额定开断电流可达100 kA。它不仅可以切断空载长线而不重燃，切断空载变压器而不截流，同时还能较容易地切断近区故障。

3）电寿命长

由于触头烧损轻微，故电寿命长。一般连续（累计）开断电流4000~8000 kA可以不检修，相当于大约10 a无须检修。

SF_6 断路器无噪声公害，无火灾危险。可发展形成 SF_6 密封式组合电器，从而缩小变电所占地面积，这对城市电网变电所建设尤为有利。

SF$_6$ 断路器要求加工精度高，密封性好，对水分和气体的检测要求严格(年漏气量不得超过3%)，给生产带来一定困难。

2. SF$_6$ 断路器的分类

SF$_6$ 断路器按结构形式可分为瓷瓶支柱式与落地罐式两种。前者在结构上与少油断路器类同，只是以 SF$_6$ 气体取代变压器油作为介质，它属积木式结构，系列性、通用性强。其灭弧室可布置成"T"形或"Y"形。图6-17为 LW-220 型 SF$_6$ 断路器一相的外形图。断路器相有两个断口，其额定电压为 220 kV，额定电流为 3 150 A，额定开断容量为 15 000 kVA，静稳定电流为 40 kA、动稳定电流为 100 kA(峰值)，SF$_6$ 气体额定压力(20 ℃)为 556 kPa。落地罐式断路器的结构形式类同多油断路器，但气体被密封于一罐内。它的整体性强，机械稳固性好，防振能力强，这可以组装互感器等其他元件，但系列性差。

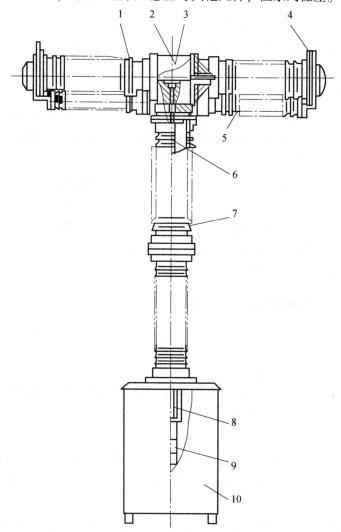

1—灭弧室瓷套；2—传动机构室；3—传动拐臂、连杆(剪刀式机构)；4—接线板；
5—电容器；6—绝缘拉杆；7—绝缘支柱；8—活塞；9—工作缸；10—机构箱(代底座)。

图 6-17　LW-220 型 SF$_6$ 断路器(单相)

6.5.3 SF$_6$断路器的灭弧室

SF$_6$断路器的灭弧装置有双压式、单压式和旋弧株式。

1. 双压式灭弧室

双压式灭弧室设有高压和低压2个气压系统。低压系统的压力一般在304~507 kPa的范围内，它主要用作灭弧室的绝缘介质。高压系统的压力为1 013~1 520 kPa，它只在灭弧过程中起作用。图6-18是双压式灭弧室结构，当触头处于闭合状态时，整个灭弧室内充满低气压的SF$_6$气体。断路器接到分闸信号后，灭弧室通向高气压系统的主阀打开，高压气体进入触头区。触头的分离打开了位于动触头上的通道口，给高压气体提供了出路。因此，电弧一旦形成就处于SF$_6$气流中，受到强烈冷却而熄灭。电弧熄灭后，主阀关闭，停止供给高压气体。而泵则将低压气体打入高气压区，形成封闭的自循环系统。

双压式SF$_6$断路器结构复杂，目前已趋于被淘汰。

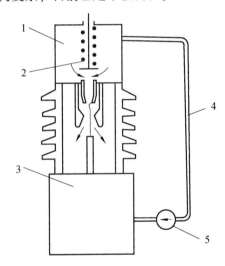

1—高压室；2—吹气阀；3—低压室；4—管道；5—压气泵。

图6-18 双压式灭弧室结构

2. 单压式灭弧室

单压式灭弧室内只有一种压力(304~608 kPa)的SF$_6$气体，在分断过程中，利用触头及活塞的运动产生压气作用，在触头喷口间产生气流吹弧。一旦分断动作完毕，压气作用即停止，触头间又恢复为低压力的充气状态。

图6-19为单压式单向吹弧灭弧室结构，图中虚线表示喷嘴、压气罩和动触头于合闸状态的位置，这3个部分零件是连在一起的。分闸时由操动机构带动它们向下运动，使压气室内气体受压缩以致压力增大，在喷口处形成气流流向低压区，产生与双压式灭弧室类似的气吹效果。吹弧方式有单向和双向吹弧两种，采用双向吹弧方式开断电流能增大20%

以上。考虑到单压式灭弧室所用气体压力低，在低温地区无须增设加热器，又可省去压气泵，故结构简单，成本低，维护较方便，国产 SF_6 断路器均采用之。

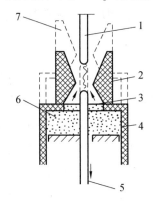

1—静触头；2—喷嘴；3—动触头；4—压气罩；5—操动机构；6—压气室；7—合闸位置。

图 6-19　单压式单向吹弧灭弧室结构

3. 旋弧式灭弧室

旋弧式灭弧室是用磁场驱动电弧，使之在 SF_6 气体中旋转来吹弧。这使断路器要求的合闸功大为降低，因而使得操动机构可以简化，成本降低，为中压 SF_6 断路器的实用化开辟了道路。

根据磁场与电弧运动方式，旋弧式灭弧室可分为径向燃弧式和轴向燃弧式。图 6-20 给出了径向燃弧式旋弧灭弧室的结构原理图。触头分开后产生的电弧在回路所产生电动力的作用下移向圆筒电极处，将驱动线圈接入电路。此时，转移到圆筒电极处的电弧便在驱动线圈的轴向磁场作用下快速旋转熄灭。近年来，这种灭弧室已在 $10 \sim 35$ kV 电压等级中被广泛应用。

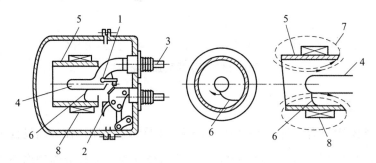

1—静触头；2—动触头；3—端子；4—中心电极；5—圆筒电极；6—电弧；7—磁通；8—驱动线圈。

图 6-20　径向燃弧式旋弧灭弧室结构原理图

6.5.4　SF_6 断路器气体系统的维护

这首先要监视在运行中的 SF_6 气体系统。由于环境温度变化能影响 SF_6 气体的压力，故当压力降低时，一般压力表无法判别是漏气还是温度变化所致。因此，宜用密度继电器控制，因为它能自动补偿温度变化导致的压力变化，只有漏气时才通过辅助触点发出两次信号。当压力降至较低值时，它发出第一次信号，通知运行人员补气或处理漏气故障；当压力降至下限值时，它发出第二次信号，将断路器控制回路闭锁，使之不能电动分闸，而必须排除故障。

若已发生漏气，应先通过压力表查出漏气系统，再分段关闭阀门，找出漏气段或漏气范围。据统计，漏气多由管路连接部位螺母松动或密封圈压缩量不够和老化损坏所致，故应先检查这些环节。

发现漏气点后，一般可关闭出口阀门，使气体不再外溢，然后放掉管路气体，进行修理。但充气应有专用设备，通常用户不能自行处理。SF$_6$气体虽然无毒，但有大量气体外溢时，SF$_6$气体会不断从底处向高处把空气排出，故在电缆沟内工作的人员尤应注意，避免发生缺氧窒息事故。在进入有SF$_6$气体溢出区域前，一般应开窗或起动通风装置排除，待气体稀薄(可考虑含量在0.1%以下)后再进入。

当解体时，为安全考虑，应该在灭弧室抽空后，再充入N$_2$或空气稀释，然后抽真空1~2次，方可开启阀门放入空气，打开灭弧室。此时，可发现触头和有关部件表面有层白色粉末，主要成分为CuF$_2$和WF$_3$，均无毒。为安全起见，可用吸尘器吸净或用布轻轻擦拭，集中包起埋入地下。

6.6 其他高压电器

6.6.1 隔离开关

装设隔离开关的最大目的是确实可靠地隔离电源。在相关标准中规定，隔离开关在分断状态下应有明显可见的断口。在关合状态下，导电系统中可以通过正常的工作电流和故障下的短路电流。隔离开关没有灭弧装置，除了能开断很小的电流外，不能用来开断负荷电流，更不能开断短路电流，但隔离开关必须具备一定的动、热稳定性。

1. 隔离开关的功能

(1)隔离开关在分闸后应建立可靠的绝缘间隙，将被检修线路和设备与电源隔开。隔离开关在分闸状态下应有明显的可见断口，使运行人员能明确判断其工作状态。隔离开关的断口在任何状态下都不能被击穿，因此它的断口耐压一般需比其对地绝缘的耐压高出10%~15%。必要时应在隔离开关上附设接地刀开关，供检修时接地用。

（2）运行需要换接线路，在断口两端有并联支路的情况下，可带负荷进行分合闸操作、变换母线接线方式等。

（3）可用隔离开关开断和关合一定长度线路的充电电流和一定容量空载变压器的励磁电流。

（4）对于分断速度较高的快分隔离开关，若与接地开关配合，在某些终端变电所可以代替断路器使用。

2. 隔离开关的结构

按照安装地点的不同，隔离开关可分为户内、户外两种。户内隔离开关（型号为GN）其额定电压一般在 40.5 kV 以下。户外隔离开关（型号为 GW）由于触头直接暴露于大气中，所以户外隔离开关需要适应户外恶劣的气候条件，包括在覆有一定厚度冰层的情况下仍能顺利地分闸与合闸。隔离开关的结构形式有很多，下面介绍一些典型的结构。

一般户内配电用隔离开关的结构图如图 6-21 所示。隔离开关的三相共装在同一个底架上，操动机构通过连杆操动转轴完成分、合闸操作。刀开关采用矩形铜条型，以便用磁锁装置来提高开关对短路电流的稳定性。

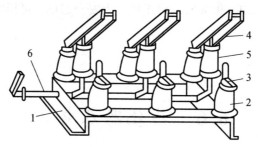

1—底座；2—支柱瓷瓶；3—静触头；4—刀开关；5—操作瓷瓶；6—转轴。

图 6-21　一般户内配电用隔离开关的结构图

户外隔离开关按其绝缘支柱结构的不同可分为单柱式、双柱式和三柱式。

单柱式隔离开关每极的静触头悬挂于母线或独立的支座上，动触头用单独的底座或框架支撑，断口方向与底座平面垂直。图 6-22 为单柱式隔离开关，隔离开关的静触头被独立地安装在架空母线上。可动刀开关安装在瓷柱顶部，由操动机构通过传动机构带动，像剪刀一样向上运动，用夹住或者释放装在母线上静触头的方法来合闸或分闸。使用单柱式隔离开关可以显著地节省变电站的占地面积，但单柱式隔离开关结构比较复杂，一般只在252 kV 及以上超高压等级中使用。

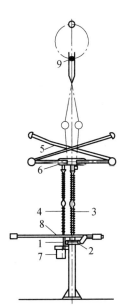

1—转动轴；2—支架；3—支柱绝缘子；4—转动绝缘子；5—导电架(动刀开关)；
6—轴承箱；7—操动机构；8—接地开关(刀开关)；9—悬挂(静)触头。

图6-22 单柱式隔离开关

双柱式隔离开关每边有两个可转动的触头，分别安装在单独的瓷柱上，且在两支柱之间接触，其断口方向与底座平面平行。图6-23(a)为π形双柱式隔离开关，它的转臂即主刀开关固定在绝缘瓷柱顶部的活动出线座上。图6-23(a)中的刀开关处于合闸位置。分闸时主刀开关动轴带动两侧的绝缘瓷柱转动90°，使刀开关在水平面上转动而分闸。这种开关不占上部空间，但相间距离要求大。图6-23(a)所示隔离开关带有一把接地刀开关，由接地刀开关传动轴带动。

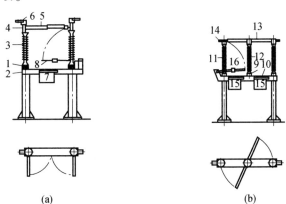

(a)　　　　　　　　(b)

1—轴承座；2—支架；3—绝缘；4—转动头；5—转臂；6—高压出线座；7—操动机构；
8—接地开关(刀开关)；9—转动轴；10—支架；11—固定绝缘瓶；12—转动绝缘瓷柱；
13—刀开关转臂；14—高压出线端；15—操动机构；16—接地开关(刀开关)。

图6-23 柱式隔离开关

(a)双柱式隔离开关；(b)三柱式隔离开关

图 6-24 为 V 形双柱式隔离开关，它的底座较 π 形双柱式隔离开关更小，易于满足特殊方式安装的要求。

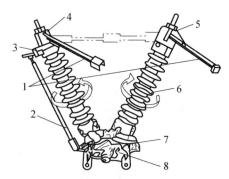

1—主刀开关；2—接地刀开关；3—接地刀开关静触头；4—出线座；

5—导电带；6—绝缘子；7—轴承座；8—伞齿轮。

图 6-24 V 形双柱式隔离开关

三柱式隔离开关有两个相互串联的断路器断口方向与底座平面平行，使回路在两处断开。图 6-23(b)所示为三柱式隔离开关，与双柱式隔离开关相比，相间距高要求小。两边的绝缘支柱瓷瓶固定在支架上，中间的绝缘瓷瓶安装在轴上。分闸时中间的绝缘瓷瓶带动转臂刀开关转动 60°，使刀开关在水平面上转动而分闸。三柱式与双柱式隔离开关的基本部件相同，动作原理相似，只是刀开关转动方向不同。

3. 用隔离开关进行小电流开合操作

隔离开关本来是不具备开合电流能力的，但有时需要开断 10 m 左右的母线，或为了停止空载变压器而开断其充电电流。如图 6-25 所示，在两台变压器并联的情况下，当轻负荷时，为了减少变压器的损耗，有时希望用隔离开关切除一台变压器。此时的开断电流可能达到近 1 000 A，但开断时的工频恢复电压，只是一台变压器内阻抗所产生的电压降，仅有数百伏。此现象在其他并联电路的情况下，对于开断环流也是需要的。此外，还需要开断连接在母线上的电压互感器、补偿电容器、避雷器的充电电流、励磁电流或电阻电流。

隔离开关通常没有灭弧装置，而只靠将大气中的电弧逐渐拉长使它自然熄灭。因此，隔离开关的小电流开断能力，根据隔离开关的结构、开合速度、开离方向、风速、相间距离以及邻近接地装置的距离等不同情况而各异。

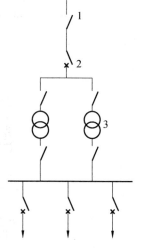

1—隔离开关；2—断路器；

3—变压器。

图 6-25 变压器的并联运行

隔离开关开合能力的限度取决于以下 2 个条件：一是当分闸时在全行程的 80% 左右，电流应完全开断；二是所产生的电弧向横方向与上方伸长(通常称为电弧伸展范围)，绝对不会造成相间短路或接地故障。

6.6.2　接地开关

接地开关是人为制造的接地设备。接地开关通常装在降压变压器的高压侧。图6-26所示为接地开关的3种使用方式。当输电线向只有1个变压器的终端变电站供电时，如图6-26(a)所示，在受电端发生故障或当变压器 T_1 发生内部故障时，接地开关应自动关合，造成人为接地短路，迫使送电端断路器分闸，切断故障。当线路中用1台断路器 QF 同时保护几台变压器时，如图6-26(b)所示，可使接地开关 S 与快分隔离开关 QS 配合使用。当变压器 T_1 发生内部故障时，接地开关 S 关合，断路器 QF 断开故障电路，随即使快分隔离开关 QS 分开，使故障变压器 T_1 与电源隔离。QS 分开后再使断路器重合，使其他分支线路恢复供电。接地开关也可与熔断器联合使用，如图6-26(c)所示。当变压器 T_1 发生故障时，接地开关 S 关合，熔断器 FU 中流过短路电流，熔断体熔断开断电路。其他分支线路仍能正常供电。由于采用了接地开关，对于熔断器的时间-电流特性的要求可以放宽。

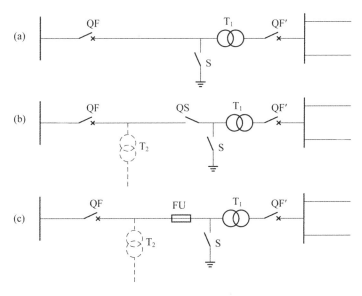

图6-26　接地开关的3种使用方式

(a)开关单独使用；(b)与快分隔离开关配合使用；(c)与熔断器一起使用

图6-27为接地开关与快分隔离开关联合使用时的配合原理图。由于变电站的故障一般表现为电流的增大或电压的降低，因此接地开关的动作可由装在变压器低压侧的电流互感器和电压互感器所提供的信号来控制。图6-27中，铁芯1和铁芯2的线圈分别接在电流互感器和电压互感器的回路中，在正常情况下接地开关由锁闩保持在分闸位置。当变电站发生故障而电流增大或电压降低时，铁芯1和铁芯2将动作而打开锁闩，此时接地开关可在合闸弹簧的作用下关合。

由图6-27所示原理可知，只有在接地开关动作后，快分隔离开关才能动作。快分隔离开关的分闸时间一般应小于 $0.5\,s$，以保证能在送端断路器自动重合闸无电流间隔时间内完成分闸。

接地开关按结构形式可分为敞开式和封闭式，前者的导电系统暴露于大气中，类似隔离开关的接地刀开关，后者的导电系统则被封闭在充 SF_6 气体或油等绝缘介质中。

接地开关需要关合短路，必须具备一定的短路关合能力和动、热稳定性。但它不需要开断负荷电流和短路电流，故没有灭弧装置。刀开关的下端通常经过电流互感器与接地点连接。电流互感器可给出信号供继电保护用。

各种结构形式的接地开关均有单极、双极和三极之分。单极只用于中性点接地系统，双极和三极则用于中性点不接地系统，共用一个操动机构进行操作。图 6-27(b) 为户外单极敞开式接地开关。

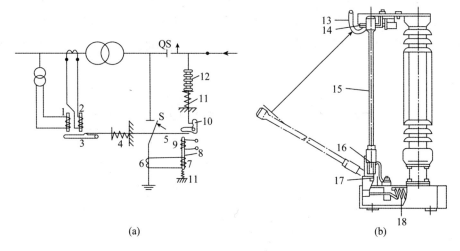

(a)   (b)

1、2、8—铁芯；3—锁闩；4—合闸弹簧；5—机械锁；6—电流互感器；7—电流线圈；

9—电压线圈；10—锁钩；11—弹簧；12—分闸弹簧；

13—屏蔽环；14—静触头；15—刀开关；16—软连接；17—转轴；18—合闸弹簧。

图 6-27　接地开关与快分隔离开关联合和极敞开式接地开关使用时的配合原理图

接地开关的导电系统也可密封在 SF_6 气体或变压器油等绝缘介质中。动、静触头的分开距离可以明显缩短，合闸时间也可减小，而且不受大气条件的影响。但价格高，结构较为复杂。

6.6.3　高压熔断器

高压熔断器中的主要元件为熔件，或称熔断体或熔丝。在正常工作情况下，熔丝串联在电路中，通过熔丝的电流小，不会使熔丝熔断。当系统中出现过载或短路时，熔丝将因过热而自行熔断，切断电路，保护其他设备不受到损害。图 6-28 是熔断器断开故障时的示波图。

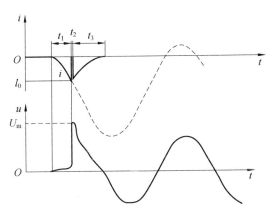

图6-28 熔断器断开时的示波图

整个开断过程大致可分为3个阶段。

(1)从熔丝中出现短路(或过载)电流起到熔丝熔断所需的时间即图6-28中的 t_1, 称为熔丝的熔断时间。它与熔丝材料、截面积、流经熔丝的电流以及熔丝的散热情况有关,长到几小时,短到几毫秒至更短。

(2)从熔丝熔断到产生电弧所需的时间为 t_2, 这段时间很短,一般在毫秒级以下。熔丝熔断后,熔丝先由固体金属材料熔化为液态金属,接着又汽化为金属蒸气。由于金属蒸气的温度不是太高,电导率远比固体金属材料的电导率低,因此熔丝电阻突然增大,电路中的电流被迫突然减小。由于电路中总有电感存在,电流突然减小将在电感及熔丝两端产生很高的过电压,导致熔丝熔断处的间隙击穿,出现电弧。出现电弧后,由于电弧温度高,热游离强烈,维持电弧所需的电弧电压并不太高。

(3)从电弧产生到电弧熄灭的时间 t_3 称为燃弧时间。它与熔断器灭弧装置的原理和结构以及开断电流的大小有关。一般为几十毫秒,短的可到几毫秒。$t_1 + t_2 + t_3$ 称为熔断器的全开断时间。$t_1 + t_2$ 称为熔断器的弧前时间,由于 t_1 和 t_2 相比,t_2 可以忽略不计,因此弧前时间实际上就是熔丝的熔断时间 t_1。

表征熔断器工作特性的除额定电压、额定电流和开断能力外,还有熔丝的热特性,具体如下。

1)时间-电流特性

时间-电流特性是表示熔丝熔断时间与通过电流间关系的曲线,该特性又称熔丝的时间-电流特性,如图6-29所示。每种额定电流的熔丝都有自己的时间-电流特性曲线。根据时间-电流特性进行熔丝的选择就可以获得熔断器的动作选择性。

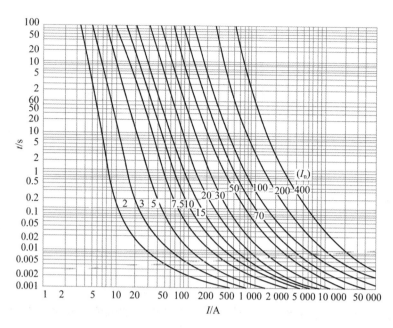

图 6-29　熔丝的时间-电流特性曲线

2）最小熔断电流

电流减小时熔丝熔断时间增大。当电流减小到某一数值时，熔丝的熔断时间为无穷长，则该电流值称为熔丝的最小熔断电流 I_{mm}，即熔丝电流比 I_{mm} 稍大时熔丝自动熔断；而熔断电流比 I_{mm} 稍小时，熔丝虽不会熔断但熔丝的温度却很接近熔丝材料的熔断温度。熔丝不能长期在最小熔断电流 I_{mm} 下工作，这样会使熔断器某些部件的温升过高，或者会造成熔丝过早熔断。熔丝允许长期工作电流即熔丝的额定电流 I_n 显然比 I_{mm} 小。I_{mm} 与 I_n 的比值称为熔丝的熔断系数 K_m。熔断系数一般取 1.2～2.5。不同用途的熔断器可以规定不同的熔断系数，过高的熔断系数会使熔断器失去应有的灵敏度，过低的熔断系数则会造成熔断器在工作电流下误动。

在高压熔断器中，为减小熔丝截面，避免熔断后产生过多的金属和金属蒸气，都用低电阻系数的 Cu 和 Ag 来制造熔丝。然而 Cu 和 Ag 是高熔点的材料，Cu 的熔点为 1 083 ℃，Ag 的熔点为 961 ℃。如果要使熔丝的温度在最小熔断电流下达到材料的熔点，那么在比最小熔断电流小不多的额定电流下熔丝的温度必然也是相当高的。要解决这一矛盾可以用在 Cu 熔丝上焊上 Sn 球或搪上一层 Sn 的方法来降低熔丝的熔点。Sn 的熔点为 232 ℃，熔化的 Sn 可使 Cu 熔解。因此在 Cu 丝上焊上 Sn 球后，只要 Sn 球一熔解，Sn 液附近的 Cu 也就会随之熔解而将电路开断。这一效应称为 Sn 的冶金效应，在目前高压熔断器中广泛采用。

下面介绍带石英砂填料跌落式熔断器。一般管状跌落式熔断器最大分断能力目前只能达到 12.5 kA，而石英砂填料跌落式熔断器的分断能力一般为 40 kA，甚至还可以做到 100 kA 的分断能力。

带石英砂填料跌落式熔断器具有以下特点：熔丝用纯 Cu 制造，取代了价格昂贵的贵金属 Ag，显著地降低了制造成本；石英砂填料经过一定工艺处理，通过成型的子浇注，使其与纯 Cu 熔丝结合在一起，形成了固化体。这样当熔断器经一次分断使用后，不需更换整个熔断器，而只需要更换固化的熔丝元件就可以了，经过固化的熔丝元件相当于将纯 Cu 熔丝密封在一个不透空气的石英砂中，这样纯 Cu 熔丝不会受空气侵入而氧化，稳定了熔断器的性能并提高了熔丝的使用寿命。

图 6-30 所示为固化熔丝元件，七星柱骨架用高氧化铝陶瓷制成，其上绕有丝，熔丝的头和尾点焊在固定于七星柱骨架上的金属帽上，以便电流通过金属帽外引出。七星柱骨架的一端装有撞击器，在熔断器动作后，撞击器的撞针将向外顶出，并推动跌落式熔断器上的脱扣杆，使熔断器实现转动，完成跌落动作。

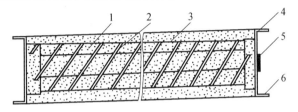

1—石英砂；2—熔丝；3—七星柱骨架；4—金属帽；5—撞击器；6—连接片。

图 6-30　固化熔丝元件

图 6-31 所示为固化熔丝元件装入熔断器管内成为带固化熔丝元件的熔断器结构。固化熔丝元件装入熔断器管内的程序如下：用专用工具将固化熔丝元件推入熔断器管内，如图 6-31 所示位置。然后将金属帽上的连接片向外弯折，并分别旋紧下盖板和上盖板，用电桥测量熔断器的电阻是否达到要求值。若偏高，则应进一步旋紧下、上盖板。沿着下盖板和下盖的边缘用环氧树脂密封。待环氧树脂固化后即可安装到跌落式熔断器托架上使用。

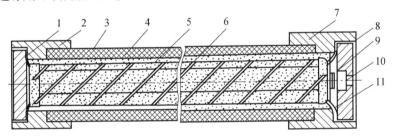

1—下盖板；2—下帽；3—熔断器管；4—石英砂；5—七星柱骨架；6—纯 Cu 熔丝；
7—上帽；8—上盖板；9—撞击器；10—铜皮封口；11—金属帽上的连接片。

图 6-31　带固化熔丝元件的熔断器结构

6.6.4　高压限流熔断器

限流熔断器的限流特性很重要，当开断额定电流时，第一个大半波电流在未到达峰值前就被熄灭，使被保护设备受到很小的焦耳热（I^2t）。由于限流熔断器具有速断功能，故能有效地保护变压器。

限流熔断器依靠填充在熔丝周围的石英砂对电弧的吸热和游离气体向石英砂缝隙扩散的作用进行熄弧。熔丝通常用纯 Cu 或纯 Ag 制作，额定电流较小时用线状熔丝，较大时用带状熔丝。在整个带状熔丝长度中有规律地制成狭颈，狭颈处点焊低熔点合金形成冶金效应点，电弧在各狭颈处首先产生。线状熔丝也可用冶金效应，熔丝上会同时多处起弧，形成串联电弧，熄弧后的多断口，足以承受瞬态恢复电压和工频恢复电压。

限流熔断器由底座、底座触头、熔断件组成。熔断件由瓷管或者耐热的玻璃纤维管、导电端帽、芯柱、熔丝和石英砂构成，通常一端装有撞击器或指示器。在熔断器和负荷开关结构中，熔断器的撞击器对负荷开关直接进行分闸脱扣。触发撞击器可用炸药、弹簧或鼓膜。图 6-32 给出了高压大容量限流熔断器的结构原理图。

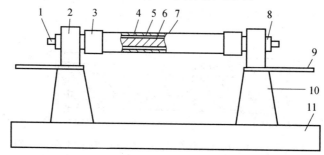

1—撞击器；2—底座触头；3—熔断件；4—瓷瓶；5—石英砂；6—支持架；

7—熔丝；8—熔断件触头；9—接线端子；10—绝缘子；11—熔断器底座。

图 6-32　高压大容量限流熔断器的结构原理图

高压限流熔断器的应用如下。

1. 保护电动机用的熔断器的应用

对于高压电动机的保护，通常是由几种保护电器共同完成的，其中限流熔断器是很重要的保护电器，对于它的正确选用十分重要，根据 IEC644 规范的要求，推荐使用一组曲线，如图 6-33 所示。

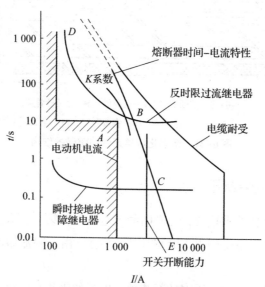

图 6-33　保护电动机回路的特性曲线

图 6-33 表示了保护装置与被保护电动机的特性曲线之间的关系，它们组成了典型的应用曲线，以下予以说明。

(1)用熔断器的时间-电流特性曲线 10 s 对应的电流值除以一个适当的熔断器 K 系数所得到的电流坐标应位于电动机启动电流点 A 的右侧。

(2)熔断器特性曲线与过流继电器保护特性曲线交叉点 B 的电流值应小于开关装置的开断电流值。

(3)如果安装了瞬时接地继电保护装置，那么动作点将由 B 点移至 C 点，这时应该特别注意一种可能性，即开关装置可能在大于它的额定开断电流的一种电流情况下工作。

(4)整个电缆曲线应位于操作特性 DBCE 的右侧，假如由于电动机起动功能性质不同(如长时间的起动和频繁的起动次数)，同时要求所选择的熔断器需要高额定值，那么 DBCE 段将向右移动，这样电缆的截面尺寸应适当增加。

(5)熔断器在通过大电流时(一般对应电流不大于 0.01 s)，应把这个电流限制在开关能够承受的电流之内。

(6)要特别注意熔断器的 K 系数，它说明了熔断器的过载特性，即在规定的系数下使用熔断器可以使熔断器反复耐受电动机的起动和过载冲击，而不会受到损害。这个过载特性通过 5~6 s 时的熔断器特性电流乘以系数得到。

一般来讲要使熔断器对电动机的起动电流有一个最大的耐受能力，在时间-电流特性的 10 s 范围内使用一个高的起动电流(直接起动)是比较合适的。

若要对装置、电缆和电动机在 0.1 s 范围内有一个最大的短路保护，选用一个低的起动电流(即加辅助起动设备)是比较合适的。

总之，熔断器的额定电流选择要根据不同的任务和电动机起动电流及时间、起动次数来决定。

对于用于直接起动的电动机，其熔断器的额定电流为

$$I_y = \frac{NI_n}{K}$$

式中：I_y——在起动时间内对应的电流值；

N——起动电流与满载电流之比，通常 $N = 6$；

I_n——电动机满载电流(即额定电流)；

K——熔断器系数。

在经过计算得出 I_y 后，即把这个电流值描绘在熔断器时间-电流特性曲线的 10 s 点上，与其所对应的曲线或靠近该点的曲线即是所要选的熔断器的额定电流，此值一般等于电动机满载电流的 2 倍。

2. 保护变压器的熔断器的应用

对于变压器的保护，通常由几种保护电器共同完成保护任务，其中对限流熔断器的选

用非常关键，根据 IEC 的规范要求，推荐使用图 6-34 所示的曲线。

为了使变压器得到最合适的保护，一般要根据变压器的特定任务来选择熔断器，其主要参数有变压器的满载电流，允许过载电流及浪涌冲击电流，还应结合下述选用原则进行。

(1)熔断器的时间-电流特性曲线应该位于变压器浪涌冲击电流的右侧，一般其曲线间隔应为 25% 左右(指电流间隔)。变压器的浪涌冲击电流一般考虑等于变压器满载电流的 12 倍，持续时间为 0.1 s。

(2)限流熔断器的电流等级应足够高于变压器的满载电流等级。

(3)当变压器发生内部故障或二次侧线圈接头区域发生故障短路时，熔断器应能迅速动作以隔离电源。

(4)如果熔断器安装在一个封闭柜体内或使用环境温度高于标准要求，均应考虑熔断器的降容使用问题，以保证熔断器不在过热条件下运行。

(5)如图 6-34 所示，为了使变压器一次侧高压熔断器和二次侧低压熔断器或保护装置间有良好的配合，其高压侧熔断器时间-电流特性(最小弧前特性)和低压侧保护装置特性(最大总动作特性经过适当换算折合到高压侧的值)的交点 *B* 对应电流值应大于二次侧短路而引起的高压侧最大故障电流值。

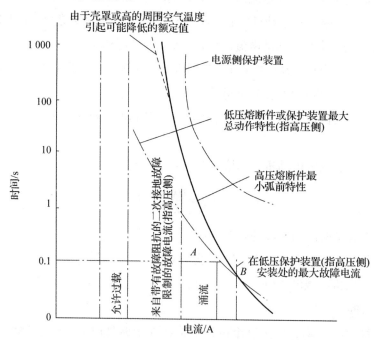

图 6-34　HV/LV 变压器回路的保护特性

(6)最严重的故障情况是变压器一次侧与地之间和相间短路故障，这种故障将导致一次侧相电流分配比为 1∶2∶1。这时一次侧承受的最大电流相上其变换系数为正常值的 $\dfrac{\sqrt{3}}{2}$

倍，这一情况在选择熔断器时是必须加以考虑的。

（7）在可能出现较小故障电流的情况下，如变压器在无中性点接地，而发生电容性对地故障电流的电力系统中，如图6-35所示。如果 D 点对地短路，C 相的电容与其组成一个较短的通路，那么该相的熔断器就承担了容性电流（与负载电流重叠），这个容性电流为每相正常充电电流的3倍，它很可能维持一个较长的时间，而使熔断器熔断体熔化。这时装有撞击器和熔断器开关联动脱扣装置的组合电器是能够安全分断电路的，但对无撞击器的熔断器来讲，它是不安全的。此时应尽量选用全范围保护用熔断器来进行保护才是较为可靠的。

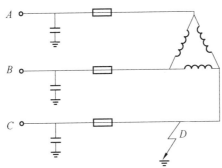

图6-35 发生电容性对地故障电流的电力系统

（8）高压熔断器的最小分断电流值应小于与其组合使用的开关装置的最大分断电流值。然而，熔断器装有撞击器脱扣机构后，熔断器的最小分断电流值的意义就变得不十分重要了，这主要是因为当发生小倍数故障电流时，熔断器的动作时间一般至少需要0.6 s，而这时熔断器的撞击器联动开关的脱扣时间仅为0.04 s。显然，这时的开关装置在熔断器未完全动作以前就已经把电路切断了，从而对过小故障电流可不需熔断器来进行分断。

3. 保护电容器用的熔断器的应用

引进产品的S系列、B系列和F系列保护变压器的限流熔断器，同样适用于户内电容器的保护，在容性电路中，由于各种电容器的安装方式不同，线路参数不确定，而使熔断器的选用比较困难。因此，一般是综合考虑多种因素后，才对熔断器作出最后的选用。主要有以下因素。

（1）由于熔断器在容性回路上不但要承担最大负波电流，而且还要承担谐波电流，因此熔断器的电流等级至少应是回路满载电流的1.43倍。

（2）通常小电流等级的熔断器比大电流等级的熔断器对电容器充电时的电流冲击更为敏感。因此，给出一条曲线来选择熔断器电流等级，以解决熔断器对冲击电流的承受能力问题，这条曲线主要说明了熔断器电流等级相对于负载电流的比率随着负载电流的增加而趋于增大的情况，如图6-36所示。

（3）在多组并联的电容器，以及一组电容器与其他已充好电的电容器组投入并网运行时的条件下，对熔断器的选择，通常是根据图6-36来进行的，并应把实际的电容电流乘以 1.6 倍后得出的负载电流再来查找相对应的熔断器电流。

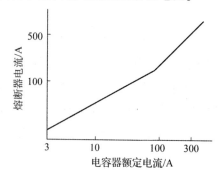

图 6-36　保护电容器的熔断器选择曲线

上述各因素是用来确定某一使用场合下熔断器的最小额定电流的，因此还需按下述条件来审查熔断器对电容器所能给予的保护程度。

(1)如果熔断器要用于任何没有相应过载保护的电容器回路中，建议最好选用 F 系列的全范围熔断器保护。因为该系列熔断器具有足够低的最小分断电流，它能防止小电流过载的保护失败。

(2)对于串联的星形连接中性点悬浮的电容器组来说，当一电容器短路时，将导致相应相上电流增加 3 倍，此时熔断器也同样承受了 3 倍的电流，并再乘上并联电容器的个数。可以从熔断器的时间-电流特性曲线上查出在这个短路电流下熔断器的动作时间，并把这个点描绘在电容器分断特性曲线图上看该点是否位于曲线的左侧。如果不是，则必须用更多的电容器并联来弥补，以保证当电容器发生击穿时，有足够的并联电容器对其放电，而使故障电容器处的熔断器安全动作。

(3)当有多个电容器并联时，需考虑正常并联电容器给故障电容器的放电能量，一般限流熔断器所能承受的放电能量为 10 kJ，具体计算方法如下：

①3.18×并联电容器组的 kvar(在 50 Hz 条件下)；

②2.35×并联电容器组的 kvar(在 60 Hz 条件下)。

(4)当一相电容器组或其端部发生短路故障时，为了不使其影响整个系统，通常用限流熔断器来进行故障的隔离，这通常被称为相电容器保护，对于这样使用的熔断器其额定电流等级一般至少应为单台电容器上熔断器额定电流的 2.5 倍，如果电容器组内有许多并联单元，则应选择更高的熔断器电流等级。

4. 全范围熔断器的应用

全范围熔断器的定义是一高压限流熔断器能够安全地分断所有能够引起熔丝熔化的预期电流，它是近几年来发展起来的新型限流熔断器，具有独特的结构设计，而得以保证熔断器的全范围故障电流的分断能力，以及大大改进了时间-电流特性曲线，使之与变压器过负荷曲线更为接近。

全范围熔断器的主要特点概括如下。

1）分断电流特性

普通的限流熔断器最小分断电流和最小熔断电流之间有区间。在这个小区间里，它不能有效地分断电流，甚至有可能引起熔断器的爆炸，并且这个小区间还会随着熔断器的降容使用而进一步变宽。由于这个不足导致了普通限流熔断器必须依赖开关或其他组合电器来分断这个区间的电流。然而对于 F 系列的全范围保护熔断器而言，则不存在这个小区间，因此它可以不需要与其他电器组合分断小电流。这主要是由于普通限流熔断器的电弧能量是随着故障过载电流的降低而升高的，而 F 系列的全范围保护熔断器的电弧能量是随着故障过载电流的降低而减少的，从而使这个不安全的小区间消失，即使在熔断器降容使用的条件下，它仍然能安全、可靠地分断小故障电流。它们之间弧能量特性的对比如图 6-37 所示。

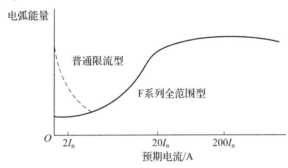

图6-37　普通限流熔断器与全范围保护熔断器电弧能量特性的对比

2）保护特性

F 系列全范围保护熔断器有更大的耐受变压器浪涌电流的能力，并且与变压器的过负荷耐受曲线更为接近，如图 6-38 所示。

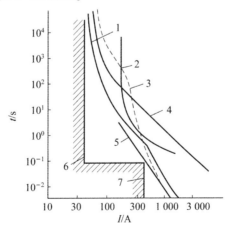

1—理想的高压熔断器（近似于全范围熔断器）的时间-电流特性；2—典型的短路器特性；

3—普通熔断器的时间-电流特性；4—变压器耐受能力特性；

5—相应于高压侧、低压侧熔断器的特性；6—变压器的满载电流；7—变压器的浪涌电流。

图6-38　变压器与各种保护电器的特性匹配关系

5. 智能化高压限流熔断器

今后的高压限流熔断器的发展方向除了要求外形尺寸小、额定电流大和具有高的分断能力外，还希望它的时间-电流特性可控。目前已经研制出智能化高压限流熔断器。

一般的限流熔断器在低过载电流下产生的串联电弧是靠低熔点的 M 效应措施和特殊狭径的设计来完成电流分断的，而熔断器在低过载电流下的时间-电流特性的分散性较大，不能达到灵活应用的目的。智能化高压限流熔断器在大电流下的开断是靠沿着熔丝的每个狭径部分融化和燃弧直到电弧熄灭来完成的，而在低过载电流下的开断是按熔断器的额定电压值的大小和设计要求进行控制来开断电流的。

智能化熔断器沿着熔丝长度方向多处布置有化学炸药包，线圈、空心电感和空气间隙位于熔断器芯柱的中部，触发电路用金属丝缚住。触发电路焊在芯柱的两个末端接线端子上(一个作为备用)。所有零件都装在熔断器的管内，管子内部填充满石英砂。

智能化熔断器不仅能够按照熔断器的固有时间-电流特性动作，而且还能从外界控制使熔断器动作，满足系统的其他要求，其应用范围不受熔断器固有的时间-电流特性限制。由于采用了现代通信技术，智能化熔断器和其他遥控信号之间相配合，能够可靠、有效地保护变压器和电力系统。

6.6.5 负荷开关

负荷开关是带有简单灭弧室装置的一种开关电器，适用于交流 50 Hz，3.6、7.2、12、40.5、72.5 kV 电压等级的电网(目前尚有更高电压等级的负荷开关，作为关合和开断负荷电流及过载电流用，亦可用作关合和开断空载长线、空载变压器及电容器组等)。它和限流熔断器串联组合可代替断路器使用，即由负荷开关承担关合和开断各种负荷电流，而由熔断器开断较大的过载电流和短路电流。

负荷开关在结构上应满足的要求：分闸位置处要有明显可见的间隙，这样负荷开关前面就无须串联隔离开关，在检修电气设备时，只要开断负荷开关即可；要能经受尽可能多的开断次数，而无须检修触头和调换灭弧室装置的组成元件；负荷开关虽不要求开断短路电流，但要求能关合短路电流，并有承受短路电流的动稳定性和热稳定性的要求(对组合式负荷开关则无此要求)。

负荷开关的结构按不同灭弧介质可分为矿物油、压气式、产气式、SF_6(气体)和真空负荷开关。

1. 矿物油负荷开关

用矿物油作灭弧介质的负荷开关，结构简单且价格低廉，在我国部分地区，如农村变电站还在运行使用。其安装在户外柱上，故又称为柱上式油负荷开关，如图 6-39 所示的 12 kV 交流三相矿物油负荷开关外形。矿物油负荷开关容易引起爆炸和火灾，国外早已不采用。

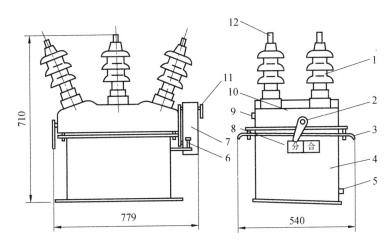

1—瓷套；2—分合指标针；3—吊环；4—油箱；5—放油闸；6—油标；7—人力操作间；
8—分合指标牌；9—注油孔；10—箱盖；11—储能指示器；12—接线端子。

图6-39 12 kV 交流三相矿物油负荷开关外形

2. 压气式负荷开关

压气式负荷开关是用空气作为灭弧介质的，它是一种将空气经压缩后直接喷向电弧断口而熄灭电弧的开关。20世纪50年代，我国就从国外引进这种技术，目前尚有少数企业在改进设计后还在生产。有些企业结合近几年来从国外引进的技术，自行开发了一些新型的压气式负荷开关，适用于12 kV 电压电网分合负荷电流、闭环电流、空载变压器和电缆充电电流，关合短路电流、配装有接地开关，可以承受短路电流。

3. 产气式负荷开关

产气式负荷开关利用触头分离产生电弧，在电弧的作用下，使绝缘产气材料产生大量的灭弧气体喷向电弧，使电弧熄灭。

产气式负荷开关的灭弧室分为狭缝式和管式。狭缝式又分为板式狭缝式和环形狭缝式。图6-40给出了4种灭弧室的结构，其中图6-40(a)为板式狭缝式灭弧室，图6-40(b)为管式灭弧室，图6-40(c)和图6-40(d)为环形狭缝式灭弧室。图6-40(c)的绝缘材料内件是固定的，图6-40(d)所示的绝缘材料内件是运动的。

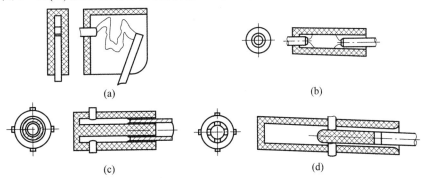

图6-40 4种产气式灭弧室的结构

(a)板式狭缝式；(b)管式；(c)环形狭缝式(固定内件)；(d)环形狭缝式(运动内件)

绝缘材料要能保证产生足够的气体，不形成导电残留物，烧损小且有足够的导热性。在负荷开关中，证明性能良好的产气材料有聚酰胺、缩醛树脂、耐热有机玻璃、含6%硼酸酐的普勒克西胶、涤纶树脂、三聚氰胺、聚缩醛等。

4. SF₆负荷开关

SF₆负荷开关的熄弧方式有很多，如压气式、旋弧式、热膨胀式和混合式。

在SF₆负荷开关中，一般用压气式，因为SF₆负荷开关仅开断负荷电流而不开断短路电流，故电流小，用压气原理只要稍有气吹就能熄弧。此时，若用旋弧式或热膨胀式，则会因电流小而难以开断。

压气式SF₆负荷开关又分为移动式和回转式。移动式SF₆负荷开关类似于一般SF₆断路器，导电杆上下或左右直线运动，分合电路。回转式SF₆负荷开关就像转换开关，导电杆回转而形成气吹，一般形成双断口，故行程短。

图6-41为移动式SF₆负荷开关示意。图中动触头和静触头位于充SF₆气体的气缸内。当动触头回缩时，气缸后面的SF₆气体受到压缩，并当触头分离时，产生气吹，熄灭电弧。当触头关合时，SF₆气体产生的气流防止预击穿。

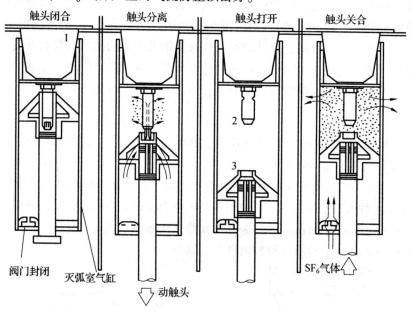

1—负荷开关套管；2—静触头；3—压气室活塞。

图6-41 移动式 SF₆ 负荷开关示意

图6-42为回转式SF₆负荷开关示意。此开关为三工位，它以动刀的回转运动完成开断、隔离和接地。

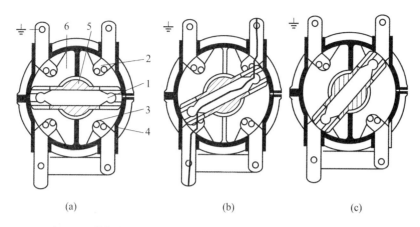

1—动刀；2—静触头；3—主触头；4—弧触头；5—负荷开关主轴；6—灭弧室。

图6-42　回转式 SF$_6$ 负荷开关示意

（a）负荷开关处于开断位置；（b）负荷开关处于开断过程之中（电弧在静触头的燃弧顶端起弧）；

（c）负荷开关处于关合位置（由主触头传导电流）

5. 真空负荷开关

真空负荷开关的开关触头被封入真空灭弧室。因为是在真空中熄弧，所以具有一系列优点：开断时当真空电弧在电流过零时，金属蒸气迅速扩散而熄弧，绝缘强度恢复比空气中或 SF$_6$ 气体中熄弧时都快，所以开断性能好、工作可靠，特别在开断空载变压器、开断空载电缆和架空线方面都要比真空断路器和 SF$_6$ 负荷开关优越；开断中电弧不外露，所以也不会污染和损坏柜内的电器元件；开距小、弧压低、电弧能量小、触头烧损少，所以它开断额定电流的次数比任何开关都多且寿命长，几乎不需要检修；操动机构所需的合闸功也小，开关结构简单，便于小型化；因属于无油结构，所以不需要担心爆炸和火灾，因此具有安全性。

真空负荷开关的灭弧室在设计上要比真空断路器灭弧室简单得多。因不开断短路电流，所以不必像断路器那样，为形成横磁场或纵磁场而使触头结构复杂化，它只用平板对接式触头即可，因此它比真空断路器的灭弧室小很多。

真空负荷开关要完成三工位，具有切负荷、隔离和接地功能，在结构设计上有一定难度。它不像回转式 SF$_6$ 负荷开关通过回转不同角度而完成三工位，一般地，真空负荷开关的灭弧一般只能起切负荷作用。要达到隔离和接地，有两种做法：一是让真空灭弧室切断负荷后随之转动，完成隔离和接地；二是真空灭弧室切负荷后不动，由与它连接的转换开关完成隔离和接地工位。在这里，真空灭弧室的动作与转换开关的动作要配合默契。关合时，转换开关先关合，然后真空灭弧室关合。开断时，真空灭弧室开断，然后转换开关开断，且它们之间要有联锁。

6.6.6　高压负荷开关-熔断器组合电器

负荷开关与限流熔断器串联组合成一体的负荷开关称为组合式负荷开关，也称为负荷开关–熔断器组合电器。熔断器可以装在负荷开关的电源侧，也可以装在负荷开关的受电侧。当不需要经常更换熔断器时，宜采用前一种布置，这样可以用熔断器保护负荷开关本身引起的短路事故，反之，则采用后一种布置，以便利用负荷开关兼作隔离开关，用它来隔离加在限流熔断器上的电压。

组合式负荷开关在工作性能上虽可代替断路器，但由于限流熔断器为一次性动作使用的电器，所以只能用在不经常出现短路事故和不十分重要的场合。然而，组合式负荷开关的价格比断路器低得多，且具有显著限流作用的独特优点，这样就可以在短路事故时大大降低电网动稳定性和热稳定性要求，从而有效地减少设备的投资费用。在三相环网供电单元和箱式变电组成的开关柜中，多数采用了这种组合电器来代替传统的断路器。

高压负荷开关–熔断器组合电器是由熔断器来承担过载电流和短路电流的开断的。而由高压负荷开关来承担过载电流(此过载电流对高压负荷开关来说仍在高压负荷开关额定开断电流的范围内)和正常工作电流的关合和开断，装有过流继电器的脱扣装置的组合电器还能控制负荷开关来开断较小的过载电流，并且承担转移电流的开断。

1. 转移电流

转移电流是在第一相熔断器熔断后发生的。组合电器的转移电流取决于熔断器触发高压负荷开关的分闸时间和熔断器的时间–电流特性。当熔断器的过载电流达到转移点区域时，最快熔化的熔断体动作而形成首相开断，其撞击器开始使高压负荷开关分闸。同时其余两相的过载电流将减少至87%，并转移到高压负荷开关来开断。但这一电流也有可能在电流转移过程中与余下熔断器的熔断体同时开断，甚至有可能由余下熔断器的熔断体略早于高压负荷开关开断。如果从熔断器的时间–电流特性上知道了熔化时间差 ΔT，就可以与撞击器触发高压负荷开关的分闸时间进行比较，通过比较与数学分析可以求得转移电流。

2. 交接电流

在装有2种过电流脱扣装置的组合电器中，当过电流较小时，由负荷开关的过电流脱扣装置动作来推动负荷开关开断此电流；当过电流较大时，由熔断器直接动作来开断此电流。这两个过电流互相延伸，其相交点的电流称作交接电流。

交接电流有最小交接电流和最大交接电流2种情况表达，如图6-43所示。

最小交接电流由熔断器时间–电流特性的最小弧前动作时间曲线和负荷开关时间–电流特性由脱扣器起动的最大分闸时间曲线(必要时再加上外部过流继电器或者接地故障继电器的最大动作时间)两者的相交点确定。

最大交接电流由熔断器时间–电流特性的最大弧前动作时间曲线和负荷开关时间–电流特性由脱扣器起动的最小分闸时间曲线(必要时再加上0.02 s以代表外部过流继电器或者接地故障继电器的最小动作时间)两者的相交点确定。

交接电流值为过电流值，当小于这个电流时，开断电流的任务由脱扣器触发的负荷开关来承担。当大于这个电流时，开断电流的任务由熔断器来承担。

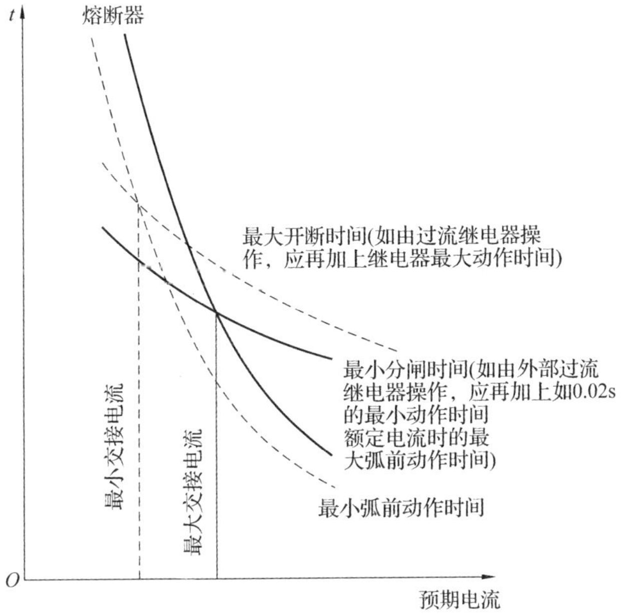

图 6-43　确定交接电流的特性图

由于高压全范围熔断器的出现，若在高压负荷开关-熔断器组合电器中安装高压全范围熔断器来代替常规的高压限流熔断器，则小过载电流可由高压全范围熔断器来承担开断电路，就可不要求求取交接电流并省去了为小过载电流动作安装的过电流脱扣装置。这样，高压负荷开关的主要任务是，在任何过载电流下，当高压全范围熔断器中任意一相动作后，起到三相电路能同时动作开断电路的作用。

6.6.7　故障电流限制器

随着发电机单机容量的增大、配电容量的扩大及各大电网的互连，配电母线或大型发电机出口的短路电流值也将迅速提高，有可能达到 100～200 kA 的水平。一般断路器的分闸时间为 20～150 ms，全开断时间（包括燃弧时间）为 100～200 ms，而故障电流的最大峰值往往出现在第一半波，这样采用高参数断路器，不仅其本身制造难度和造价很高，而且它根本不可能使发、变电设备免受故障电流峰值电动力和热效应的冲击。而采用故障电流限制器（Fault CurTent Limiter，FCL），能在几毫秒的时间内实现限电流开断，使上述损害大幅度减轻。

目前，国内外的故障电流限制器在系统中的典型应用可以分为以下 4 种：第一种典型应用是用于系统互连或母线互连，如图 6-44（a）所示；第二种典型应用是安装在系统进线处，如图 6-44（b）所示；第三种典型应用是安装在系统出线处，如图 6-44（c）所示；第四种典型应用是与限流电抗器并联，如图 6-44（d）所示。

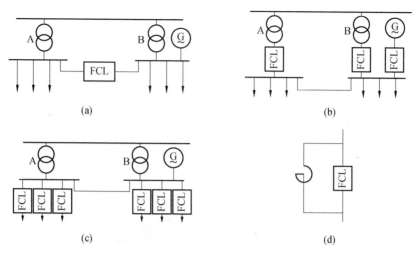

(a)   (b)

(c)   (d)

图6-44 FCL 的典型应用

（a）FCL 用于系统互连；（b）FCL 安装在系统进线处；（c）FCL 安装在系统出线处；（d）FCL 与限流电抗器并联

目前，技术成熟的和正在研制的故障电流限制器主要有以下 7 种。

1. 高压限流熔断器

前面已经介绍过，前述的负荷开关–熔断器组合电器直接利用了高压限流熔断器的限电流开断特性，但是其只适用于额定电流较小的场合。

在额定电流较大的地方可采用混合式熔断器。图 6-45 为混合式熔断器的原理框图。它一般可用于组成可爆破开断的载流隔离器、高压限流熔断器（HVRF）、检测故障电流的传感器以及电子判别和点火触发系统。载流隔离器的电阻是 μΩ 级的，而与之并联的高压限流熔断器的电阻则是 mΩ 级的，所以正常状态下电流几乎全部从载流隔离器流过，不会引起高压限流熔断器误动作。当短路故障发生时，电子系统检测到的电流 i 及其随时间的变化率 di/dt 超过整定值后就发出点火脉冲，引爆载流隔离器中的雷管及炸药，爆炸产生的推力或撞击力将载流隔离器从载流状态转变为隔离状态，于是故障电流瞬间转移到高压限流熔断器中，于是由高压限流熔断器完成限流开断。整个过程在 4 ~ 6 ms 时间内结束。

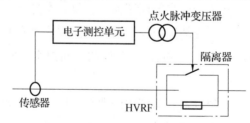

图6-45 混合式熔断器的原理框图

混合式熔断器间接利用了高压限流熔断器的性能，开断速度快，限流能力强，装置本身的功耗很低、体积小，安装维护费用低，大幅扩展了高压限流熔断器的电流范围，并可望做到更大电流和更高电压等级。

图 6-46 给出了 ABB 公司研制的 Is-快速限流器。这种限流器电压等级 12、17.5、24、36 kV，额定电流范围为 1 250 ~ 4 000 A，最大预期开断电流有效值为 140 ~ 210 kA。图 6-46(a) 和图 6-46(b) 分别为限流器主体的剖面图及动作后的内部形态示意。由图 6-46 可知，爆破桥动作后载流导体从中部断开，在爆破冲击力下它们分别向上、下方向卷曲，形成隔离断口，随后由高压限流熔断器完成最终的限流开断。Is-快速限流器在 6 kV、预期短路电流 23 kA 时的开断试验表明，限流后开断电流峰值仅为 4.58 kA，全开断过程为 5 ms，过电压倍数为 1.18。

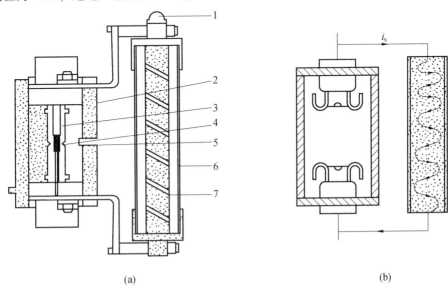

(a)   (b)

1—熔断器指示器；2—绝缘筒；3—爆破桥；4—雷管；5—导体指示器；6—熔断器；7—熔丝。

图 6-46 ABB 公司的 Is-快速限流器

(a)主体剖面图；(b)动作后内部形态示意

2. 限流电抗器

限流电抗器通常由干式绝缘、空心、自然冷却的线圈组成。其典型配置方式主要有母线联络方式、线路端接入方式、串接于变压器支路和加装在变压器中性点等。空心电抗器在故障态时的电抗值维持常数，适合于限制故障电流，是目前最为成熟的故障电流限制器，广泛应用于高、中、低压系统中。这种限流器在系统正常运行期间承受一定的电压，造成系统电压损失，并产生一定的损耗和电磁干扰，给系统稳定性带来一些负面影响，有些地方可能还要加装无功补偿设备，增加系统投资。

3. 谐振型故障电流限制器

在谐振型故障电流限制器(简称谐振型限流器)中，串联线路电抗器上的电压降被电容器组补偿，而电容器组并联非线性旁通电路，在故障发生时，实现对电容器组的保护和限流电抗器的投入。系统正常运行时 FCL 处于串联谐振状态；当系统发生故障时，旁通电路转为低阻抗状态，FCL 谐振状态被破坏，串联电抗器起到限制故障电流的作用；故障切除后，旁通电路恢复高阻抗，FCL 恢复串联谐振状态。

图 6-47 为谐振型限流器原理图。采用谐振技术后，电抗器可以取到更高的值。为了避免故障期间电容器组和电抗器上出现不可接受的高电压，电容器并联了饱和铁芯电抗器。当超过铁芯电抗器上的饱和电压后，饱和电抗器打破串联谐振状态，从而限制故障电流。当工作在电磁瞬态时，饱和电抗器和电容器互为过电压保护，即饱和电抗器对电容器起工频过电压保护作用，电容器对饱和电抗器起冲击电压保护作用，不必增设多重保护。这种装置的优点是不需要外加控制就可以使故障限流器投入运行，反应速度快故障排除后，能使故障限流器自动退出，提高了故障限流器的工作可靠性。其主要缺点是造价较高，占地空间较大。

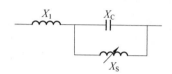

图 6-47　谐振型限流器原理图

4. 可控串补装置

可控串补(TCSC)是在串联电容器旁并联由晶闸管阀控制的电感回路，从而产生叠加在电容器上的可控附加电流，实现对串联补偿电容的外部等效容抗的控制，即通过对半导体晶闸管阀的触发控制来实现对串联补偿电容的平滑调节和动态响应的控制。

可控串补装置可以动态调节电容的阻抗，使其工作在感性模式和容性模式。在短路电流发生时刻，调节晶闸管阀的触发角使其工作在感性模式，相当于线路中串入大电抗，以达到限流目的，这是利用可控串补装置的附加功能。

5. 超导限流器

超导限流器主要是利用超导体特有的电阻突变现象，即在它们的温度下降到某一临界温度 T_c 时其电阻突然消失，而在超过临界参数时，由超电导状态瞬间转变为正常导电状态而开发的。超导体在超电导状态下的电阻为 0，一旦其临界温度 T_c、临界磁场强度 H_c、临界电流密度 J_c 中任何参数被突破，它就会转变为正常导电状态，具有一定的电阻。

根据采用材料的特性，超导限流器可分为高温超导限流器和低温超导限流器两类。高温超导限流器用液态 N_2 作冷媒，温度 77 K 即可达到超导体 T_c 的要求，对冷冻机功率要求较小。而低温超导限流器需采用价格昂贵的液态 He 作制冷剂，其临界温度在 4 K 附近，对冷冻机制冷量要求较大。除此之外，与低温超导体相比，高温超导体具有较高的热容量及磁稳定性。但另一方面，高温超导体的热传导及冷却速度要比低温超导体小得多，这样由于材质不均匀而造成局部热损坏的可能性，就比低温超导体大得多。交流损耗方面，大尺寸材料的使用可缓解因交流损耗而导致的发热。在故障电流开断后，限流器必须在 1 s 内恢复超导状态，材料过热和随后过低的冷却速度将导致较长的恢复时间，而增大材料几何尺寸又会使保证材料质地均匀和快速冷却变得困难。从这一角度看，高温超导体在实际应用方面还需克服许多难题。

目前，基于超导原理的故障电流限制器主要有以下 4 类：电阻性超导故障电流限制器、屏蔽铁芯型超导故障电流限制器、饱和铁芯型超导故障电流限制器和整流式超导故障电流限制器。

6. 固态故障电流限制器

固态故障电流限制器由半导体器件组成，在峰值电流到达之前的电流上升阶段就可以中断故障电流。为了实现这一目的，可以使用自换向固态器件，如门极关断(Gate Turn-Off，GTO)晶闸管、绝缘栅双极型晶体管(Insulated Gate Bipolar Transistor，IGCT)或集成门极换流晶闸管(Integrated Gate Commutated Thyristor，IGBT)等。基于大功率电力电子器件的固态故障电流限制器有很多种。

当正常工作时，GTO 晶闸管导通流过负荷电流，对系统运行无影响。当检测到故障电流后，正常导通的半导体开关被关断，电流转移到电流限制电抗器上，从而限制了故障电流。半导体开关并联了金属氧化物压敏电阻器(Metal Oxide Varistor，MOV)和缓冲电路(吸收电路)，从而限制了半导体两端的电压幅值及其上升率。但在稳态时，GTO 晶闸管也承担负荷电流，损耗大。

7. 应用电磁驱动原理的故障电流限制器

在弧驱动类型的故障电流限制器中，窄的并联阻性导体之间产生电弧，从而自动在电路中插入电阻，限制了故障电流。故障电流限制器由转移电阻、高速开关、旋转的弧形断路器组成，并且安装在一个密封的容器中，具有外触发、电流中断、自恢复等特点。目前，故障电流限制器处于试验研究阶段，样机参数为 400 A、7.2 kV。

6.6.8　重合器与分段器

1. 交流高压自动重合器

交流高压自动重合器(简称重合器)是能够按照预定的开断和重合顺序，在交流配电线路中自动进行开断和重合操作，其后自动复位、分闸闭锁的一种控制设备。

重合器在开断故障电流的功能上与断路器相似，但在控制和保护功能上比断路器自动化程度高，无须附加操作电源，可自动进行多次开断和重合操作，能显著提高供电连续性。从形式上看重合器似乎就是断路器加装控制装置，但两者的运行方式不同，重合器开断短路电流次数比断路器多，它能保证开断最大对称故障电流，操作顺序和机械寿命比断路器严格，机构和控制部分技术要求较复杂。目前，国外已经发展到了 2.4~69 kV，一般为 12.5 kV，额定电流为 5~630 A。

重合器有多种分类形式：按保护相数分为单相和三相；按安装场合分为柱上、地面和地下型；按灭弧介质可分为油、真空、SF$_6$ 型；按控制方式又可分为重锤式、液压式、电子式、液压电子混合式等。

当重合器的负荷侧线路发生故障时，装在开关本体内主回路上的电流互感器感知到故障电流，并传送到控制器，控制器对此电流信号进行处理和识别。若断定此电流大于预先整定的最小启动电流，控制电路便自动启动，并按预先整定的动作程序(包括动作顺序、瞬时动作或延时动作、重合间隔、安秒特性等)自动地向操动机构发出指令进行分、合闸操作。在程序进行的过程中，每次完成重合闸动作后，控制器都要检测故障信号是否依然存在，若故障已经消除(即瞬时性故障)，控制器将不再发出分闸命令，直至预整的复位时间到来时自动复位，处于预警状态，而开关本体保持在合闸状态，线路恢复供电；若故障持续存在(即永久性故障)，那么控制器将继续按程序动作，直至完成动作次数后闭锁，开关本体最终保持在分闸状态。

图6-48为CHZ10型户外重合器的外形结构图。该重合器本体为真空断路器，主要由集成固封绝缘支柱、永磁机构、电流互感器等部分组成；通过保护控制器对永磁机构的控制由配套的继电器完成电容放电，可以就地实行分合操作。采用微处理器作为控制单元核心的保护控制器是控制装置的核心部分，它使重合器除了本身具有保护、监测、控制、故障处理(故障定位、故障隔离、网络重构)、FTU/DTU等功能外，还具有定时限、反时限、单相接地等多种保护，以及丰富的事件记录、远程通信等配电自动化的功能。

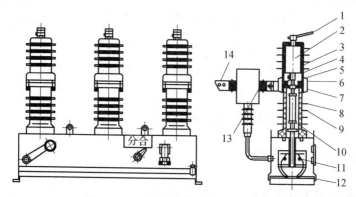

1—上出线；2—真空灭弧室；3—绝缘硅橡胶；4—SMC绝缘材料；5—硅橡胶外套；6—软连接；7—中间法兰；
8—绝缘支柱；9—支柱橡胶外套；10—绝缘拉杆；11—永磁操动机构；12—底座；13—电流互感器；14—下出线。

图6-48 重合器的外形结构图

2. 交流高压自动分段器

交流高压自动分段器(简称分段器)是配电系统中用来隔离故障线路区段的自动保护装置，通常串联于重合器或断路器负荷侧配合使用。分段器一般由负荷开关和控制器构成，也可以由隔离刀开关和控制器构成，因此分段器不能开断短路故障电流，但可在它保护区域内自动分断某一线路。在故障期间，它仅监测记录电流被后备保护开断的次数，达到预定次数后，需在保护功能的设备开断后，分段器才分闸隔离故障线路区段。

根据对故障判定采样的参数不同，分段器可分为"电压-时间型"和"过电流-脉冲计数型"。"电压-时间型"分段器与重合器的配合，主要是各分段器延时分、合闸的时间和重合器的重合时间间隔之间的巧妙配合。"过电流-脉冲计数型"分段器与重合器配合时，主要是分段器应选择合适的启动电流值，防止少记或误记。在配合上，重合器必须能检测到并能动作于分段器保护范围内的最小故障电流。此外，分段器的记忆次数至少比后备保护闭锁前的分闸次数少 1 次，而计数的记忆时间(或延时分闸时间)必须大于重合器累积故障开断的时间。

当分段器保护范围内的线路出现过电流或短路永久性故障时，其控制器可记忆后备保护开断故障电流的次数，并在达到整定的记忆次数时，分段器在故障电流开断几毫秒后自动分闸闭锁，隔离故障线路，使重合器成功重合于其他非故障线路。若是瞬时性故障，重合器经几次重合成功，此时重合器的开断次数尚未达到分段器的控制器整定分闸次数，则分段器的控制器在记忆时间后自动复位清除以上计数分段器。

分段器的分类要比重合器灵活：按相数分为单相和三相式分段器；按绝缘介质分为油、产气、真空、SF$_6$分段器；按控制方式分为液压和电子控制型分段器；按识别故障原理分为过电流-脉冲计数型和电压-时间型。

6.6.9　避雷器

避雷器是一种保护电器，用来限制电气设备绝缘上承受的过电压。现代避雷器除限制雷电过电压外，还能限制一部分操作过电压，因此称为过电压限制器更为确切。

传统的避雷器都有间隙，所以间隙的放电与灭弧是避雷器工作原理的重要内容。

最原始和最简单的避雷器是保护间隙，通常做成角形，这样有利于灭弧，如图 6-49 所示。当过电压作用时，由于间隙下部的距离最小，所以在该处先发生放电。放电所产生的电弧高温使周围空气温度剧增，热空气上升时就把电弧向上吹，使周围电弧拉长；此外电流从电极流过电弧通道到另一电极所形成的回路，也产生电动力使电弧向上拉伸，因此弧电阻增大。当电弧拉伸到某一长度时，电网电压不再能维持电弧的燃烧，电弧就熄灭了。在中性点不直接接地的系统中，一相保护间隙动作时能自行灭弧，被切断的电流是电容电流，其值较小。但在两相或三相流，其值很大，间隙电弧不能自行熄灭而引起断路器跳闸，所以使用保护间隙一般应有自动重合闸加以配合。由于保护间隙不能切断雷电流之后的工频短路电流，所以现在用得很少。

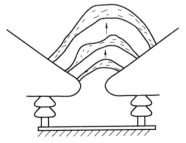

图 6-49　保护间隙

为了克服保护间隙不能熄灭工频短路电弧电流的缺点，后又采用管式避雷器。管式避雷器是将间隙安放在用产气材料制成的管内，雷电压下间隙击穿，产生高温使产气管分解出大量气压高达几十个大气压的气体，对电弧产生纵吹作用，在工频电流第一次过零时将电弧熄灭。为使工频电弧熄灭，必须有足够的气体，而产气多少又与电流有关，所以管式避雷器有一个切断电流的下限。另一方面，产气过多则会使管子炸裂，所以又有一个切断电流的上限。管式避雷器每动作一次要消耗一部分产气材料，多次动作后内径增大，因而管式避雷器的寿命为十数次。再者，管式避雷器伏-秒特性曲线较陡，放电分散性大，动作时产生截波。

阀式避雷器的主要部件是间隙和非线性电阻阀片。非线性电阻是用电工金刚砂(碳化硅)制成的。阀式避雷器间隙的特点是将多个电场较均匀的小间隙串联起来使用，这有两方面的好处：一方面，多个串联间隙的灭弧性能好；另一方面，当间隙个数多时，每个间隙距离很小(约为 1 mm)，所以电场比较均匀，再加上有照射，所以伏-秒特性曲线很平坦，放电分散性也小。多个间隙串联使用时存在一个问题，就是电压分布不均匀，即有些间隙承受电压较高，而另一些则较低，这样对灭弧不利，还会使工频放电电压下降。为了克服这个缺点，所以在性能要求较高的避雷器中采用并联电阻(或称为分路电阻)，使电压分布更均匀一些。

ZnO 避雷器自 20 世纪 70 年代问世以来，由于其优点突出，发展十分迅猛。ZnO 避雷器是从阀片电阻着手，对避雷器进行改进的。目前，MOA 阀片的主要成分是 ZnO，所以也常称之为 ZnO 避雷器。

ZnO 电阻片的非线性比碳化硅好得多。ZnO 避雷器可以不带间隙而只由非线性电阻片组成，称为无间隙避雷器。无间隙避雷器具有许多优点：①不存在间隙放电电压随避雷器内部气压变化而变化的问题，因此无间隙避雷器是理想的高原地区避雷器；②特别适用于直流输电设备的保护，直流电弧不像交流电弧有自然过零点，因此熄弧比较困难，无间隙避雷器不存在灭弧问题，所以用作直流避雷器是很理想的；③作为 SF_6 全封闭组合电器中的一个组件是特别适合的，这可解决传统避雷器的间隙在 SF_6 中放电分散性大和放电电压易随气压变化而变化等问题；④因不存在污秽影响间隙电压分布的问题，用于重污秽地区有很大的优越性；⑤改善了陡波下保护特性。

但是，无间隙 ZnO 避雷器在中性点非直接接地系统中仍存在一些问题，主要有以下 3 个方面。

(1)对于中性点非直接接地系统，其好处是短路电流小，当出现单相接地故障时，另外两相可继续运行，对通信系统的干扰也小；电力设备的开断容量较低。但是，对无间隙 ZnO 避雷器的运行条件十分严酷。无间隙 ZnO 避雷器除持续不断地耐受相电压的作用外，还要经常遭受单相接地后健全相电压升高到线电压的作用。按我国规定，往往超过 2 h，有时甚至高达 24 h。尤为严重的是，在单相弧光接地情况下，还将在事故相长时间承受高过电压。

(2)对一些弱绝缘(如旋转电动机)的特殊保护要求来说，无间隙 ZnO 避雷器的残压又太高不能起到可靠的保护作用。

（3）无间隙 ZnO 避雷器的价格太高。因为 ZnO 避雷器无间隙，所以必须承受各种过电压的作用。只要超过起始动作电压，避雷器则相当于动作一次，故要求 ZnO 避雷器有较高的容量，因而阀片必须加大尺寸，产品价格也随之上升。

虽然无间隙化是 ZnO 避雷器发展的主要方向，但配合以某种间隙可以改进其性能，以适应某些特殊的需要。

图 6-50（a）为 ZnO 避雷器并联间隙原理图。在正常情况下，间隙 g 是不导通的，系统电压由电阻 R_1 和 R_2 两部分分担，单位电阻片上的电压负荷较低，当雷击或操作过电压作用时，流过 R_1 和 R_2 的电流将迅速增加，R_1、R_2 上的电压（残压）也随之增加。当 R_2 上的残压达到某一值时，并联间隙 g 动作，R_2 被短路，避雷器上的残压仅由 R_1 决定，从而降低了残压。图 6-50（b）为 ZnO 避雷器串联间隙原理图。图 6-50（b）中，g_1 和 g_2 为两串联放电间隙，r_1 和 r_2 一方面作为 g_1 和 g_2 的均压电阻，另一方面又与 ZnO 电阻片一起组成一个分压器，分担着整个避雷器的电压负荷。若 r_1 和 r_2 负担 50% 电压负荷，R 负担其余的 50% 电压负荷，就可以大大减轻 ZnO 电阻片上的电压负荷，这是 SiC 电阻片所不能做到的，因为 SiC 电阻片在小电流时电阻太小。ZnO 电阻片则不同，它在小电流时的电阻完全可以与分路电阻相比较，在雷击或操作过电压发生时，r_1 和 r_2 的电压提高，使 g_1 和 g_2 两间隙击穿，避雷器的残压就完全由 ZnO 电阻片 R 决定。在灭弧过程中，间隙仅仅负担 50% 恢复电压，其余的 50% 恢复电压由 ZnO 电阻片分担，大大减轻了间隙的灭弧负担。

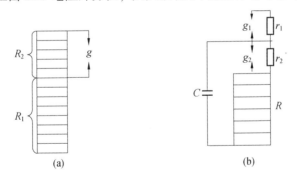

图 6-50 ZnO 避雷器并联间隙原理图和串联间隙原理图

（a）并联间隙；（b）串联间隙

由于带间隙 ZnO 避雷器结构比无间隙避雷器复杂，又带来了有关间隙的弊病，人们正在致力于进一步提高 ZnO 电阻片的非线性特性，使 ZnO 避雷器既无间隙又有更优的保护性能。另外随着我国电网建设的迅速发展，交流 1 000 kV 特高压工程的投入试运行，对避雷器的生产、检验提出了更高的要求。

习题6

1. 试述高压电器的分类方法并分析它们在电力系统中的作用。

2. 对高压电器有哪些主要技术要求？它们有哪些主要技术参数？

3. 试分析对高压断路器的主要技术要求。

4. 简述 SF_6 气体的特性及 SF_6 断路器的特点。

5. SF_6 断路器的灭弧室共有几种？每一种灭弧室有哪些特点？

6. 试分析弹簧操动机构影响重合闸的原因。

7. 隔离开关有何用途？

8. 为什么隔离开关一般不带负荷操作？

9. 操作隔离开关时应注意哪些问题？

10. 负荷开关有何用途？它在什么条件下可以代替断路器？

11. 熔断器为什么一般只能作短路保护而不能作轻过载保护？

12. 什么是截流作用和截流过电压？

参 考 文 献

[1]郭凤仪. 电器学[M]. 北京：机械工业出版社，2013.

[2]夏天伟，丁明道. 电器学[M]. 北京：机械工业出版社，1999.

[3]孙鹏，马少华. 电器学[M]. 北京：科学出版社，2012.

[4]林莘. 现代高压电器技术[M]. 2版. 北京：机械工业出版社，2011.

[5]李茂林. 低压电器及其成套设备选用手册[M]. 辽宁：科学技术出版社，1988.

[6]刘绍峻. 高压电器[M]. 北京：机械工业出版社，1991.

[7]贺湘琰. 电器学[M]. 2版. 北京：机械工业出版社，2000.

[8]杨龙兴. 电气控制与PLC应用[M]. 西安：西安电子科技大学，2017.

[9]陈德桂. 低压断路器的开关电弧与限流技术[M]. 北京：机械工业出版社，2006.